20世纪
建筑遗产
导读

20TH CENTURY ARCHITECTURAL
HERITAGE READER

中国文物学会 20 世纪建筑遗产委员会　主编

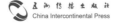
五洲传播出版社
China Intercontinental Press

《20世纪建筑遗产导读》编辑委员会

推荐语之一

▶ 单霁翔

　　由中国文物学会 20 世纪建筑遗产委员会秘书处，《中国建筑文化遗产》《建筑评论》"两刊"编辑部策划并组织编撰的《20 世纪建筑遗产导读》一书，是在全国业界内外"让更多文物和文化遗产活起来"的大势下问世的。20 世纪建筑遗产的知识与价值传播，也许以其时代特征及国际影响力，较传统遗产，对于增强历史自觉、坚定建筑文博界文化自信有更直接的意义，所以《20 世纪建筑遗产导读》一书特别值得推荐。

　　2022 年 8 月 26 日在武汉召开的"第六批中国 20 世纪建筑遗产项目推介公布暨建筑遗产传承与创新研讨会"上，我做了《从"文物保护"走向"文化遗产保护"》的报告，表达了 20 世纪遗产不仅是遗产新类型，更要成为城乡建设乃至全社会共同的事业。因为它在 20 世纪建筑与城市的基点上，可用贴近公众的认知及身边发生的生产与生活，在潜移默化中阐释新知，创新表达着 20 世纪建筑遗产与大批既有建筑"活起来""火起来"的传承与创新思路。我想起 2006 年 3 月 29 日~4 月 1 日国家文物局和四川省政府共同举办"重走梁思成古建之路——四川行"活动。这不仅是建筑与文博界在新中国成立后的一次共同文化寻踪及创新行动，也是全国首个"文化遗产日"，开启了以纪念梁思成诞辰 105 周岁、以 20 世纪遗产保护与视野为主题的文化之旅。尔后，我撰写了《为剧变的 20 世纪留下历史坐标》《20 世纪遗产保护的理念与实践》等文章。《20世纪遗产保护》一书是2015年推出的"新视野·文化遗产保护论丛"的分册,从传承与发展理念上强调对20世纪遗产新类型关注的迫切性。

2016年至今,中国文物学会、中国建筑学会已经推荐公布了6批,共计597项中国20世纪建筑遗产项目,它们不仅丰富了中国遗产的家园,还用现当代文化及国际视野审视20世纪建筑遗产对当代城市更新行动,并彰显了示范作用与导引的价值。2022年,我出版了针对香港近现代建筑"活化利用"的《人居香港——活化历史建筑》一书,其理念与案例在很多方面也适用于中国内地20世纪建筑遗产的活化保护。在此我祝贺《20世纪建筑遗产导读》一书的出版,更希望中国文物学会20世纪建筑遗产委员会秘书处用它赋能"文化城市"建设,通过研讨、展示、讲授等多种方式搭建起向行业与公众普惠认知的桥梁,用20世纪活着的现当代遗产不断造福人民。

单霁翔

中国文物学会会长

故宫博物院前院长

2022年9月

推荐语之二

▶ 修龙

　　很高兴读到中国文物学会 20 世纪建筑遗产委员会秘书处及其相关单位策划编撰的新书《20 世纪建筑遗产导读》，它无疑是一本观念新颖、内涵丰富且兼具联合国教科文组织《世界遗产名录》视野的建筑文博类图书，其可读、可讲授的知识传播水准尤其称道，很值得向业界与社会推荐。

　　2022 年 9 月，中共中央办公厅、国务院办公厅印发了《关于新时代进一步加强科学技术普及工作的意见》，要求坚持将科学普及放在与科技创新同等重要的位置，尤其要将科普融入社会文化建设之中。回想中国建筑学会与中国文物学会自 2016 年至今，已经联合支持推介了共计 6 批中国 20 世纪建筑遗产，并先后推出《中国 20 世纪建筑遗产名录（第一卷）》《中国 20 世纪建筑遗产名录（第二卷）》《中国 20 世纪建筑遗产大典》（北京卷），以及"中国 20 世纪建筑遗产项目·文化系列"之《悠远的祁红——文化池州的"茶"故事》《世界的当代建筑经典——深圳国贸大厦的建设印记》等书，它们既是对优秀建筑遗产理念与个案的展示，更以"故事思维"，讲述了这些建筑背后的人和事，给予业界与公众的不仅是建筑师的心智，还有不少丰富而难以磨灭的记忆。从建筑文化的普及入手，中国建筑学会特别支持对 20 世纪建筑遗产做出贡献的建筑师的挖掘与展示。如 2021 年 8 月 ~10 月，由中国建筑学会建筑师分会与中国文物学会 20 世纪建筑遗产委员会共同开启了"中国第一代建筑师的北京实践"考察、研讨与展览，此项活动的价值不仅在于研究并追寻到中国第一代建筑师的北京贡献，还循到他们影响的第二代、第三代中国建筑师；中国建筑学会的几届年会，无论在学术展示交流中心（山东威海，2017 年），还是城市市民广场（福建泉州，2018 年），以及北京建筑双年展的张家湾设计小镇，"致敬 20 世纪建筑经典——20 世纪建筑遗产作品与建筑师"等均受到好评。

中国当代建筑创作期待新作品与新思想，但创新不是无源之本，它需要有传承沃土的"创造性发展与创新性传承"。因此，中国建筑学会与中国文物学会的跨界交流，必将聚焦有城市叙事与史迹保护的建筑文化研究，必将从中国 20 世纪建筑遗产项目的扛鼎之作中找到应诠释的创作精华，也必将通过两大学会的跨界联动让 20 世纪建筑遗产项目更生动、更鲜活地服务城市发展。希望《20 世纪建筑遗产导读》不仅在空间维度上是城市建筑之美的佳作，更从普惠意义上成为读懂并认知 20 世纪当代建筑遗产的业内外喜爱的普及读物。特此推荐！

修龙

中国建筑学会理事长

2022 年 9 月

20世纪建筑遗产保护随感（代序）

▶ 马国馨

　　2022年8月26日，由中国文物学会20世纪建筑遗产委员会主办的"第六批中国20世纪建筑遗产项目推介公布暨建筑遗产传承与创新研讨会"在湖北武汉成功举办。20世纪建筑遗产委员会自2014年成立以来，开展了一系列工作，先后公布了20世纪建筑遗产6批共计597项，举办了多次学术研讨会和推介活动，出版了一系列学术成果和文集，得到了国内外有关单位和相关人士的重视。这次遗产委员会又在前一阶段工作的基础上，组织全国各地专家学者共同策划并撰写了《20世纪建筑遗产导读》，一方面是兑现了委员会在首届学术研讨会上提出的"建议书"中建议的"有计划地向公众进行知识启蒙"，另一方面也是委员会成立8年以来，通过一系列的研究传播工作，在学术理论、实践操作、经验交流方面的一次总结和提升，相信会对下一阶段20世纪建筑遗产的后续工作起到很好的促进和推动作用。我在参加前后六届遗产项目的遴选和讨论过程中，从各位领导和专家学者那里学习了很多东西，加深了对于20世纪建筑遗产保护的认识，也利用这个机会汇报了自己的主要体会。

一、更加全面和完整地认识20世纪建筑遗产的价值

　　建筑遗产是人类文化遗产中的重要部分，是不可移动文化遗产的重要组成部分。自人类存在聚落、村镇和城市以来，建筑是构成它们的主要文化遗留物。作为人类文明和智慧的显著轨迹，社会生活发展的主要载体，时代的公共表达，建筑遗产具有不可替代的多重价值，因此从国际到国内，对建

筑遗产的重视是毋庸置疑的。无论是《威尼斯宪章》《保护世界文化和自然遗产公约》《内罗毕建议》《维也纳备忘录》《马德里文件》种种，还是我国从《文物保护管理暂行条例》《文物保护法》到《西安宣言》等，都对具有重要历史和文化价值的建筑物给予了充分关注和重视。

20世纪后半叶以来，人们对建筑遗产价值的认识经历了一个更深入、更全面、更理性的过程，文化遗产的内涵进一步丰富，其认定标准和概念也更加全面和开放。除了由单体遗产扩展到群体遗产，物质遗产扩展到与自然紧密联系的遗产，以及物质遗产和非物质文化遗产等，还包括在价值取向和保护方法上的拓展等。在这种大背景下，20世纪建筑遗产也在国内外各方努力和争取下，逐渐成为人们关注的热点问题。从1986年《当代建筑申报世界遗产》、1995年联合国教科文组织的赫尔辛基会议、2001年的《蒙特利尔行动计划》到2008年《20世纪遗产保护无锡建议》，都证明了20世纪建筑遗产的保护已成为人们的共识。《20世纪建筑遗产导读》对此进行了细致的梳理。

20世纪建筑遗产是具有多元、多重价值的复合性遗产，具有政治、经济、历史、文化、科技、美学、生态等多方面价值属性，这种多重价值成为20世纪建筑遗产的重要特征和基础。

20世纪建筑遗产的政治、历史价值评价必须对百年近现代历史的基本形态、知识和思维、人物和事件、社会的流变有所分析和了解。20世纪是一个复杂的年代、变革的年代，这个时代充满了矛盾和斗争、激进和改良、独裁和民主、前卫和保守、古典和现代、传统和革新……无论是第二次世界大战、工业革命和机械时代的到来、十月革命的胜利、民族独立运动的兴起，还是我国的辛亥革命、五四运动、中国共产党的诞生、军阀混战、抗日战争、中华人民共和国的成立……都在这个时期的城市和建筑上留下历史的痕迹和记忆，它们见证了这个时代，为这一时代的发展做出了自身的贡献，同时也是进行历史研究的重要依据。对于时代和历程的关注和回顾，是一种总结性反思，是批判性的考量，是民族精神的弘扬，对于未来有重要的启示和指导意义。

20世纪建筑遗产的科技评价同样是价值评价的重要内容。时代的进步、科学和技术的发展，使20世纪的建筑遗产类型与古代建筑相比有了极大的丰富，从古代的宫殿、官衙、坛庙、陵寝、园林、居住等形式发展到适应近现代社会生活的重工业、轻工业建筑，交通运输建筑，医疗建筑，观演建筑，教育科研建筑，办公建筑，纪念建筑，体育建筑，商业建筑，旅游建筑以及各种居住建筑、市政设施等，门类繁多、功能复杂。生活和使用方式发生变化，而那些历史人物和事件就是在这些建筑空间之中上演的。另一方面,工业革命和能源的开发和利用,使建筑的材料和技术也出现了巨大的转型,人们获得了比人力、畜力更强大的动力,大规模的机器生产带来材料和技术上的革命。结构材料也从过去的木、砖石结构发展到铸铁、混凝土、钢、玻璃、膜,形式从普通梁柱板到预应力、大跨度、悬索、张拉索膜、杂交、高层结构……通过功能、技术、科学、材料的作用和变化表现出人们挑战大自然的智慧思维方式和价值观念。而第三次工业革命的登场,又使这些变化的速度更加令人眼花缭乱。《20世纪建筑遗产导读》中整理了一些典型的建筑类型、特征及价值。

20世纪建筑遗产的艺术美学评价也是更新、更具挑战性的课题。这一时期的建筑艺术风格和美学追求,由于所处不同时期的政治、经济背景,既具有千年来中国传统遗存的风格,又有半殖民地半封建时期的希腊、罗马复兴、哥特复兴、新艺术运动、折中主义、现代主义风格,中西合璧。在新时代的新技术、新材料带来的各种形式、风格和表现上的探索上,许多建筑在艺术上具有典型的时代意义,呈现出与此前各时代大不相同的形象。同时,20世纪建筑遗产的艺术和美学评价中更加强了人文色彩。由于涉及哲学、美学、语言学等学科,因此评价时更加注重建筑遗产背后的人和人的思想、行为。尤其随着近代建筑师制度的引进,我国在这一时期的建筑创作中的建筑师群体既包括海外的建筑师,又有海外留学背景的建筑师以及国内的本土建筑师,由于不同的学习背景和价值观念,在建筑创作中不同的精神追求,创作方法、设计理念、思维方式都是十分关键的因素。所以在20世纪建筑遗产的认定标准中特别强调了"中外建筑师的代表性作品,包括代表20世纪建筑设计思想与方法在中国创作实践作品"。这在国际上已有许多先例,如尼迈耶(巴西)、勒·柯布西耶(法国)、莱特(美国)、巴拉干(墨西哥)、丹下健三(日本)等多名建筑师的作品已被列入《世界文化遗产名录》。在我国,无论是国外建筑师如H.墨菲、邬达克、C.柯立芝、F.开尔斯、安德烈也夫、切丘林,还是国内的吕彦直、庄俊、陆谦受,以及杨廷宝、梁思成、冯纪忠、徐中、徐尚志、华揽洪、戴念慈、张镈等涉及建筑思想和设计作品的研究,均已引起学界的重视,但这种人文精神的进一步发掘还有相当长的路要走。此外,建筑遗产作为重要的物质文化、精神文化的载体,与非物质文化结合也十分紧密,同时也是非物质文化的重要载体和基因密码。如蕴藏于建筑遗产中的制酒、制茶等传统工艺,施工中的传统技艺,观演建筑中的传统表演、音乐、戏曲,园林中的传统叠石、理水手法,室内设计中的传统做法等,都与建筑遗产密不可分,也是需要进一步开拓和研究的领域。

二、20世纪建筑遗产的可持续性

20世纪建筑遗产由于自身的历史文化价值、科学技术价值和人文艺术价值，使其形成了长期、稳定、全面、整体的社会价值。随着人们越来越重视遗产的保护和可持续性，各种矛盾充分暴露，建立更专业、更有力的科学保护和管理体系的必要性和紧迫性十分突出，这需要正确的理论指导，需要尽快建立"遗产学"这一新学科并开始工作，需要从个别案例的实证研究进一步提升到综合研究。遗产保护工程是涉及文物学、考古学、人类学、建筑学、城市学、经济学、宗教学、社会学、历史学、法学、景观学等多种学科的交叉行学科，所以联合国教科文组织已批准了在中国建立亚太世界遗产培训与研究中心，同时在北京大学、清华大学、同济大学、南京大学、中央美院、北京建筑大学、苏州大学等诸多高校陆续建立文化遗产研究中心或非物质文化遗产研究中心。除中国文化遗产研究院等专业研究组织外，一些设计公司，如中国建筑设计研究院、北京城市规划设计院、北京市建筑设计研究院和许多高校的设计机构，也相继成立文化遗产设计或研究中心，它们的许多成果对于构建遗产保护完整、科学的体系起到了重要的作用。

经过多年的努力，我们在加强保护、探索遗产的可持续发展道路上已经取得了一定的成果，诸如构建一个完整的历史文化遗产的保护体系，基本形成遗产保护的技术支撑体系，初步建立相关的法律法规体系；同时，政府、主管部门、社会各界、百姓的保护意识日益提高，资金投入力度也逐渐加大。

但同时，在遗产保护方面存在的问题也不容忽视，特别是在快速城市化发展的过程中，改革保护体制，完善政策法规，建立监测系统，改进管理制度等矛盾依然存在。在遗产保护过程中遇到的三大瓶颈仍制约着保护工作的进展：一是资金问题，历史文化遗产数目不断增加，维修和养护资金虽然有所增加，但仍是"僧多粥少"；二是保护意识和保护技术的落后影响工作的进展，遗产学起步晚，研究力量分散也是原因之一；三是历史遗产保护理念落后，维护保养工程追求表面、速度和数量，不求质量，有时甚至得不偿失。

对于20世纪建筑遗产来说，遇到的矛盾可能更为尖锐和突出。首先，与古代建筑相比，近现代建筑存在的数量庞大，判断、评估、鉴定的步伐远远跟不上拆除和改建的速度；其次，这些建筑遗产绝大部分都在正常使用之中，应如何延续其生命力，处理好保护和经济效益的矛盾，保护和旅游开发的矛盾？而且扭曲的政绩观和责任观也使这些遗产得不到应有的重视，加剧了保护的难度。从保护方法上，20 世纪遗产的保护专业性强，科技含量高，所以形势依然十分严峻。

只有坚决贯彻"保护为主，抢救第一，合理利用，加强管理"的原则，才能保证历史遗产的可持续发展。从具体方法上看，根据遗产的性质和特点，首先保存遗产的真实性和完整性；谨慎修复，不能降低历史遗产的历史价值、科技价值、艺术价值和信息价值；加强遗产的预防性保护体系，保护历史遗产的原真性，增添部分和原有部分应有所区别，便于人们辨别；遗产的利用以不损坏遗产为前提，使用方式和功能改善要慎重；保护历史建筑所在地的环境，包括地形、地貌、树木、水体等重要特征；历史建筑的特色风格，包括建筑立面、样式、色彩、材料，按照不同风格样式区别对待，保存原有风格的原汁原味。这都是遗产保护与可持续发展的具体做法。

现实中可参考的国内外实例也很多，如意大利的"整体保护原则"，对一切有价值的历史遗存必须原地保存，未经批准禁止任何形式的拆除、修改或修复，即使维修也要遵循真实性、可识别、可逆性的原则。土耳其的"可持续遗产保护计划"中明确权力和责任，防止政出多头，加大技术支持和资金投入，同时设立由各学科专家组成的遗产保护委员会。法国实行国家集中管理文化遗产事物，以保证其权威性，历届总统关心和亲自推动"文化工程"的建设。德国鲁尔工业区和埃森矿区通过改造得以复活的案例，使遗产得到保护和再生。中国的北京、上海、天津等许多城市也有历史遗产保护利用的实例。

三、20 世纪建筑遗产保护的公众性

建筑遗产的保护绝不是单纯少数专家学者或政府管理部门的事情，在整个漫长的保护过程中还十分需要全社会的共同参与，形成广大公众的共识，并成为公众的自觉行动。我们常常讲文化是民族的"根"，是国家的"魂"，而建筑遗产就是"根"之所系，"魂"之所在，是延续中华民族优秀的文化传统，通过弘扬中华民族精神，使广大民众通过参与遗产保护的活动，从而达到文化认同和文化自觉。正是从这点出发，在有关学者的建议下，国务院决定自 2006 年起，每年 6 月的第二个星期六为我国的"文化遗产日"，自 2017 年起，更名"文化和自然遗产日"，每年都选取一个城市主办主场的城市活动，成为通过宣传和动员增强公众的保护意识和参与行动的重要措施，已取得了很好的成效。

　　《20世纪建筑遗产导读》就是通过介绍和宣传，使更多的人了解什么是20世纪建筑遗产，为什么保护这些遗产以及怎样保护等知识，不仅让涉及保护建筑、保护区域的人重视和了解，也让更多的人，尤其是加强青少年对这方面知识的了解，使"建筑保护"能够成为人们日常生活的组成部分，形成自觉爱护、保护20世纪建筑遗产的良好社会风气。

　　作为遗产学的学科研究工作，同样有使之普及大众化的任务，同时还要考虑公众的接受水平、兴趣爱好、知识结构等，以满足公众的需求。为此，提出以下的途径：一是遗产的图像化。20世纪建筑都是长期真实存在的物质实体，而当下图像技术可以提供最大的视觉信息，可以更典型、真实、连续地再现形象，直观、快捷，大大补充了单一的文字信息的不足，适合现代生活的节奏。二是遗产的文学化。将历史遗产的研究成果通过选择和简化，以文学、故事的形式对史学和专业的内容和语言进行改编，从而使遗产中的历史记忆更为生动和精彩。另外，通过博物馆这种聚集了历史、文化和知识的设施，让博物馆成为生活的一部分，让遗产说话，让历史说话，让建筑本身讲故事，把一座建筑的故事讲给大家听，从而达到"以史育人，以文化人"的目的。

　　世界各国在建筑遗产事业面向公众方面也有许多经验可以吸取。在日本，历史保护被纳入社区发展，"社区总体营造"的行动以唤醒社区公众意识和公共领域参与行动为主题，以居民和自治体为主体。以历史保护为重点的社区环境营造是日本城镇建设发展的重点，可以通过法律给从事特定非营利活动的团体以法人资格，从而促进市民自由开展的非营利组织的发展。在英国，一批有强烈民间色彩的遗产保护组织成为遗产保护的重要推动力，"国家信托"是最大的民间遗产保护组织，通过税收减免、捐赠遗产、会费和经营来获取资金，同时注重寓教于游，为学校集体参观和教师备课提供便利，使他们在文化遗产中增长知识，接受文化熏陶。法国是最早提出"文化遗产日"的国家，引导和动员广大公众参与遗产保护，提高公众的保护意识。法国的遗产保护除国家的强大控制外，公众参与也是保护体系的重要内容。法国历史遗产的保护规划需要地区原住民、民间保护组织参与公众听证，实施过程中还要受到公众和民间组织的监督。美国遗产保护虽然历史不长，但除政府外还有众多的基金会、民间组织和个人积极参与，对登记的历史遗产进行修缮可免除国家20%税收的优惠，同时每年对保护历史遗产的个人进行表彰。

　　2022年1月27日，习近平总书记考察调研平遥古城，就保护历史文化遗产、传承弘扬中华优秀文化发表了重要讲话。2022 年 2 月，中共中央宣传部、文化和旅游部、国家文物局印发《关于学习贯彻习近平总书记重要讲话精神，全面加强历史文化遗产保护的通知》，要求全面加强历史文化遗产保护利用。要坚持保护第一、强化系统保护、牢固树立保护历史文化遗产责任重大的观念，树立保护也是政绩的科学理念，统筹好历史文化遗产保护与城乡建设、经济发展、旅游开发；统筹好重要文化和自然遗产、非物质文化遗产系统性保护，加强各民族优秀传统手工艺保护传承；统筹好抢救性保护和预防性保护、本体保护和周边保护、单点保护与集群保护，加强世界文化遗产保护管理监测，维护历史文化遗产的真实性、完整性、延续性，牢牢守住文物安全底线。

根据《通知》精神，全面贯彻"保护为主、抢救第一、合理利用、加强管理"的工作方针，结合国家的重大战略，对历史和未来负责，在保护中发展，在利用中传承。包括 20 世纪建筑遗产在内的历史文化遗产保护必将进一步得到全社会的共同重视，并创造出令世界瞩目的"遗产强国"崭新局面。

预祝《20 世纪建筑遗产导读》取得成功。

马国馨

中国工程院院士

全国工程勘察设计大师

中国文物学会 20 世纪建筑遗产委员会会长

2022 年 10 月 10 日

Contents

目录

篇二 20 世纪建筑遗产地域与特征

附录　国内外 20 世纪建筑遗产动态事件扫描

BUILDING

篇一

20 世纪建筑遗产
理念与要点

第一讲：
20世纪建筑遗产的基本问题与发展

金磊　　　苗淼　　　金维忻

　　建筑经典的影响，首先在于对时代精神的准确洞察和把握。从历史、文化、科技的价值视角看，20世纪是理念快速迭代的时代，是一个更需要在反省中记录的时代。百年风云变幻，虽中国建筑教育以及设计研究机构历经演化，但在传承中坚守，在摸索中创新是不变的。无论是1999年在北京召开的世界建筑师大会的《北京宣言》，还是《20世纪世界建筑精品集（十卷本）》（中国建筑工业出版社，1999），更名版的《20世纪世界建筑精品1000件（十卷本）》（生活·读书·新知三联书店新版2020），以及中国文物学会、中国建筑学会自2016年至今推介评定的七批共计697个项目的"中国20世纪建筑遗产项目"（第七批尚待公布）都一再说明：20世纪建筑遗产近20多年来正在唤醒中国城市文化记忆与复兴，确有向业界及社会讲述其成果的必要，这其中不仅有可总括的百年史纲、百年技术、百年事件，更有应向世界展示中国建筑优秀作品及巨匠的丰碑。回望20世纪建筑遗产在中国城乡历时百年的设计研究，不断有新思想、新方法及新倡言涌现，对其的解读和讲授需要"年表"视野的技术与艺术观审视，也需要作品个案与建筑师创作的生动"故事"。

一、国际遗产组织的视野

"历史是过去的积累，创新是传统的消化。不了解历史和传统，就谈不上创新和前进"，这是曾任建设部设计局局长、后任中国建筑学会秘书长的张钦楠先生于2021年8月在研究中外20世纪经典建筑时给予的评介语。据张钦楠回忆，1995年，为配合1999年在北京召开的20届世界建筑师大会，国际建协和中国建筑学会特聘请美国哥伦比亚大学教授、国际建筑评论家协会前主席弗兰姆普敦和张钦楠出任《20世纪世界建筑精品集（十卷本）》正副总编辑，还聘请了12名国际知名建筑家为各卷主编，由60位各国建筑师按世界十大地区挑选20世纪1000项建筑代表作品入书。这无疑是20世纪世界建筑的断代史诗，是国际建筑界20世纪有遗产价值的里程碑般的巨著。该书第九卷"东亚"涵盖中国建筑，以及日本、朝鲜、韩国、蒙古建筑。在百个项目中，中国大陆31项，港、澳、台地区16项，共计47项，展示了中国20世纪经典作品与建筑师在国际舞台上的一席之地。值得说明的是，张钦楠依据国内外20世纪现代经典建筑的分析，还给出了有代表性的20世纪国际化现代建筑的发展理念。

张钦楠认为，由格罗皮乌斯和密斯·凡德罗等开创的包豪斯学校（1919~1933年），历经魏玛时期（1919~1925年）、德绍时期（1925~1932年）、柏林时期（1932~1933年），其三大设计理念原则影响至今：坚持艺术与技术的统一；设计的目的是其功能，而非产品；设计要遵循自然与客观的法则，且以人为本、

以市场为根基来进行。包豪斯学校被希特勒的纳粹党压制解体，后在美国开拓了20世纪的现代建筑学。按张钦楠的分析，现代主义建筑在20世纪经历了三次冲击：一是20世纪30年代国际现代建筑协会（CIAM）中由柯布西耶领导的"国际派"遭到年轻一代的"地域精神"反击，但由格罗皮乌斯和密斯·凡德罗在美国扎下了根；二是20世纪70年代从美国蔓延至欧洲的后现代主义的冲击；三是20世纪90年代在现代派内部成长的冲击，如非理性的F.盖里，以动态著称的Z.哈迪德，R.库哈斯的"策划论"等。

全球关注20世纪建筑遗产研究的至少有三大学术组织：国际古迹遗址理事会（ICOMOS）下设的20世纪遗产国际科学委员会（ISC20C）；自20世纪90年代一直探讨对20世纪建筑遗产鉴定工作的国际现代建筑文献组织（DOCOMOMO）；推进跨界与交叉的共享文化的传播与研究的ICOMOS共享遗产委员会。2022年是《保护世界文化和自然遗产公约》（以下简称《公约》）公布50周年，迄至2022年全球已有194个国家加入《公约》。为保障其实施，1977年发布第1版《公约》的《操作指南》，截至2021年，《操作指南》修改了26次，它反映了世界遗产理念不断发展的经验，其中《世界遗产名录》（以下简称《名录》）中特殊类型文化遗产的总量已占文化遗产总量的1/2，含历史城镇和城镇中心类型318处，文化景观109处。在2012~2021年列入《名录》的项目中，文化景观已成为文化遗产的"主流"，共入选42处，占到文化和混合遗产的22.3%。可以说，特殊类型

遗产经过近30年的发展，已从概念定义成为专有遗产名词，成为《名录》乃至指导各国城乡建设的不可忽视的要素。

对于20世纪遗产，国内外历经20多年的研究，形成的建筑文博遗产界共识的定义是：它代表20世纪文化与史实内容的遗产；以推动社会进步的重大历史事件为基本内涵的物质载体，以塑造人类文明的杰出人物、遗迹为背景的物质载体；以反映不同流派特点、艺术风格和时代精神为特征的建筑载体，20世纪遗产需具有历史文化科技的综合价值。截至2019年，继有"20世纪米开朗琪罗"之誉、深受东方哲学观影响的美国现代主义大师赖特（1867~1959年）的团结教堂、流水别墅等八个项目整体入选第43届《世界遗产名录》后，国际上的20世纪遗产已经占《世界遗产名录》文化遗产的近1/8。以下试就要点简述说明：

（一）20世纪遗产的认定

由德国建筑史学家乌尔里希·康拉德斯（Ulrich Conrads）编写、麻省理工学院出版社出版的《20世纪建筑项目与宣言》（Programs and Manifestoes on 20th Century Architecture）一书，堪称20世纪国际建筑的文献级著作，截至1994年，已再版13次。该书按照时间顺序，从1903年到1963年，对现代建筑运动中几乎每一个重要的时间节点、建筑师倡导的最有影响力的宣言或最有艺术、哲学、社会信念的倡导进行了重点梳理。这其中包括比利时建筑师亨利·凡·德·威尔德（Henry van de Velde）、奥地利建筑师阿道夫·路斯（Adolf Loos）和德国建筑师布鲁诺·陶特（Bruno Taut）在20世纪初的开创性和预言性的陈述，1910年代美国建筑师弗兰克·劳埃德·赖特（Frank Lloyd Wright）的有机建筑理论，以及美国建筑师理查·巴克敏斯特·富勒（Richard Buckminster Fuller）倡导的关于通用建筑的适用条件与必要理论架构等。所以，《20世纪建筑项目与宣言》是极其重要的20世纪建筑遗产的开拓性读物。

2006年4月，俄罗斯政府与国际古迹遗址理事会等在莫斯科召开了主题为"濒危遗产：20世纪建筑和世界遗产保护"国际会议，并形成了20世纪遗产保护的《莫斯科宣言》，呼吁"采取必要行动，即系统的历史性调研，推出出版物，提高公众意识及对提高20世纪遗产的意义开展建设性的工作，肯定俄罗斯先锋派运动在世界建筑史上所做的贡献"。会议建议尽快将俄罗斯20世纪最出色的建筑列入《俄罗斯国家遗产名录》，如，M.金兹伯格设计的"纳康芬公寓楼"、K.梅尔尼科夫设计的"鲁萨科夫工人俱乐部"和"卡丘克和布里维持尼克工厂俱乐部"、I.尼克诺耶夫设计的"公社公寓"等。

1981年4月，国际古迹遗址理事会对竣工不足十年的悉尼歌剧院无法证明其自身杰出价值"申遗"的结果予以研讨，引发国际社会对20世纪遗产的关注，世界遗产委员会便委托国际古迹遗址理事会起草"当代建筑评估指南"，此工作于1986年完成，内容包括近现代建筑遗产的定义和如何运用《公约》标准评述20世纪遗产。最终，在2007年6月的第31届世遗大会上，悉尼歌剧院入选《世界遗产名录》。欧洲委员会先后于1989年（维也纳）、1990年（巴塞罗那）召开20世纪遗产研讨会，并在1991年9月发布了《保护20世纪建筑遗产倡议书》。1995年6月，在芬兰赫尔辛基，联合国教科文组织世界遗产中心（WHC）、国际文化财产保护与修复研究中心（ICCROM）等召开20世纪遗产会议，推进了三个发展目标：一是认识国际语境下遗产的状态；二是为评估20世纪遗产积极探索方法；三是总结出具有普遍价值的项目如何有潜力纳入《世界遗产名录》（当时比较强调25年的建成时限）。2001年2月，在芬兰赫尔辛基举办的"危险的联系：保护城市中心的战后现代主义作品"会议强调，"必须从现在就做出决定，因为一些建筑正在面临被拆除的风险，或大面积翻新。"

St. Mark's Road and 1-3 Cowper Terrace（住宅类）

Park Avenue（商业类）

（二）英国后现代建筑遗产被认可

2018年，致力于保护英格兰境内历史遗迹的公共机构"历史的英格兰"发布了一批保护建筑的名单。值得关注的是，这次入选的17个项目全部是后现代主义建筑风格，甚至不少建筑的年龄在"30岁"之下。遗产是什么？遗产并非仅代表那些久远的遗址与遗迹，遗产是现在，也是未来。早在1975年"欧洲建筑遗产年"时，其理事会便通过了《建筑遗产欧洲宪章》，其中第一条明确指出："欧洲建筑遗产不仅包含最重要的纪念建筑，还包括那些位于古镇和特色村落中的次要建筑群及其自然环境与人工环境"。由此可见，英国将一批后现代建筑评为20世纪建筑

Cascades（住宅类）

Newlands Quay（住宅类）

主题住宅

遗产不足为奇，而这应成为各国借鉴的典范。

英国的现代建筑保护工作始于1947年。在国家层面，有英格兰历史建筑暨遗迹委员会，这是由英国文化传媒体育部赞助下的行政性非政府公共机构。得到支持的机构"历史的英格兰"的官网面向所有英国居民，只要申报，该机构会组织专项调研，抢在项目开发前，将尚未引发关注的"重要"项目保护起来，以免其被拆除、扩建或变更使用性质。恰如"历史的英格兰"总裁邓肯·威尔逊所言，在英国建筑史上，体现英国的建筑美学，只得通过载入名录的方式来保护它们。"后现代建筑为英国的街区补充了趣味和色彩，设计大胆的外立面为住宅建筑带来了活力，螺旋状的立柱装点了学校的技术大楼，甚至连商务园区都被后现代设计注入魅力。"

新增的17座后现代建筑的典型"美景"：1991年建成的国家美术馆塞恩斯伯里展室（Sainsbury Wing）是完成度极高的扩建项目，实现了将现代主义、当代建造与英式古典主义相结合，钢、石头与玻璃的巧妙运用，是象征性与历史背景等结合的产物；

中国码头

1985 年建成的位于肯辛顿与切尔西地区的主题住宅（Thematic House）是具有特色的"新艺术"风格；1982~1983 年建成的中国码头住宅（China Wharf），东立面的高垂直开口参考了附近维多利亚时代仓库的建筑遗产，既保留了住宅的保密性需求，又可享受风景；1988 年建成的住宅 Cascades 的价值在于融合于重工业与航海元素，最大限度体现河流的景观作用；1988 年建成的住宅 Newland Quay，用窗户象征航海，红色的砖砌和拱形的开口体现了纯粹的维多利亚时代码头建筑；1990 年建成的住宅 Swedish Quays 是伦敦码头区重建计划的一部分，设计灵感来自工艺美术活动；1984 年建成的住宅群 Church Cresent 展示了巧妙的建筑布局；1979 年建成的住宅 105-123 St.Mark's Road and 1-3 Cowper Terrace，不仅呼应了 19 世纪的住宅，还被视为对阶梯状房屋的创新解读；1987 年建成的住宅 Belvoir Estate 是用砖砌体现绝好几何造型的设计；1991 年改建的剑桥贾吉商业学院，建筑师约翰·欧特拉姆（John Outram）在颜色、比例和细节上都做出了大胆尝试；1982 年建成的凯瑟琳斯蒂夫图书馆是座耐人寻味的建筑，是珍藏剑桥大学书籍、手稿和文物的"珠宝盒"；1988 年的布莱恩斯学院高夫大楼，其建筑形式仿佛巨大的螺丝；1988 年建成的里程碑式的办公建筑是"特鲁洛皇室法院"；建于 1973~1979 年的引发争议的希灵登市民中心，以重新诠释艺术与工艺传统及精湛技艺，成为英国后现代主义的早期示范。在这 17 处建筑中，住宅项目占 8 项，除 2 处商业外，其余均是文教办公建筑，具有纳入 20 世纪纪念意义建筑的无可争议的理由。

（三）国际建筑大师 20 世纪代表作品

全球 20 世纪最重要的主将级建筑师勒·柯布西耶、格罗皮乌斯、密斯·凡·德罗、弗兰克·劳埃德·赖特，不仅作品分别入选《世界遗产名录》，而且他们本身也是兼建筑师与工程师于一体的全才之人，在他们的创作生涯中很难将艺术与技术剥离开。受欧洲文艺复兴影响，各领域的知识与分工越来越明晰，这种进步的负面性便是造成了专业之间的隔阂。纵观

弗兰克·劳埃德·赖特（1867~1959 年）

格罗皮乌斯（1883~1969 年）

密斯·凡·德罗（1886~1969 年）

勒·柯布西耶（1887~1965 年）

整个建筑史，建筑艺术与技术的进步如影随形。勒·柯布西耶在其《走向新建筑》一书中就提出，建筑师要向工程师学习，尤其要学习理性且精确的美。仅从代表20世纪建筑思潮的第一代现代主义大师赖特、柯布西耶、格罗皮乌斯、密斯、阿尔托和尼迈耶看，他们的"言为心声"之见就堪称文化遗产。赖特深受东方哲学影响，坚持现代主义特性，他曾说："每一位伟大的建筑师都是，而且必须是一位伟大的诗人，他必须是他所处时代的有创见的解释者。"格罗皮乌斯作为新信念的标志性人物，一再倡言"现代建筑不是老树上的分枝，而是根上长出来的新株"，体现了日新月异的遗产观。密斯的言论与他的作品一样简洁明晰，他说："技术根植于过去、控制今天、展望未来，凡是技术达到最充分发挥的地方，它必然就达到建筑艺术的境地。"柯布西耶反对不顾时代发展而死守古典教条的人，但同时认为任

何创新都离不开前人的积累与教训，他说，"历史是我永远的导师之一，并将永远是我的领路人"。阿尔托认为悠久的传统文化对今人的创作是素材之宝库，他说，"老的东西不会再生，但也不会消失，曾有过的东西总是以新的形式再次出现"。尼迈耶（1907~2012年）作为受柯布西耶影响较大的最有代表性的20世纪拉美建筑师，曾说，"一个建筑师必须不断创造，不断刷新原有水准"。这四位建筑大师都为20世纪建筑遗产留下作品"贡献"。

美国建筑大师赖特（1867~1959年）：在2019年的第43届世遗大会上，有团结教堂（伊利诺伊州，1906~1909年）、罗比之家（伊利诺伊州，1910年）、流水别墅（宾夕法尼亚州，1936~1939年）、纽约古根海姆美术馆（纽约，1956~1959年）等八个项目入选《世界遗产名录》。在他72载设计生涯中创作了400个建筑，尤以纽约的古根海姆博物馆和宾夕法尼亚

美国流水别墅

州的"流水别墅"令世界建筑界赞誉。作为现代建筑的创始人，他是20世纪举世公认的设计大师、艺术家与建筑思想家。他的设计理念包括：属于美国的建筑文化，连续运动的空间，表现材料的本性，活的有机建筑崇尚自然、创造有特性和诗意的形式等。

生于瑞士钟表匠家庭的建筑大师勒·柯布西耶（1887~1965年）：在2016年第40届世遗大会上有跨越7个国家的17幢作品入选《世界遗产名录》，如法国东部弗朗什·孔泰大区索恩省的朗香教堂，被誉为20世纪最为震撼最具有表现力的建筑。对此，第40届世界遗产委员会作出如下评价："这些在跨度长达半个世纪的时期中建成的建筑都属于勒·柯布西耶称作不断求索的作品……无不反映出20世纪现代运动为满足社会需求，在探索革新建筑技术上取得的成果，这批创意天才的杰作见证了全球范围的建筑实践的国际化。"1919年他出任《新精神》杂志创始主编，系国际现代建筑协会重要创始人。泰国建筑师苏麦特·朱姆塞在评价勒·柯布西耶"张开的手"的200多张草图的文章中说，"在参加庆祝昌迪加尔建成50周年（1956~1964年）纪念会时，《英国皇家建筑师学会会刊》（RIBA Journal）评价他为守旧者最后的探戈。会议开幕式在'张开的手'纪念碑前举办，其意希望成为昌迪加尔的标志，对此大量文章赋予其丰富内涵"。

德国建筑师沃尔特·格罗皮乌斯（1883~1969年）：出生在柏林，1911年设计的德国法古斯工厂于2011年第35届"世遗"大会入选《世界遗产名录》。百年后的"申遗"成功说明，在文脉支撑的环境下，营造艺术性的设计之道是成功可行的。1911年，他设计了莱纳河畔阿尔菲尔德的法古斯工厂，其超越了老师贝伦斯的德国通用电气公司设计，建筑品质与巨大而明净的玻璃打破了室内外原本严

法国朗香教堂

德国法古斯工厂

格的分界，光线与空气可自由穿过玻璃墙，使室内外与大自然相融，以简洁的建筑语汇树立了现代工业建筑的样本，是"一战"前最先进的工业建筑。有评论家说，成熟的格罗皮乌斯在德绍的包豪斯建筑之前，已较成功地创作了不少比先驱更优秀的作品。作为包豪斯的创始人及第一任校长，德国包豪斯学校建筑曾于1996年及2017年两度入选《世界遗产名录》。格罗皮乌斯的贡献从东方到西方，刷新了20世纪的城市风景，将各类"设计改变社会"的想法予以实施。

德国建筑师密斯·凡·德罗（1886~1969年）：他设计的德国布尔诺的图根德哈特别墅（1928~1938年设计）入选2001年第25届《世界遗产名录》，尤应关注的是在这精致别墅中发生的重要历史"事件"：身为犹太人的图根哈特夫妇1930年搬入别墅，1938年为躲避纳粹逃亡瑞士。之后，别墅被盖世太保没收。

1945年，"二战"结束后，别墅成了苏军士兵的马厩，瑰宝般的家具成了燃料；后又成为当地的舞蹈学校和儿童护理院，直到20世纪80年代才回归原有样貌。图根德哈特别墅不仅是布尔诺老城最美的景观之一，也是具有"二战"文史价值与遗产意义的别墅建筑。密斯是杰出的建筑教育家，是包豪斯学校第三任校长（1930~1933年）。作为一生有200余项作品的大师，他与格罗皮乌斯堪称美国现代建筑发展史上最重要的两棵"大树"。

二、20世纪遗产推介标准

日本建筑师矶崎新（1931~2022年）是代表20世纪后期特征的国际著名建筑家（2019年获普利兹克奖）。有评论评价他不仅是现代主义动摇后的1960年代以来处于光辉地位的有思想的建筑师，更是有建筑史家视野与立场挑

图根德哈特别墅

战"新陈代谢"的大家。学贯中西的矶崎新认为，"一个建筑师如果不能关照传统与现代，他就不能被称之为合格者"。2014年10月"久违的现代：冯纪忠、王大闳建筑文献展"在OCAT上海馆举办，这无疑是一个强大的20世纪建筑遗产与传播的启示，令人联想到矶崎新曾对中、日、美三个现代建筑运动边缘国家的现代化与本土化历程的比较研究，以对梁思成（1901~1972年）、1979年第一届普奖得主菲利普·约翰逊（1906~2005年）、1987年获普奖的亚洲第一人丹下健三（1913~2005年）的作品与理念进行的分析。事实上，从1979年普利兹克建筑奖创立以及1978年联合国教科文组织的《世界遗产名录》诞生以来，已有很多的20世纪大师经典建筑已成为世界文化遗产，所以应关注国际视野的20世纪遗产标准。

（一）合乎标准是"申遗"成功的关键

2009年，勒·柯布西耶系列作品首次以"勒·柯布西耶建筑与城市作品"（The Architectural and Urban Work of Le Corbusier）的名义由法国提交"申遗"，共申报了他曾经设计过的八种类型中的七种（当时未"申报"公共建筑）。这22处提名遗产作品分布在三大洲的六个国家。文件共从八个方面归纳了柯布西耶的成就：（1）作品改变了全世界建筑和城市的形态；（2）从理论和实践上都给予了20世纪建筑与城镇规划全新且根本的回答；（3）因作品跨国境，使他在全球有影响力；（4）他被20世纪史认为是四位现代建筑奠基人之一；（5）其作品以独特的方式为更多的人提供宜人

的住宅；（6）设计反映了其对材料和新系统应用的推动作用；（7）他的著述与作品带动了简单而纯粹建筑原则的形式；（8）他是第一个将时间作为第四维度引入空间设计的建筑师。虽然柯布西耶的22个作品符合部分世界遗产标准，但其价值阐述却遭到咨询机构ICOMOS的否定，指责其真实性、完整性不足而未获通过。《关于20世纪建筑遗产保护办法的马德里文件2011》强调"由于缺乏欣赏和关心，这个世纪的建筑遗产比以往任何时期都处境甚危。其中一些已消失，另一些尚处在危险之中。20世纪遗产是活的遗产，对它的理解、定义、阐释与管理对下一代至关重要"。作为历史的见证，一个遗产地的文化价值主要基于它原真的或重要的材料特征，所以判断一个20世纪遗产地其真实性与完整性格外重要。

从城镇层面看，2018年第42届世界遗产大会将意大利皮埃蒙特地区20世纪工业城市伊夫雷亚入选《世界遗产名录》。这里曾是"苹果"品牌之前的世界最伟大的工业设计地，奥利维蒂（Olivetti）乃世界上第一款台式电脑制造者。伦敦当代艺术学院（ICA）在一次举办展览上说"Olivetti是一套跨界哲学体系，像包豪斯那样，影响已经渗透到方方面面"。MoMA建筑与设计部高级策展人保拉·安东内利（Paola Antonelli）评价，"这座城市如此美好，是人工伊甸园"。IBM那句著名箴言"好设计就是好生意"的灵感也来自Olivetti打字机，可见其工业城市的遗产价值不仅仅在于其是创造生产力之工具，还因为其塑造着20世纪遗产的新形态。

2016年第40届世界遗产大会上入选的潘普利亚现代建筑群由巴西著名建筑师奥斯卡·尼迈耶设计。作为拉丁美洲现代主义建筑的倡导者，他有"建筑界的毕加索"之称。1946~1949年，尼迈耶曾作为巴西建筑师代表，与中国著名建筑师梁思成等国际大师共同参加纽约联合国总部设计。20世纪50年代末，尼迈耶为巴西新首都巴西利亚的设计不仅载入城市规划史，成为设计"教科书"，还在1987年入选《世界遗产名录》，成为建成历史最短的世界文化遗产，而他也因此于1988年获普利兹克建筑奖。1942年所建潘普利亚现代建筑群位于巴西东南部的米纳斯吉拉斯州，由人工湖、俱乐部、文化设施、教堂等组成，该规划合理宜人，单体建筑与自然环境协调，被业界誉为"尽善尽美的融合体"。这也是建筑师尼迈耶辞世后获得的世界遗产荣誉。

2015年第39届世界遗产大会召开，同样也有20世纪建筑作品入选，如建于德国的仓库区、旧商务办公区及智利大厦是典型项目。仓库区和康托尔豪斯区位于汉堡中心城区，最初是于1885~1927年在一组狭窄的海岛上建成。ICOMOS认为它代表了当时欧洲最大的港口仓库区，是国际化贸易的标志。而毗邻的康托尔豪斯区完善于20世纪20~40年代，拥有六栋办公楼，服务于港口的一切商务活动，属欧洲最早的办公建筑区。最引人注目的当属1924年建成的康托尔豪斯区的智利大厦，该大厦共10层，由500万块深色的奥尔登堡砖砌成，大厦采用"船型"，无论是用料与建筑形式都是20世纪初的代表作。

（二）《中国20世纪建筑遗产认定标准》的特色

《中国20世纪建筑遗产认定标准（试行稿）》（以下简称"认定标准"，2014年8月试行，2021年8月修订）是根据联合国教科文组织《实施保护世界文化与自然遗产公约的操作指南》（2007年12月28日）、国家文物局《关于加强20世纪建筑遗产保护工作的通知》（2008）、国际古迹遗址理事会20世纪遗产科学委员会《20世纪建筑遗产保护办法马德里文件》（2011）、《中华人民共和国文物保护法》（2017）等法规及文献完成的。认定标准是由中国文物学会20世纪建筑遗产委员会（简称CSCR-C20C）编制完成，最终解释权归CSCR-C20C秘书处。标准申明，凡符合下列条件之一者，即具备推介"中国20世纪建筑遗产"项目的推介资格：

（1）在近现代中国城市建设史上有重要地位，是重大历史事件的见证，是体现中国城市精神的代表性作品；

（2）能反映近现代中国历史且与重要事件相对应的建筑遗迹、红色经典、纪念建筑等，是城市空间历史性文化景观的记忆载体，同时也要重视改革开放时期的作品，以体现建筑遗产的当代性；

（3）反映城市历史文脉，具有时代特征、地域文化综合价值的创新型设计作品，也包括"城市更新行动"中优秀的有机更新项目；

（4）对城市规划与景观设计诸方面产生过重大影响，是技术进步与设计精湛的代表作，具有建筑类型、建筑样式、建筑材料、建筑环境、建筑人文乃至施工工艺等方面的特色及研究价值的建筑物或构筑物；

（5）在中国产业发展史上有重要地位的作坊、商铺、厂房、港口及仓库等，尤其应关注新型工业遗产的类型；

（6）中国著名建筑师的代表性作品、国外著名建筑师在华的代表性作品，包括20世纪建筑设计思想与方法在中国的创作实践的杰作，或有异国建筑风格特点的优秀项目；

（7）体现"人民的建筑"设计理念的优秀住宅和居住区设计，完整的建筑群，尤其应保护新中国经典居住区的建筑作品；

（8）为体现20世纪建筑遗产概念的广泛性，认定项目不仅包括单体建筑，也包括公共空间规划、综合体及各类园区，20世纪建筑遗产认定除了建筑外部与内部装饰外，还包括与建筑同时产生并共同支撑创作文化内涵的有时代特色的室内陈设、家具设计等；

（9）为鼓励建筑创作，凡获得国家级设计与科研优秀奖，并具备上述条款中至少一项的作品。

可见，在围绕20世纪遗产的同时，也关注21世纪初的具有卓越价值的建筑项目的推介。

（三）《20 世纪文化遗产保护办法》要点启示

2017 年 12 月，新德里举行的 ICOMOS 大会通过《20 世纪文化遗产保护方法》（第三版），它吸收了 2014~2017 年不同的意见与建议。其价值正如主席谢里登·博克所言，"《20 世纪文化遗产保护办法》要作为保护与管理20世纪遗产及其场所的国际指南和标准准则加以运用"。其有如下要点应关注：

1. 20 世纪遗产重要价值尚未受到关注

如谢里登主席所言"虽然某些地区对20世纪中叶现代主义的鉴赏多了起来，但20世纪特有的建筑、结构、文化景观与工业遗址因整体上缺乏了解和认知仍遭受威胁。"20世纪遗产还活着并演化着，对其进行理解、保护、诠释和妥善管理对于子孙后代很重要。在其文化重要性上有八个要素：

（1）其存在于有形特征（物理位置、色彩设计与画作等），其意义存在于历史的、社会的、精神的层面中；

（2）其关联的方式或相连的场所（人、环境、遗产地）；

（3）其与室内、装饰、家具等艺术品、收藏品的关联；

（4）尊重构造上的创新与新技术及新材料；

（5）环境对遗产场所或遗产地的贡献；

（6）认识并管理不同时期的规划概念与基础设施；

（7）积极制定实施20世纪遗产名录；

（8）要识别和评估不同的遗产场所和个案。

2. 尊重 20 世纪遗产地及其场所真实性及完整性

（1）重要的要素必须被修复或者复原，而不是重建（新老材料要区分）。

（2）尊重变化层积的价值和岁月的痕迹。产生文化重要性的内容、装置、设备、设施、机械、器材、艺术作品、种植或景观要素，都应尽可能原址保护。

3.20世纪遗产需考虑环境的可持续性

（1）针对20世纪遗产变得需要更加节能的压力与日俱增，遗产建筑物和场所应尽可能高效发挥功能。

（2）要鼓励20世纪遗产开发应用环境可持续材料、系统与实践技术等。

4.传播20世纪遗产需要与社区文化建设共同推进

（1）展示是保护过程中不可缺失的部分。

（2）诠释是提升20世纪遗产认知的工具。

（3）学科教育及专业培训要加入20世纪遗产保护原则。

三、20世纪遗产与文化城市建设

新中国成立70多年，虽是悠悠历史长河中的一瞬，却给城乡发展留下一串串变化的数字，这些数字如一轴新的历史画卷，展开后可看到文化传承与改写时代的方案。在中国城市化的迅疾进程中，我们在见证城市的繁华与昌盛时，也亲历了阵痛与转折，无疑20世纪建筑遗产与城市发展是相互关联的。

（一）北京

一座城市的价值不在于它的历史多么悠久，而在于它对历史的汲取与传承；不在于它的物质有多么丰盈，而在于拥有的文化底蕴；

人民大会堂

全国农业展览馆

军事博物馆

中国革命和中国历史博物馆

北京工人体育场

华侨饭店

民族饭店

北京火车站

钓鱼台国宾馆

更要看其遏制原生文化消逝已成城市之殇的韧性。梁思成早就指出"北京城是一个具有计划性的整体"。北京是先有计划再造的城，宏伟与庄严的布局，在空间处理上创造卓越的风格，使北京城有丰富历史意义及艺术的表现。"北京城市必须（是）现代化的，同时北京原有的整体文化特征和多数个别的文物建筑又是必须加以保存的，我们必须'古今兼顾，新旧两利'"。2007年北京公布第一批《北京优秀近现代建筑保护名录》，2019年6月和10月北京先后公布了两批超700处"历史建筑"，例如"国庆十大工程"整体（已入选《中国20世纪建筑遗产》），确应成为全国重点文物保护单位。20世纪建筑遗产"申遗"的体系化也应启动。20世纪50年代的"北京八大学院"，因其经典性与多元建筑特质，也不失为特别有价值的建筑遗产。单霁翔多次在阐述中轴线保护发展的研究中强调，不仅要保护自然要素，还要保护文化要素；不仅要保护古代的，更要保护20世纪与当代遗产要素。保护中轴线不忘侯仁之先生关注中轴线起点研究，而中轴线故宫博物院的"洋楼"宝蕴楼（1915年建成，已入选中国20世纪建筑遗产）是由时任内务总长朱启钤主持，由美术家金城设计的，凸显了西式建筑风格，使故宫"蕴藏珍宝"之所成为现实。第十五届北京市人民代表大会常务委员会第三十九次会议通过并实行的《北京中轴线文化遗产保护条例》有八方面的保护对象，其中保护天安门广场建筑群（均入选20世纪遗产）是文化城市建设的创新"亮点"。2022年7月，首届北京文化论坛开幕，为古都带来了丰富的文化供给，激活创新活力。北京还是第一个减量发展的城市，城市更新让规划突破瓶颈且"活化利用"。

（二）上海

上海的历史悠久，底蕴深厚，各类建筑遗产丰富，尤其还有千余处优秀历史建筑。郑时龄院士说它们涉及左翼文化运动史迹、抗日救亡史迹、近现代工业史迹、近现代名人故居和旧居、近现代金融业史迹、近现代商业史迹、近现代宗教史迹、租界史迹以及犹太人史迹等。在坚持历史建筑的目标导向、核心价值导向，挖掘内涵与阐释，突出"内容为王"的传播等方面，确有一系列经验可供借鉴。让公众"走得进"历史，就是要"听得见""看得到"，这是激活城市公共记忆的绝好方式。例如，在千余米长的上海武康路上，有许多记录百年沧桑的建筑，其中武康路与兴国路交会处的"武康大楼"是由邬达克设计的精美建筑。上海用了一年的时间，以架空线入地与合杆整治的方法，改造了武康大楼周身的"蜘蛛网"，这是一个巧用"绣花针"，精细化管理20世纪建筑的典型示例。20世纪遗产是城市的生动面孔，建筑设计要面向未来，就要格外尊重现代遗产，这里有可学习的工艺、理念与审美取向。上海的都市文化有着不易抹去的连续性，革命文化是上海都市文化的一部分，江南文化和欧美文化一直在深深地影响着上海。2022年9月15日，以"设计无界 相融共生"为主题的2022世界设计之都大会开幕，会上通过的倡议彰显了以设计赋能产业创新发展、以设计塑造城市活力空间、以设计优化城市公共服务、以设计点亮民众美好生活、以设计共同铸造城市品牌智慧。事实上，如何用设计实现对20世纪建筑的保护，是城市不断思辨的更新之路例如，始建于1988年的华东电力大楼是上海最早的后现代主义高层办公建筑，在中国现代建筑史上占有重要一席之地，2015年原本计划被大刀阔斧改造重建，对此，上海建筑界、学者、媒体纷纷呼吁要保留建筑原始立面，最终方案维持了大厦"三角窗""斜屋顶""棕墙砖"的独特外观，仅对其内部予以修缮更新。上海20世纪经典建筑的传承与发展，旨在从城市发展的整体高度找到"设计"对策。

（三）香港

香港有数以千计饱经历史风霜的建筑，应对飞速发展的现当代生活重建之命运，香港特区政府施政报告提出的"活化历史建筑伙伴计划"（以下简称"活化计划"）创造了"留屋留人"的成功个案，解决了在寸土寸金的香港留住历史建筑与世代回忆的命题。2007年起，特区政府推出的"活化计划"是香港历史建筑保育政策的里程碑，从2008年的第一期到2019年的第六期，活化工程不仅造福公众，还有5个项目获得联合国亚太地区文化遗产保护奖。在一系列"活化"方式中，"置换新的功能空间"方式上有北九龙裁判法院建筑的"活化"个案，该法院建筑建造见证了战后香港司法制度的发展史,虽是1960年建成的项目,却不乏建筑美观特色和风格。结合北九龙裁判法院的修缮要求,它被纳入第一期"活化计划",其用途是学院、培训中心和古物艺术廊。此计划先后收到21份申请书,最后活化历史建筑咨询委员会决定,由拥有建筑史系和保护实力的美国萨凡纳艺术设计学院在此开设香港分院。正是由于"伙伴"选择正确,在保护和活化设计与修缮中,法院建筑的外立面原封未动,为保护墙体,艺术品大都采用吊挂的方式。这样的改造保留了原有建筑的历史价值,赋予法院所在社区的艺术品质和亲和力,使一座庄严的法院成为活力十足的艺术设计学院。2010年9月,萨凡纳艺术设计(香港)学院开馆运营,2011年该项目获联合国教科文组织亚太地区文化遗产保护奖,截至2020年6月,来此参观的各界人士超过40多万人次。单霁翔在《人居香港:活化历史建筑》一书中将这种体现"活化计划"的邻里关系总结为:"守望相助、分甘同味、相互照应、忧喜与共的浓情与乡愁"。

四、科学与艺术助力 20 世纪遗产

建筑与城市是科学艺术的载体,这一点在20世纪到来后体现得愈发明显,人类在感受科学艺术的颠覆性作用时,也享受着越来越宜人的生活品质。也许只有在世博会、奥运等国际化事件中,科学与艺术碰撞下的建筑才充满想象力与创新性,因为在这样的背景下,科学家、艺术家与建筑师有共同创作的机会,科学与艺术便拥有城市平台上的创作空间与时空维度。

(一)技艺与新材料是建筑发展之本

自1851年伦敦首届世博会后,巴黎先后举办过七届世博会(1855年、1867年、1878年、1889年、1990年、1925年、1937年),盛宣怀等人亲历1878年世博会,黎庶昌还写下了《巴黎大会纪略》,将世博会的艺术色彩、交流特色、规范特点给国际社会留下的宝贵经验记录了下来。巴黎世博会的科技创新何以推动19世纪与20世纪建筑进步,主要有如下归纳:如1855年展出新发明的混凝土、铝制品、橡胶等;1867年展出的钢筋混凝土建材雏形;1878年展出电话机、冷冻船等新技术;1889年展出的爱迪生发明的留声机、柯达公司的民用胶卷;1900年出现的同步录音的环幕电影、光菌灯;1925年巴黎世博会主题"装饰艺术与现代工业",体现了装饰如何成为高贵张扬、充满机械化时代的现代风格韵味产品。勒·柯布西耶设计的新精神馆成为新装饰艺术的代表作。他以标准化生产构件组装的方式,设计了实用美观的小型住宅,倡导了新型城市生活方式。1937年的世博会还展出了最老的蒸汽机、最早的电视机、世界上第一辆自行车以及印刷机等。

意大利由工程师转变成建筑师的皮埃尔·奈尔维(Pier Luigi Nervi)(1891~1979年),从一开始便关注钢筋混凝土结构的设计与施工,他的作品在20世纪30年代便声名鹊起,在国际上同时拥有技术艺术家、工程建筑

师身份。佛罗伦萨体育馆以其著名的建筑材料（主看台上方的屋顶、马拉托纳塔及通向露天座位的三个螺旋状楼梯）而闻名，此外巴黎的联合国教科文组织总部（1952~1958 年，合作设计）、为罗马奥运会设计的弗拉米尼奥体育场和弗朗西亚大街高架桥、都灵劳动宫（庆祝意大利统一一百周年）等项目都是他在材料与技术应用上突破之典范。钢铁与玻璃的大量生产改变了 19 世纪以后世界建筑的建造方式，高层建筑时代的来临改变了地球上城市与建筑的面貌。1889 年为巴黎环球博览会所建的埃菲尔铁塔，在以后的 40 年间一直是世界上最高结构。芝加哥是现代摩天大楼的发源地，1880 年代涌现了第一批用全钢框架结设计的高层建筑莱特大厦和霍姆保险大楼等。赖特在 1938 年设计的流水别墅中将混凝土用得出神入化，在 1939 年约翰逊制蜡公司大楼中采用纤细的柱子的创新结构，塑造了伟大的"劳动者教堂"。

在位于武汉的"张之洞与武汉博物馆"，人们能够领略张之洞（1837~1909 年）在城市建筑科技进步上的贡献。19 世纪末，张之洞创建汉阳钢铁厂，厂房采用钢梁柱和大跨度钢屋架，聘英国工程师设计并监工，1893 年建成；接着又建了汉阳兵工厂，由德国人设计，该厂制造的"汉阳造"步枪驰名全国。从 20 世纪科技进步发展的角度来看，张之洞创办汉阳钢铁厂和兵工厂之所以不将设计任务交给赫赫有名的"样式雷"家族，并非张之洞崇洋媚外，实在是因为中国匠师或称早期的"准建筑师"从不用钢铁设计房屋，"非不为也，是不能也"。清华大学建筑学院吴焕加教授将 20 世纪中国建

筑划分为四个阶段：晚清洋建筑、民国初年至 1937 年、新中国成立后 27 年、改革开放的建筑。他认为，传承是指新建筑中借鉴、吸收和融入传统建筑文化中一些因素和成分，以使中国的现代建筑具有中国的特色和韵味。虽然中国传统建筑有非常多的地域性设计经验及因地制宜的建材，但在建筑科学与新设备的应用方面很少有新尝试，这不利于对一个国家继往开来，融入国际社会的创新发展。因此中国建筑师在工作中摒弃了传统工匠的"设计术"，而采用科学的绘图方法，应用先进的透视表现，这较传统的烫样模型大为改进。同样，建筑功能布局、结构造型、建筑物理环境，水暖机电设备的合理应用，都为近现代建筑提供了舒适安全的保障。

（二）艺术创造与 20 世纪遗产

20 世纪初，西方建筑观念输入，思想启蒙推动了中国建筑的觉醒，建筑被纳入美术和艺术范畴，从而在人文殿堂占有一席之地。而在西方国家，建筑作为艺术门类中重要的一种，深受哲学界、艺术界的关注。雨果在《巴黎圣母院》中说："初世界的开始到 15 世纪，建筑学一直是人类的巨著，是人类各种力量的发展和才能的重要表现。"纵观纳入艺术范畴的 20 世纪建筑艺术，在蔡元培的美学体系中，建筑审美占据了特殊的位置。1916 年 5 月，他在《华工学校讲义》中说："宫室本以庇风雨也，而建筑之术，尤于美学上有独立之价值焉。建筑者，集众材而成者也。"最能显示社会美的是"都市之装饰"。可见，蔡元培的建筑观念反映

了社会思潮大背景下，艺术背景对中国建筑价值观的影响。入选首批中国20世纪建筑遗产名录的南京中山陵，1925年的征求图案条例中规定美术家可以参加方案竞标。从评判顾问的组成人选中可以看出建筑于艺术的密切关系，三位评判顾问中有一位美术家、一位建筑师、一位土木工程师。1930年代，美术理论家林文铮大声疾呼："艺术运动不要忘记建筑……建筑纯粹是一种构形艺术，一种合色的艺术，它聚会一切、统治一切、指导一切，各种艺术都附属于它……建筑家绝大使命，是将民族性和时代环境相结合，构成一种新时代的艺术品"。所以，自20世纪初叶，在波澜壮阔的思想启蒙运动和"西学东渐"的"欧洲风雨"中，新的文化格局使建筑与艺术、科技等作为一个文化整体，在不断出新的20世纪建筑遗产中得以呈现。

奥运会、亚运会、世界杯及世博会等均为世界的"巨事件"，它无疑对国家，尤其是对举办城市产生作用和影响，如世博会，不仅展示全球智慧，更研讨艺术盛会对举办城市文化发展的传播影响力。2010年上海世博会"破天荒"地保留了30万平方米旧产房并改建为世博会展馆。以展馆所在的江南造船厂为例，它是中国追求国富民强的现代化征程的开始，对它的改造，不仅延续了民族工业的历史记忆，更是上海世博会城市可持续发展的命题。在世博会建筑遗产史上，有保留下来且发挥巨大作用的建筑，如1929年巴塞罗那世博会的体育场成为1992年同城主办奥运会的赛场；再如为纪念《独立宣言》在美国费城签署100周年，费城于1876年举办美国历史上第一次世博会，这届世博会上展出的"自由女神"的手臂颇引人关注，它是法国献给美国的特殊礼物，为纪念美国独立100周年。主办城市的艺术传播效果是要产生新的文化符号，重在研究城市文化遗产概念下的场馆及展馆的可传承性；重在回答主办城市如何用遗产观要求建筑师在"创意"理念之下完善自己的设计作品；重在要求主办城市的管理者从挖掘城市人文历史出发，使新旧展馆以艺术创意为载体，全面映射出国际盛会的影响力。

1994年，洛杉矶盖蒂艺术与人文史研究所和魏玛艺术画廊于德国哲学家尼采（1844~1900年）诞辰150周年之际，举办了"分析—重构—上层建筑：尼采和我们思想中的一种建筑学"的研讨会，共同发表了关于尼采于现代建筑的论文。尼采作为一位艺术哲学家，除对艺术意识层面关注外，建筑更是他的爱好之一。他主张净化建筑，赋予建筑以思想的观点，这些无疑对20世纪现代建筑的先驱如亨利·范德菲尔德（1863~1957年）、路德维希·密斯·凡德罗（1886~1969年）等产生了重要影响。

这里涉及的重要观点是，在建筑作品中如何展开艺术批评。从认知建筑到艺术批评，重在探寻如何将"美"作为建筑作品鉴赏和批评的标准。郑时龄院士对此强调了两点：其一，建筑的艺术批评是一种特殊的认知形式，即注重建筑的艺术形象、造型、构图、比例、体量、装饰、材质及内外结构等；其二，建筑的艺术批评要依据标准。但事实上，由于不同的社会文化体系，审美规则也不同，所以单纯的

吕彦直（1894~1929 年）

刘敦桢（1897~1968 年）

童寯（1900~1983 年）

梁思成（1901~1972 年）

杨廷宝（1901~1982 年）

技艺之美并不代表建筑境界及审美的公众性。对于 2010 年上海世博会对中国城市科技与美学的促进，祁嘉华教授有过精彩归纳："……同是建筑外墙，玻璃、金属还是膜材料，完全由所能达到的居住要求来选定；同是绿色能源，人们可以根据所处的地域条件做出选择；同是立体绿化，到底是利用墙体搞垂直栽种，还是在屋顶上开辟花园，甚至连种养什么花草都有多种选择；同是智能技术，除了有满足人们一般通信和娱乐的电子产品，还有作用于人的视觉、听觉、触觉的临场影院系统及 3D 无缝协作系列等……"这或许是事件建筑与城市给人们带来的宜居、景观与品质的文化城市追求。

五、开创 20 世纪中国建筑的设计巨匠

20 世纪建筑遗产的历史纳入"百年未有之大变局"，至少有三个维度之思：其一，国与国之间发展之对比的变化；其二，文明与文化中心的转移与变化；其三，科技进步与生存环境之变。被西方社会誉为"20 世纪最伟大的历

史学家"的英国汤因比教授（1889~1975年）在考察了世界上26个社会文明后预言，中国文明将为未来世界转型和21世纪人类社会提供文化宝藏和思想资源。事实上，这也启示我们，在用与世界对话的眼光讲述中国20世纪建筑历史与贡献时，中国建筑师的作用与业绩必须彰显和传播。

早在2005年，建筑学编审杨永生继《中国四代建筑师》等著作后，推出了《建筑五宗师》，其中包括吕彦直、刘敦桢、童寯、梁思成、杨廷宝。他们都是中国20世纪开创建筑教育与设计研究的先贤，是20世纪经典建筑作品的设计者，也是用现代方法研究传承中国建筑思想的教育家，他们的理念弥足珍贵，是我们应敬仰并铭记的。

吕彦直是20世纪著名建筑师，1925年获南京中山陵设计竞赛首奖，1927年他设计的广州中山纪念堂及纪念碑再度夺魁，使他成为用现代钢筋混凝土结构建造中国民族形式建筑的第一人。1925年以前，吕彦直还是一位名不见经传的青年建筑师，从美国康奈尔大学建筑系后，担任美国著名建筑是墨菲的助手，参加了南京金陵女子大学和北京燕京大学的校园规划和建筑设计。到1925年投标中山陵时，他已经有7年设计实践经验。由吕彦直设计的中山陵既保持了传统建筑风格，也做了一系列大胆的突破。他结合山坡地形，沿着中轴线巧妙地布置各个单体建筑，如牌坊、陵门、碑亭、祭堂、墓室，并用大片绿地和宽大的石台阶将这些体量并不算大的建筑组合成一组极为庄严肃穆的建筑群。只可惜1929年春季完工时，吕彦直因病逝世。对他的逝去，国民政府向全国发布第472号褒奖令，1930年5月28日总理陵园管理委员会决定为吕彦直设立纪念碑，他的纪念碑是至今国家为建筑师树立的唯一的纪念碑。

刘敦桢系我国建筑学家，中科院学部委员，我国建筑教育的开拓者。他将毕生精力奉献给我国古建设计研究，在学科建设中有一系列突破，著作颇丰，曾在中国营造学社任文献部主任，并与法式部主任梁思成密切合作，用西方现代研究之法，改变了过去国内史学界研究中国古建筑仅靠在案头考证文献之片面作法。1926年，在苏州工业学校建筑科任教时，他一人教授中国与西方的建筑史、建筑营造法等课程，将西方建筑理念与东方建筑文化相融合。据刘叙杰教授（刘敦桢之子）的文稿，刘敦桢率学生进行的建筑考察乃中国传统古建筑最早且最专业的科学考察活动。1928年，刘敦桢在《科学》杂志上发表了首篇论著《佛教对中国建筑之影响》，对西方现代科技理念下的中国建筑文化研究与开创成果功不可没。

童寯系我国建筑学家，在教学研究之余参加设计的工程超百，尤在建筑园林理论上贡献卓著，至今影响海内外建筑界。在中国建筑史上，甚至找不出第二位能像童寯这样集建筑师、教授、学者为一身的建筑家。他在晚年积50年积淀，写出十几本书及数十篇有分量的理论著作。他以建筑考察之功力，继明代计成著《园冶》后，于1937年写出的《江南园林志》和《东南园墅》均是划时代的造园著作。他用自己的一生实践了做人的理想，"人品第一，人的品格不高，学问的高深境界也达不到"。

梁思成系我国乃至世界建筑业内知晓的建筑学家，是中国建筑教育的开拓者之一。他用西方现代科学方法从事中国传统建筑研究，开创了中国 20 世纪建筑研究的方向。美国学者费正清曾评价梁思成与林徽因："在我历来结识的人士中，他们是最具有深厚的双重文化修养的，因为他们不仅受过正统的中国古典文化教育，而且在欧美还进行过深入的学习及广泛的旅行。这使他们得以在学贯中西的基础上形成自己的审美兴趣和标准。"梁思成研究中国古建筑立足于中华建筑文化之振兴，他期望中国新一代建筑师在了解中国传统建筑后，大胆探索，不走沿袭西方建筑之路，如今北京地安门大街的北京仁立地毯公司和北京大学地质馆都是他将民族风格与当代设计融为一体的设计。梁思成 1946 年创办了清华大学建筑系，同年

"致敬百年经典——中国第一代建筑师的北京实践（奠基·谱系·贡献·比较·接力）"展览现场（2021 年 9 月 26 日）

他赴美考察"战后美国的现代建筑教育"计划亦获批准，1947 年 2 月他代表中国政府成为联合国大厦设计顾问团的中国顾问。对于 20 世纪中国建筑创作，早在 40 年代他就指出："一个东方古国的城市，在建筑上，如果完全失掉自己的特性，在文化表现及观瞻方面都是大可痛心的。"

建筑学家杨廷宝与梁思成同年出生。他是业内在设计造诣上久负盛名的大师级人物，更是用设计作品探索中国古典建筑、民间建筑与西方科技最新理念相结合的大家。从 1927 年至 1982 年，杨廷宝设计或探索的设计达 132 项。他自美国回国后的第一个设计即京秦铁路辽宁总站（现在的沈阳北车站），这是中国人自己设计的第一座国内最大火车站，比它早的只有 1906 年建成的北京前门火车站和 1915 年建成的胶济铁路济南火车站。尔后，杨廷宝还设计了清华大学的生物馆、气象台及图书馆扩建工程。1932 年，杨廷宝受聘于北京市文物整理委员会，主持和参加了 9 处古建筑修缮工作。1982 年，他在《处处留心皆学问》一文中介绍了自己是如何用西方建筑理论及对中国建筑文化敬畏之思学习中国建筑的："我在国外学习的全都是西洋建筑方法与艺术，但要做一个中国的建筑师，就必须了解、熟悉和研究我们中华民族古老的文化艺术传统，不如此想，在中国建筑上有所创树并创造出让百姓喜闻乐见的建筑形式是不可能的。"

中国 20 世纪建筑史的百年史诗是由作品筑就的，但只有建筑师不拘囿于一隅的多风格创作，才有建筑百花园的大千气象。致敬中国

建筑经典，最本真、最耀眼的是，围绕 20 世纪时代主线，呈现主创建筑师和工程师大家的设计理念及创作生涯。在已出版的《中国 20 世纪建筑遗产名录（第一卷）》和《中国 20 世纪建筑遗产名录（第二卷）》中共记载了 60 多位建筑师与工程师前辈，这一篇章筑起的是一个"人文化"的设计创意工程与历史，也筑起了 20 世纪建筑遗产的中国丰碑。

据此建言：第一，建筑与文博界要为中国百年著名建筑师留史；第二，国家要为中国建筑师先贤树碑立传；第三，行业学会要积极为百年来中国建筑师的现当代影响力做好传播规划；第四，要开展集展览展示、研讨沙龙、考察重访为一体的文脉活动；第五，要创办中国 20 世纪建筑遗产文献文博馆，同时向中外建筑文博界及社会展示中国建筑巨匠的 20 世纪与现代贡献。

金磊，北京市建筑设计研究院有限公司高级工程师（教授级），北京市人民政府专家顾问，现任中国文物学会20世纪建筑遗产委员会副会长、秘书长，中国建筑学会建筑评论学术委员会副理事长，中国灾害防御协会副秘书长，中国城市规划学会防灾委员会副主任，《中国建筑文化遗产》《建筑评论》《建筑摄影》总编辑。著有《建筑传播论——我的学思片段》《安全奥运论》《城市灾害学原理》,《城市灾害概论》《建筑师的童年》等"建筑师文化系列"图书并主编《建筑中国60年》（七卷本）、《中国20世纪建筑遗产项目名录》等著作30余部。

苗淼，中国文物学会20世纪建筑遗产委员会执行副秘书长、办公室主任。主要从事中国20世纪建筑遗产的文化传播与活化利用研究。参与策划编辑多部20世纪建筑遗产主题著作，如"中国20世纪建筑遗产项目·文化系列"、《中国20世纪建筑遗产项目名录》等。

金维忻，毕业于英国伦敦布鲁内尔大学，获得设计品牌与创新硕士，纽约帕森斯设计学院设计史与策展研究硕士，是国内较早引入"设计博物馆"理念与实践的研究者，相关艺术与设计类评述文章曾刊发在《中国文物报》、artnet、艺术中国、雅昌艺术、《中国建筑文化遗产》《建筑技艺》《建筑》杂志等。曾任职于库珀·休伊特史密森尼设计博物馆、纽约市立博物馆、富艺斯拍卖行，现为中国文物学会20世纪建筑遗产委员会策展总监、策展部主任。

参考文献

1 单霁翔著 . 20 世纪遗产保护 [M]. 天津：天津大学出版社，2015 年 .

2 【德】苏珊娜·帕弛著 . 20 世纪西方艺术史（上）[M]. 北京：商务印书馆，2016 年 .

3 金磊著 . 《世界遗产名录》20 世纪建筑遗产项目研究与借鉴 . 《建筑》2020 年 1 期 .

4 金磊著 . 梁思成诞辰 120 年：再回首先生的建筑遗产保护观 《中国文物报》2021 年 3 月 12 日 .

5 金磊著 . 中国 20 世纪建筑遗产项目的认定与价值分析 《中国文物科学研究》2018 年 1 期 .

6 金磊著 . 中国 20 世纪建筑遗产与百年建筑巨匠 《中国文物科学研究》 2018 年 4 期 .

7 王雨晨著 . 《修复理论》与意大利文化遗产保护思想源流初探 《中国文物科学研究》2019 年 3 期 .

8 郑庆坦著 . 中国近现代建筑历史整合研究论纲 [M]. 北京：中国建筑工业出版社，2008 年 .

9 张复合，刘亦师主编 . 中国近代建筑研究与保护（十）[M]. 北京：清华大学出版社，2016 年 .

10 祁嘉华著 . 世博会与中国城市的美学走向 《中国名城》2011 年 5 期 .

11 金维忻 . 20 世纪建筑遗产的艺术特征分析 《建筑技艺》2018 年 4 期 .

12 中国建筑设计研究院建筑历史研究所主编 . 北京近代建筑 [M]. 北京：中国建筑工业出版社， 2008 年 .

13 孟璠磊，刘伯英，王路著 . 中国工业遗产史录（北京卷）[M]. 广州：华南理工大学出版社，2021 年 .

14 金磊 . 人文城市建设呼唤"建筑人文讲堂" 《建筑设计管理》2021 年 10 期 .

15 邹德侬等著 . 中国现代建筑史 [M]. 北京：机械工业出版社，2003 年 .

16 金磊 . 从科技进步足迹看 20 世纪建筑遗产的发展 《建筑设计管理》2021 年 12 期 .

17 张钦楠著 . 山花烂漫：20 世纪现代建筑学习体会 北京：机械工业出版社 2022 年 .

18 郑时龄著 . 建筑批评学（第二版）[M]. 北京：中国建筑工业出版社，2014 年 .

19 【英】埃米·登普西著 . 风格、学派和运动——西方现代艺术基础百科 [M]. 北京：中国建筑工业出版社，2017 年 .

20 陈曦著 . 建筑遗产保护思想的演变 [M]. 上海：同济大学出版社，2016 年 .

21 【德】菲德勒著 . 包豪斯 [M]. 杭州：浙江人民美术出版社，2013 年 .

22 【英】威尔·贡培兹著 . 现代艺术 150 年：一个未完成的故事 [M]. 桂林：广西师范大学出版社 .

第二讲：
国际宪章与 20 世纪城市建筑遗产

张松

　　城乡建筑遗产是人类发展过程中留存下来的历史见证，是与人居环境和生活场所密切相关的集体记忆，也是不可再生的文化资源。

　　进入21世纪以来，全球文化遗产保护已成为一场全民运动和一项正当其时的创造性活动。以往，从远古遗址到19世纪中期工业革命之前的文化古迹和古老建筑一直是受到保护的，但工业革命以来形成的，特别是20世纪建筑遗产却较少受到国家法律的保护。自1980年代后期以来，保护对象在欧美等国家和地区发生了变化，开始对现代主义运动中出现的建筑作品、城市设计、工业遗产以及批量建造的集合住宅进行评估与保护。

　　文化遗产保护的国际宪章、宣言、建议凝聚了世界文化遗产保护理论与实践发展的精髓。学习、领会这些国际宪章的理念和精神，有助于我们理解建筑遗产的价值和保护意义，有利于积极推进城乡建筑遗产保护的法治建设，促进城乡人居环境维护改善、历史文化资源合理利用以及居民共同参与遗产保护管理。

一、欧洲建筑遗产保护观念

（一）欧洲保护宪章的先进性

欧洲是人类生活水平较高、环境优美和适宜居住的大洲之一。欧洲国家是文化遗产保护运动的先驱，在法律法规、政策措施和制度机制等诸方面均有值得参考的经验积累。欧洲区域也是文化遗产保护实践的积极推动者，回顾第二次大战后欧洲地区城市建筑遗产保护实践的历程，聚焦欧洲区域文化遗产保护相关国际文件、会议、历史事件可以发现，其遗产保护观念、政策措施的形成过程也可以带给我们有益的启示和参考。

50 多年来，欧洲委员会（Council of Europe）制定了一系列重要的法规，在巩固和协调欧洲国家遗产政策方面发挥了至关重要的作用。欧洲委员会提出了一些关键概念并进行了一系列实践探索，如"欧洲建筑遗产年"（EAHY）活动；由 1975 年《欧洲建筑遗产宪章》和《欧洲建筑遗产保护公约》（格拉纳达公约）所确立的"整体性保护"政策措施以及在《文化遗产社会价值的框架公约》（法罗公约）等法律文件中所反映的注重遗产保护的社会价值，注重在社会生活中发挥建筑遗产的积极作用等。

（二）"欧洲的共同遗产"观念的形成

欧洲委员会成立于 1949 年 5 月 5 日，最初由比利时、丹麦、法国、爱尔兰、意大利等 10 个西欧国家组成，现在已有 47 个欧洲国家加入。欧洲委员会是欧洲国家在法律、文化和社会方面旨在通过促进合作来促进欧洲统一与团结的组织，其宗旨是在成员国之间实现更大的团结，以维护和实现作为其共同遗产的理想和原则，并促进经济和社会进步。

第二次世界大战结束后不到 10 年，1954 年 12 月欧洲委员会通过了《欧洲文化公约》，反映了对欧洲未来团结一致的期望，以及对教育、文化以及人文精神能够弥合新旧分歧、防止冲突和巩固民主秩序的基本信念。《欧洲文化公约》旨在增进欧洲国家和人民之间的相互了解，互相欣赏彼此的文化多样性，共同维护欧洲文化，促进各国对欧洲共同文化遗产的积极贡献力量，鼓励采取协调一致的行动，开展增进欧洲意义的文化活动。

《欧洲文化公约》也是战后欧洲委员会推动文化遗产保护的肇始，提倡互相尊重、肯定各自国家的历史地区和场所，并提出"欧洲的共同遗产"观念。公约承诺将欧洲各国的文明与遗产视为共同的遗产。此后，欧洲制定了一系列广泛的措施来保护有形和无形的文化遗产，扩大了保护对象的概念与范围，并富有创造性地推动了相关经验在欧洲区域内积极分享与传播，促进了欧洲各国人民之间的相互理解和对不同文化多样性的相互欣赏。

《欧洲文化公约》是一部内容非常简明的条约，总共只有十一条，其中直接与文化遗产保护相关内容有两条：（1）每一缔约国均应采取适当措施保护欧洲的共同文化遗产，并鼓励本国为其做贡献（第一条）；（2）每一缔约国应将受其控制的具有欧洲文化价值的物体（European cultural value placed）视为欧洲共同文化遗产的组成部分，必须采取适当的措施予以保护，同时必须确保其合理的对外开放（第五条）。

在《欧洲文化公约》框架下，欧洲国家开展了一系列政府间的合作行动，这其中就有针对具有欧洲意义的文化遗产的积极维护和长效管理（参见表1）。

表1　欧洲建筑遗产保护相关公约建议一览表

颁布时间	公约	宣言、建议和决议
1954 年 12 月 19 日	欧洲文化公约	
1963 年 5 月 10 日		关于保护与开发古建筑和历史或艺术地段的建议
1966 年 3 月 29 日		关于古建筑、历史或艺术地段编目标准与方法的决议
1966 年 3 月 29 日		关于纪念物复兴的决议
1966 年 4 月 20 日		保护和开发具有历史或艺术意义建筑群与地区
1968 年 5 月 3 日		关于积极保护和康复具有历史或艺术意义建筑群与地区的原则和做法的决议
1968 年 5 月 3 日		关于在区域规划范围内积极维护具有历史或艺术意义的纪念物、建筑群和地区的决议
1968 年 5 月 30 日		关于最直接负责具有历史或艺术意义建筑群和地区的保护与康复机构的决议
1969 年 5 月 6 日	欧洲考古遗产保护公约	
1970 年 6 月 5 日		关于威尼斯保护与更新的决议
1972 年 5 月 15 日		关于威尼斯保护与更新的决议
1972 年 5 月 30 日		关于保护纪念物和地段文化遗产临时措施的决议
1972 年 5 月 30 日		关于编制具有历史与艺术意义的纪念物、建筑群和地段国家名录的决议
1973 年 1 月 19 日		关于在城乡平衡中乡村复兴政策的决议
1975 年 9 月 26 日		欧洲建筑遗产宪章
1975 年 10 月 25 日		阿姆斯特丹宣言
1976 年 4 月 14 日		关于调整法律法规以适应建筑遗产整体性保护要求的决议
1979 年 10 月 8 日		关于欧洲建筑遗产保护的建议
1979 年 10 月 8 日		关于地方和地区当局在建筑遗产保护中作用的决议
1979 年 10 月 8 日		关于独立协会在建筑遗产保护中作用的决议
1980 年 12 月 15 日		关于建筑师、城市规划师、土木工程师和景观设计师专业培训的建议
1981 年 7 月 1 日		关于在手工艺活动背景下对某些衰退行业实施援助行动的建议

1983 年 11 月 23 日		关于当代建筑的决议
1985 年 6 月 23 日	关于文化财产相关犯罪的公约	
1985 年 10 月 3 日	欧洲建筑遗产保护公约	
1986 年 10 月 16 日		关于促进参与建筑遗产保护手工艺行业的建议
1986 年 9 月 12 日		关于城市开放空间的建议
1987 年 10 月 22 日		关于欧洲工业城镇的建议
1988 年 3 月 7 日		关于控制建筑遗产因污染导致物质退化加速的建议
1989 年 4 月 13 日		关于在城乡规划行动中保护和改善考古遗产环境的建议
1989 年 4 月 13 日		关于保护和改善乡村建筑遗产的建议
1990 年 9 月 13 日		关于保存保护欧洲工业、技术和工程遗产的建议
1991 年 4 月 11 日		关于为促进建筑遗产保护提供资金的可能措施的建议
1991 年 9 月 9 日		关于保护 20 世纪建筑遗产的建议
1992 年 1 月 16 日	欧洲考古遗产保护公约（修订）	
1992 年 2 月 3 日		关于中欧和东欧的文化遗产状况的建议
1993 年 11 月 23 日		关于保护建筑遗产免受自然灾害影响的建议
1995 年 9 月 11 日		关于将文化景观区域整体性保护作为景观政策的建议
1995 年 1 月 11 日		关于协调与历史建筑和纪念物建筑遗产有关的文件编制方法和体系的建议
1996 年 5 月 31 日		关于保护文化遗产免遭非法行为的建议
1997 年 2 月 4 日		关于持续保护文化遗产免受污染及其他类似因素造成物理损坏的建议
1998 年 5 月 26 日		关于被盗或非法出口文化财产的建议
1998 年 3 月 17 日		关于促进由动产和不动产构成的历史综合体整体性保护措施的建议
1998 年 3 月 17 日		关于遗产教育的建议
1998 年 3 月 17 日		关于文化线路的决议
2000 年 3 月 1 日	欧洲景观公约	
2000 年 11 月 9 日		关于废弃的医院和军事建筑的建议
2000 年 11 月 9 日		关于海洋和河流文化遗产的建议
2000 年 11 月 9 日		关于正在使用的大教堂及其他主要宗教建筑管理的建议
2000 年 12 月 7 日		文化多样性宣言
2001 年 11 月 8 日	欧洲视听遗产保护公约	
2003 年 1 月 15 日		关于推动旅游业促进文化遗产成为可持续发展要素的建议

2003 年 9 月 8 日		关于在欧洲推广艺术史的建议
2003 年 11 月 25 日		关于文化遗产保护税收优惠的建议
2005 年 10 月 27 日	文化遗产社会价值的框架公约	
2005 年 11 月 9 日		关于地方和区域当局对城市周边地区文化特征发挥作用的建议
2005 年 11 月 25 日		关于文化财产私人管理的建议
2005 年 12 月 7 日		关于大学遗产治理与管理的建议
2006 年 6 月 1 日		关于协调遗产与现代性的建议
2008 年 11 月 28 日		关于手工艺与文化遗产保护技能的建议
2009 年 3 月 5 日		关于文化旅游的未来——走向可持续模式的建议
2010 年 11 月 12 日		关于从开发项目中抢救考古发现的平衡方法的建议
2014 年 3 月 7 日		关于欧洲濒危遗产的建议
2015 年 1 月 21 日		关于跨文化融合的建议
2015 年 4 月 24 日		那慕尔宣言
2015 年 5 月 22 日		关于危机中和危机后的文化遗产的建议
2017 年 2 月 22 日		关于 21 世纪欧洲文化遗产战略的建议
2017 年 5 月 17 日	关于文化财产相关犯罪的公约（取代 1985 年公约）	
2020 年 10 月 21 日		关于促进持续预防文化遗产日常管理风险的建议
2022 年 5 月 20 日		关于文化、文化遗产和景观在帮助应对全球挑战中的作用的建议

（根据欧洲委员会官网信息收集整理）

（三）历史保护的"首要重要性"

1962 年 1 月 1 日，欧洲委员会内部成立了文化合作委员会（Council for Cultural Co-operation，CCC），它体现了多数欧洲政府在教育和文化事务上密切合作的意愿。从那时起，欧洲地区的文化合作表现出积极扩展和不断深入的趋势。

在文化合作委员会成立之初（1962 年 1 月）即通过了一项动议，提议保护包含公认具有欧洲重要性纪念物的中心区，建议采取集体行动来确保这些具有欧洲价值的历史中心得到有效保护。委员会提出这项动议，其目的是将联合国教科文组织（UNESCO）通过的、进展比较缓慢的世界项目计划转移到欧洲区域层面，同时希望进一步采取具体实施，为保护和发展《欧洲文化公约》所倡导的欧洲共同文化遗产。

自 1963 年欧洲委员会部长委员会通过关于"保护与开发古建筑和历史或艺术地段"的第 365 号建议以来，欧洲建筑遗产保护政策机制已取得了长足的发展。在通过第 365 号建议的同时，大会还通过了一项决议，要求地方当局关注纪念物和地段保护的"首要重要性"，并建议当局在有关区域规划辩论时充分考虑古建筑和历史或艺术地段的保护问题。

（四）古建筑与地段保护的关键问题

1965 年 3 月 1 日，在欧洲议会第 134 次协商会议上，部长代表将协商会议第 365 号建议中所倡导的历史或艺术建筑群和区域的保护与发展项目提交给文化合作委员会，在其框架内审议具体方案和财政资源。此外，委员会还制定了一项行动计划，以便在保护与开发具有历史或艺术意义的建筑群和区域方面开展欧洲合作。根据该方案，委员会在

1965~1966 年间展开了三项辩论：

（1）以保护与开发为目的对古建筑和历史或艺术地段进行编目的标准和方法；

（2）在自然环境或美学环境中为具有文化意义但不再承担原初用途的建筑寻找新用途；

（3）与区域规划相关的具有历史或艺术意义建筑群和地区保护与开发问题分析。

二、保护政策措施的系统探讨

（一）保护与康复主题五次研讨会

1960 年代，在欧洲巴塞罗那等历史名城举办了以"保护与康复"（Preservation and Rehabilitation）为主题的五次研讨会，欧洲的保护政策与原则得到了明确和完整的界定。会议通常由主办国政府邀请，由欧洲各国负责纪念物部门的高级官员和其他高级专家出席。一

表 2 保护与康复主题研讨会基本情况一览表

顺序	会议主题	时间	地点
研讨会 A	以保护与开发为目的对古建筑和历史或艺术地段进行编目的标准和方法	1965 年 5 月 17~19 日	西班牙巴塞罗那
研讨会 B	在自然环境或美学环境中为具有文化意义但不再承担原初用途的建筑寻找新用途	1965 年 10 月 4~8 日	奥地利维也纳
研讨会 C	积极保护与康复历史或艺术建筑群和地区的原理与实践	1966 年 10 月 3~7 日	英国巴斯
研讨会 D	在城乡规划背景下积极维护具有历史或艺术意义的建筑群和地区	1967 年 5 月 22~27 日	荷兰阿姆斯特丹
研讨会 E	保护与康复具有历史或艺术意义的建筑群和地区相关政策的实施	1968 年 9 月 30 日 ~10 月 5 日	法国阿维尼翁

（根据欧洲委员会官网信息收集整理）

方面，可以就理论问题深入交换意见；另一方面也提供了一个更好地了解具体问题的机会，特别是针对东道国，主题研讨会从一开始就计划每次探讨将聚焦一般问题某一特定方面。

五次专题研讨的主题分别为保护名录的标准和方法（研讨会A）；纪念物的复兴（研讨会B）；积极保护的原理与实践（研讨会C）；积极维护与区域规划（研讨会D）；保护与康复的政策（研讨会E）。以下就相关具体情况进行简要的介绍。

1. 研讨会 A

第一次研讨会于1965年5月17日至19日在西班牙巴塞罗那举行，主题为"以保护与开发为目的对古建筑和历史或艺术地段进行编目的标准和方法"。

会议讨论了保护名录的编制标准和方法，以保护与康复具有历史或艺术价值的建筑群和地区。其中的建议之一是编制具有欧洲标准的名录索引卡，随后由专家小组不断完善名录。该系统的最终实施采取了以马耳他保护名录为试点项目的方式进行，目的是有序建立欧洲建筑遗产保护名录。欧洲委员会部长委员会在第（66）19号决议中通过了研讨会A提出的《关于古建筑、历史或艺术地段编目标准与方法的决议》（简称《帕尔马建议》）。

2. 研讨会 B

第二次研讨会于1965年10月4日至8日在奥地利维也纳举行，主题是"在自然环境或美学环境中，为具有文化意义但不再承担原初用途的建筑寻找新用途"。此时，会议主要关注纪念物单体（如奥地利的城堡），以及通过一

系列旨在鼓励所有者和政府之间合作的措施，探索将这些具有历史或艺术意义的过去见证与当今文明结合的可能性。会上通过的《关于纪念物复兴的决议》（简称《维也纳建议》）后得到欧洲委员会部长委员会的批准。

3. 研讨会 C

第三次研讨会于1966年10月3日至7日在英国巴斯举行，主题是"积极保护与康复历史或艺术建筑群和地区的原理与实践"，这次会议的目的是研究历史纪念物与现代生活融合所涉及的理论和技术问题。

会议建议文化合作委员会帮助马耳他政府按照联合国教科文组织倡导的路线组织文化旅游，这将有助于保护和康复马耳他岛具有历史、艺术或考古意义的建筑群和地区；建议选择马耳他作为试点，应用研讨会A倡导的欧洲文化遗产保护名录新技术。

4. 研讨会 D

第四次研讨会于1967年5月22日至27日在荷兰阿姆斯特丹举行，主题为"在城乡规划背景下积极维护具有历史或艺术意义的建筑群和地区"。会议认为需要从开始就将对历史保护的关切纳入最高级别的区域规划。专家们深信，只有将此类行动作为一项考虑到各种国家因素的总体规划的一部分来设计，这种行动才是完整且有效的。此外，会议强调了负责纪念物保护与负责城乡规划的部门之间的密切联系与合作。

5. 研讨会 E

第五次研讨会于1968年9月30日至10月5日在法国阿维尼翁举行，主题是"保护与康复

具有历史或艺术意义的建筑群和地区相关政策的实施"。研讨会上明确界定了保护政策的原则，建议采取立法、行政和技术等一系列措施来保护与开发古建筑和历史或艺术地段，从而帮助各国了解所面临问题的真实状况。

可以说，此时欧洲大多数国家已经从孤立纪念物概念发展到了古建筑、历史或艺术地段的保护，这一点也得到越来越多的公众支持。非政府组织（ICOMOS、国民信托、欧罗巴·诺斯特拉、Civitas Nostra 等）以及各类媒体多次组织了关于这一主题的讨论。

（二）六次文化遗产部长会议

欧洲委员会考虑到文化合作委员会（CCC）组织的关于历史或艺术建筑群和地区的保护与康复的五次研讨会，清楚地表明了从文化、人类、经济和社会角度看，纪念物和地段文化遗产具有充分的价值，因而提请所有国家高度关注欧洲遗产所面临的众多威胁。

这些威胁的加剧令人不安，因为要避免的危险与目前用于应对这些危险的手段之间越来越不均衡。自 1969 年 11 月开始，召开了六次欧洲负责文化遗产部长级会议，主题均为纪念物和地段文化遗产保护与康复。

1. 第一届欧洲部长会议

1969 年 11 月 25 日至 27 日，第一届负责纪念物和地段文化遗产保护与康复欧洲部长会议在比利时布鲁塞尔召开。会议对建筑遗产社会价值的认识，赋予保护一个新的维度，认为对建筑遗产的保护需要将其积极融入人类的生活环境中。

考虑到已指定 1970 年为"欧洲保护年"并取得了良好的效果，深信这一举措将最成功地促进公众关注物质（自然）环境所受的威胁。因此，会议考虑在不久的将来指定一年专门用于纪念物和地段文化遗产的保护与康复，目的是使欧洲人认识到其共同遗产面临的危险，并认识到迫切需要采取保护措施，将这一珍贵遗

表3　六次文化部长会议基本情况一览表

顺序	会议名称	时间	地点
第一届	负责纪念物和地段文化遗产保护与康复的欧洲部长会议	1969 年 11 月 25~27 日	比利时布鲁塞尔
第二届	负责建筑遗产部长会议	1985 年 10 月 3~4 日	西班牙格拉纳达
第三届	负责文化遗产部长会议	1992 年 1 月 16~17 日	马耳他瓦莱塔
第四届	负责文化遗产部长会	1996 年 5 月 30~31 日	芬兰赫尔辛基
第五届	负责文化遗产部长会	2001 年 4 月 6~7 日	斯洛文尼亚波多罗兹
第六届	负责文化遗产部长会	2015 年 4 月 23~24 日	比利时那慕尔

（根据欧洲委员会官网信息收集整理）

产融入当今和未来的社会，这就是1975年欧洲建筑遗产年（European Architectural Heritage Year，EAHY）最初的提案。

2. 第二届欧洲部长会议

第二届负责建筑遗产部长会议于1985年10月3日至4日在西班牙格拉纳达召开。鉴于当时欧洲社会的开发趋势上升，在某些情况下危及建筑遗产，虽然从总体上看是具有乐观前景的，但对保护问题采取最新的方法至关重要。

会议认为追求和完善健全的环境政策，确保建筑遗产作为欧洲历史遗产的重要组成部分，将传承给子孙后代。遗产的未来，以及它为改善人类环境提供的机会，需要一个积极的保护过程，这应该影响到社会活动的所有部门，并要求所有公民做出创造性的社区努力。

在一个不断变化的欧洲，尽管受到政治和经济危机的影响，但仍急于传达其关于文化和生活质量等独特信息。鉴于此，会上通过了几项决议，涉及建筑遗产与社会文化生活的关系、保护政策的经济影响、建筑遗产的物质形态保护、关于欧洲合作促进历史遗产的未来计划等。以1975年"欧洲建筑遗产年"时制定的《欧洲建筑遗产宪章》为基础，欧洲委员会在这次会议上通过了《欧洲建筑遗产保护公约》（The Convention for the Protection of the Architectural Heritage of Europe），确立了欧洲国家之间建筑保护政策合作与协调的原则。

1987年至1992年间，欧洲委员会发起的决议开始关注欧洲工业城镇、农村建筑遗产，工业、技术和工程遗产和20世纪建筑遗产的保护，以及污染对建筑遗产造成的损坏，考古遗产和城乡规划的关系，建筑遗产保护资金等课题。

3. 第三届欧洲部长会议

第三届负责文化遗产部长会议于1992年1月16日至17日在马耳他首都瓦莱塔召开，重点关注城乡规划与考古遗址背景环境保护的关系问题，通过了对《欧洲考古遗产保护公约》的修订。

会议主要成果包括《关于考古遗产的决议》《关于向世界其他地区开放文化遗产泛欧合作体制框架的决议》《关于泛欧文化遗产项目优先事项的决议》《关于在冲突局势中保护问题的决议》等多项文件。

4. 第四届欧洲部长会议

1996年5月30日至31日，第四届负责文化遗产部长会议在芬兰赫尔辛基召开。大会探讨了欧洲文化遗产保护的政治维度、文化遗产与可持续发展的关系等问题。会议将负责遗产、金融、就业和环境的部门的代表召集在一起，目的是提出财政和法律上的政策选择，以鼓励创造与建成遗产使用、维护和修复有关的就业机会。会议指出，文化遗产的内在价值和保护政策可以为欧洲委员会追求的民主和平衡发展目标做出重要的贡献。

会议通过了《关于欧洲文化遗产保护的政治维度赫尔辛基宣言》《关于文化遗产在欧洲建设中的作用》《文化遗产作为可持续发展的要素》等文件，强调在可持续发展框架内建立欧洲遗产管理的方法，呼吁成员国强化以遗产为资源的可持续文化旅游战略。

5. 第五届欧洲部长会议

第五届负责文化遗产部长会议于2001年4月6日至7日，在斯洛文尼亚波多罗兹召开，会上讨论了未来计划、志愿组织在文化遗产领域的作用等话题。会议通过了《关于文化遗产的作用和全球化挑战的决议》《关于欧洲委员会2002~2005年文化遗产领域未来活动的决议》和《文化遗产领域志愿组织作用宣言》。

6. 第六届欧洲部长会议

第六届负责文化遗产部长会议于2015年4月23日至24日在比利时那慕尔召开，通过了《那慕尔宣言》（Namur Declaration），确立了21世纪欧洲文化遗产的共同战略，提出了未来愿景和今后10年的行动框架。

此次会议主题为"21世纪的文化遗产，促进共同生活，实现欧洲共同战略"，会议结束时通过了确立欧洲遗产保护未来战略目标的《那慕尔宣言》。该战略重新定义了文化遗产在欧洲的地位和作用，为保护和培育文化遗产、促进善政和参与式遗产识别与管理、传播创新方法等提供了指导方针。遗产保护以改善欧洲公民的环境和生活质量为目的，《那慕尔宣言》提请各国关注以下四个优先事项：遗产对生活质量和生活环境的贡献、对欧洲吸引力和繁荣的贡献、教育和终身学习，以及遗产领域的公众参与式治理。

除了《那慕尔宣言》之外，部长会议还通过了《那慕尔呼吁》，防止蓄意破坏文化遗产和行为，谴责并制止蓄意破坏文化遗产和非法贩运文化财产的行为。

三、20 世纪遗产保护相关欧洲文件

（一）20 世纪建筑遗产的产生

1988年10月27日，历史遗产整体性保护指导委员会（CDPH）所属20世纪建筑专家小组在斯特拉斯堡召开专题研讨会，就英国20世纪建筑的分期、英国20世纪建筑保护局势、登录建筑中20世纪建筑占比等问题进行了探讨。

1989年12月11日至13日，由欧洲委员会与奥地利科学部、德国联邦科学院共同组织，在维也纳召开"20世纪建筑遗产：保护与促进的战略"主题研讨会，围绕20世纪建筑的特点、保护的文化、社会和经济价值等课题展开了广泛的讨论，认为20世纪建筑是指从19世纪末至今所产生的建筑，具有特殊的特点，并面临着明显的保护问题与挑战。

会议通过不同欧洲国家之间的意见和经验交流揭示了类似问题，一致认为需要围绕以下主题制定共同的解决方案：

（1）20世纪建筑名录的编制方式和方法；

（2）保护的特别问题和建筑的遴选标准；

（3）建筑材料的物质性保护；

（4）如何提高对保护问题的认识，并能够引起政治家、行政管理部门和公众的关注；

（5）建筑综合体保护与社会住宅等。

（二）关于保护 20 世纪建筑遗产的建议

1991年9月9日部长委员会在第461次部长代表会议上通过《关于保护20世纪建筑遗产的建议》及附录文件《20世纪建筑遗产保护与改善准则》，呼吁尽可能多地将20世纪遗产列

入保护名录，并以遗产价值为基础确定其相应的保护策略。

《建议》注意到20世纪建筑是欧洲历史遗产的组成部分，保护与改善其最为重要元素与保护整个建筑遗产的目标和原则相同。这一部分遗产虽实例丰富、范围广泛、特点多样，但因新近才被关注，因而与建筑遗产的其他部分相比，官方组织和公众对它的认可度比较低。

《建议》强调，对20世纪遗产保护缺乏兴趣将会导致无法弥补的损失，而且会导致后代丧失这一时期的欧洲意识。因此，建议各成员国政府应参照本建议附录所列之《准则》，为20世纪建筑的鉴别、研究、保护、维护、修复以及提高公众意识制定战略，作为其建筑遗产保护总体政策的组成部分，并在必要的时候采取具体措施。

（三）《20世纪建筑遗产保护与改善准则》要点

关于20世纪遗产的鉴别，《准则》中指出：自19世纪末以来，由于工业化、新材料的引入、建筑技术的变革和新用途，建筑和城市规划发生了深刻的变化。这一趋势与技术进步同步发展，以满足当代社会的需求。20世纪的建筑数量众多，性质各异，它们既反映了传统价值观，也反映了现代价值观。除了某些先驱者的作品之外，20世纪建造的建筑没有被认为具有遗产价值。因此，有必要通过提请人们注意这部分遗产的质量及其不同形式的财富和多样性，鼓励人们更好地了解和理解这部分遗产。

为了更全面地理解这一点，相关研究应考虑现有来源的全部概貌，无论是以原始图形或影像材料的形式，还是有关作品出版时发布的信息，或任何其他类型的信息，使其能够在适当背景下全面了解建筑的基础信息后进行考虑。

关于20世纪建筑的名录制定，《准则》要求展开系统盘点，目的是收集有关20世纪建筑的系统文献，可以是涵盖所有时期的国家名录的形式，也可以通过起草特定的20世纪建筑名录的形式。总之，20世纪建筑遗产名录应该是：

（1）开放的而不是选择性的，并且可以根据新的信息不断更新、修订和扩展；

（2）应在对建筑风格、建筑类型、施工方法或建造时期等方面没有偏见的情况下拟定；

（3）在设计、呈现和出版的方式等方面应尽可能广泛地向公众开放，包括使用的词汇、插图和发行安排等；

（4）无论如何应，尽可能地考虑不同欧洲国家的调查实践从而进行编辑，以促进整个欧洲对信息及分析方法的相互沟通和理解。

（四）名录的具体标准及保护要求

（1）承认从20世纪的风格、类型和施工方法的整个范围内挑选重要性作品的价值取向；

（2）不仅要保护某一时期或某一建筑风格最为著名设计师的作品，而且要保护对该时期的建筑和历史具有重要性但不太知名的实例；

（3）在选择因素中，不仅要考虑美学因素，而且应考虑在技术史，以及政治、文化、经济和社会发展等方面所做贡献的重要性；

（4）将保护范围延伸到建成环境的每一部分至关重要，不仅包括单体建筑，还包括批量生产的建筑、规划地产、大型综合体与新城、公共空间和公共设施；

（5）需要将保护对象扩展到外部和内部装饰特色，以及与建筑同期设计并赋予建筑师创造性工作意义的配件和家具。

欧洲层面的合作对于 20 世纪遗产的保护至关重要，因所使用的建筑技术具有相似性与类似的复杂性，选择标准以及实际维护和保护技术方法也具有类似性。

四、20 世纪建筑遗产的基本理念

（一）ICOMOS 的相关文件

1981 年 10 月，第五届世界遗产大会审议澳大利亚悉尼歌剧院及悉尼港申报世界文化遗产的议案，引起了国际遗产保护组织对战后建筑和晚近遗产保护问题的关注。相关国际会议针对晚近遗产的鉴定、评估、登录和保护等课题开展讨论。1985 年在巴黎召开的 ICOMOS 专家会议研究了当代遗产保护的有关问题。

1988 年在荷兰艾恩德霍文（Eindhoven）成立了现代运动记录与保护的非政府国际组织（the International Working-party for Documentation and Conservation of Buildings, Sites and Neighborhoods of the Modern Movement，简称 DoCoMoMo）。

2001 年 9 月，ICOMOS 在加拿大蒙特利尔召开的工作会议制订了《20 世纪遗产蒙特利尔计划》（Montreal Plan for 20th C. Heritage，简称 MAP20），并将 2002 年 4 月 18 日国际古迹遗址日的主题确定为“20 世纪遗产”。

2011 年 6 月，ICOMOS 所属 20 世纪遗产国际科学委员会（ISC20C）在马德里召开了主题为“20 世纪建筑遗产干预方法”的国际会议。大会通过的《保护 20 世纪建筑遗产的方法》（Approaches for the Conservation of 20th Century Architectural Heritage），即《马德里文件》（Madrid Document），得到广泛传播和讨论。2014 年，ISC20C 根据反馈意见修订完成第二版，该文件是目前支撑 20 世纪遗产保护及变化管理的主要技术指南。

（二）概念和理念之再辨析

第一，历史性纪念物的概念不仅包括单体建筑作品，还包括城市或乡村的背景环境，在这些环境中可以发现某些特定文明、重要进展或历史事件的证据。它不仅适用于伟大的艺术作品，也适用于那些随时间推移而获得文化意义的过去更为普通的作品（《威尼斯宪章》，1964 年）。

1976 年 4 月 14 日，欧洲委员会部长委员会通过的《关于调整法律法规以适应建筑遗产整体性保护要求的决议》指出，被视为一国之纪念物和地段文化遗产的对象包括：（1）由纪念物和建筑群所组成的建筑遗产；（2）地段。

第二，纪念物一词是指具有历史、考古、艺术、科学、文化或社会价值的建筑作品，无论是宏伟的还是普通的，包括固定设施与设备以及纪念性雕塑。

第三，建筑群一词是指符合以下标准的城市或乡村的建筑群体：

（1）它们必须因其社会、历史、考古、科学或艺术价值，或其代表性，或如画特征而具有意义；

（2）它们必须形成一个连贯的整体，或因其融入景观方式非常出色；

（3）它们必须是足够紧密地组合体，其建筑、相互连接的结构以及所占据的场地能够在地理上划分界限。

（三）整体性保护的政策措施

1975年颁布的《欧洲建筑遗产宪章》宣布，欧洲独特的建筑是所有人民的共同遗产，必须承认确保其得到保护的共同义务。作为人类记忆不可或缺的组成部分，建筑遗产必须以其原真状态和尽可能多的类型传递给后代，否则，作为自身延续性人类意识的构成将被破坏《欧洲建筑遗产宪章》（1975年）。

考虑到历史地区为世世代代的文化、宗教及社会活动之财富和多样性提供了最具物质性的见证，保护历史地区并使它们与当代社会生活相结合是城市规划和土地开发的基本因素《内罗毕建议》（1976年）。

因此，建筑遗产保护被视为城乡规划的基本要素，并在规划过程的早期阶段予以考虑，为了确保有效协调，规划和建筑保护的责任应分配给一个部门，或者在政府有关部门之间建立密切的行政联系《关于欧洲建筑遗产保护的建议》（1979年）。

（四）20世纪建筑材料的保护

一方面，在20世纪80年代末和90年代初，随着现代运动的开创性建筑作品达到50年的基准，从而有资格获得遗产的身份认证和保护；另一方面，20世纪建筑数量大、一些新技术新材料的应用并不是很成熟，导致今天的保护与适应性再利用面临着许多新的挑战。

一些建筑并没有变老，20世纪新的建筑方法和材料将挑战传统的保护方法。为了应对这些复杂挑战，美国盖蒂保护研究所（GCI）于2013年3月召开了该领域专家座谈会。这次为期两天的会议围绕四个主题展开：（1）哲学与方法；（2）物质性保护的挑战；（3）教育与培训；（4）鉴别、评估和诠释。

2014年6月，GCI再次召开历史混凝土建筑和结构保护专家会议，以确定知识和认知上的差距，并考虑通过研究、教育和培训以及有关该主题文献的创作和传播，助力于推动该领域发展的关键问题突破。会议进一步确认了需要关注包括混凝土在内的20世纪出现的各种新材料保护的技术问题。

五、小结

呼应国际文化遗产保护潮流，2008年4月在无锡市召开了以"20世纪遗产保护"为主题的中国文化遗产保护论坛。同年5月，国家文物局印发《关于加强20世纪遗产保护工作的通知》，要求各地充分重视20世纪遗产的保护工作。

现代建筑利用新技术和新材料，大规模批量生产和预制了大量社会住宅、公共设施和基础设施。在以可持续发展为目标，以双碳、环保、节能为城乡建设基本原则的今天，20 世纪建筑遗产保护再生具有不可替代的绿色使命。

应当从维护场所精神，提升环境品质，规划建设宜人生活环境的角度制定保护管理战略规划。通过建筑遗产的保护与利用（或再利用）提升城市和社区的吸引力，增强市民的认同感。将历史文化资源作为可持续旅游和城市创新发展的重要资源，在实现高质量发展和高

品质生活的城乡发展目标中发挥积极作用。

虽说针对 20 世纪早期遗产的保护方法已日渐完善，但是第二次大战后的建筑遗产的保护方法还在摸索中。20 世纪建筑遗产保护管理更多地从建筑学、环境经济学和文化传播学等方面进行分析研究、鉴别和评估。欧美各国在建筑遗产保护政策、机制、技术和方法等方面的实践积累值得我们研究和借鉴。

张松，同济大学建筑与城市规划学院教授、博士生导师，日本东京大学博士。长期从事城市规划学科领域相关理论研究、教学和工程实践，主要研究方向为城市遗产保护、城市规划史、规划设计理论与方法等。

参考文献

1 中共中央宣传部政策法规研究室，中国社会科学院法学研究所编国际文化法文件汇编 [Z]. 北京：学习出版社，2014.

2 [美] 约翰·H·斯塔布斯，艾米丽.G. 马卡斯著. 欧美建筑保护：经验与实践 [M]. 申思译. 北京：电子工业出版社，2015.

3 张松著. 城市保护规划——从历史环境到历史性城市景观 [M]. 北京：科学出版社，2020.

4 杨永生，顾孟潮主编. 20 世纪中国建筑 [M]. 天津：天津科学技术出版社，1999.

5 *Council for Cultural Co-operation. Symposium E：Policy for the preservation and rehabilitation*[R]. Avignon，30 September-5 October，1968.

6 Council of Europe. *The preservation and development of ancient buildings and historical or artistic sites*[R]. Strasbourg，1963.

7 Macdonald，Susan，and Gail Ostergren，eds. *Conserving Twentieth Century Built Heritage: A Bibliography*[C]. 2nd ed. Los Angeles，CA: Getty Conservation Institute. http://hdl.handle.net/10020/gci_pubs/twentieth_centruy_built_heritage，2013.

8 Custance-Baker，Alice，and Susan Macdonald. *Conserving Concrete Heritage Experts Meeting*[C].*The Getty Center*，Los Angeles: Getty Conservation Institute. http://hdl.handle.net/10020/gci_pubs/conserving_concrete_heritage，2015.

第三讲：
中国 20 世纪居住文化科技演变概说

王韬   张杰

20世纪无疑是有史以来中国居住文化变迁最浓缩、最剧烈的时代。从20世纪初开始，延续数千年的、建立在农业经济和儒家伦理文化基础上的居住方式经历了近现代社会变迁和随后的计划经济下的迅速工业化，以及与之相伴而生的城市化过程。到20世纪末，在中国特色社会市场经济体制下的快速城市扩张、房地产市场的出现和消费文化的形成的背景下，社会住宅问题凸显。

20世纪初，中国的城市人口不到总人口的5%，还是一个绝对依赖农业的传统社会；20世纪末，中国的城市化进入加速阶段，城市化率达到了30%，而到了2021年，城市化率已到达约65%。20世纪初，中国所有的自用或租用住房都是私人所有，而经历了1949~1978年的社会改造和建设后，城市私有住房已不足10%。但是，在住房制度改革之后的短短20多年间，私有住房比率在21世纪初达到了80%以上的水平。因此，观察20世纪中国居住文化的发展变化，必须和社会经济状况的剧变关联起来，才能理解其特点。这些变化主要表现在以下五个方面：一是农业社会的居住传统的退场；二是工业化和城市化带动的巨大住宅需求；三是住宅生产方式、供给和分配方式的变化；四是现代城市规划理念和集合住宅模式的确立；五是家庭人口结构和生活生产方式变化带来的住宅空间需求变化。

一、20 世纪中国住宅发展的三个主要阶段

《现代中国城市住宅史1840—2000》一书将现代中国城市住宅发展划分为三个阶段：半封建半殖民地时期（1840~1949年），计划经济时期（1949~1978年），和改革开放之后（1978~2000年）。本文讨论的内容涵盖于此书时间跨度的大部分，因此也引用了同样的分期原则。只是，除了以上社会经济条件变化之外，从居住文化自身发展角度考虑，可以看到在这个世纪的发展过程中，中国的居住文化处于与他者相遇和碰撞的状态中，不再是在封闭的环境中探寻自我，而经历了模仿、学习和竞争的复杂过程，走上了有特色的现代化进程。

第一个阶段是散点、局部性地接触和学习西方、日本的阶段。第二个阶段是全面迅速学习苏联，建立计划经济体制，推动快速工业化，在此过程中形成新的住宅供应和分配方式以及使集合式单元住宅成为此后中国住宅的基本模式。在第三个阶段，计划经济逐步转向中国特色社会主义市场经济体制，住房供需也转向市场经济自主调节，鼓励新的生活方式和科技发展，以释放更大的需求，促进市场繁荣。与此同时，随着大量低收入人群的出现，非市场住宅的需求也重新纳入社会供给和分配的新机制。

二、社会经济变化下的居住文化主要特点

（一）传统居住方式的退场

20世纪初，绝大多数的中国人仍然生活在传统的居住环境中。当时城市居民只有1680万人，仅占当时4.3亿人口的4%~5%。经济仍以农业为主，家庭和村庄是自然的社会单元，乡镇由若干村庄和为其服务的集镇组成。现代工业、商业和运输业为数寥寥，而且它们绝大多数集中在为数不多的通商口岸城市。也就是在这些口岸城市，兴建了少量的新型城市住宅。因此，在1949年以前，住宅设计面临的主要问题不是发明一种建立在新材料、新技术、新审美之上、适应新的生活方式的居住空间，而是引入一种建立在他者文化和科技之上的居住形式，成为新生活的楷模与示范。今天我们还可以在广州、上海、天津、青岛、哈尔滨等城市看到这个时期的住宅遗存。

1950年代，中国进入了全面学习苏联、建立计划经济体制、推动工业化发展的时代。在既有城市的周边，围绕新兴的工厂，新建了工业化郊区，新式集合住宅应运而生，以容纳快速发展的工业所需的大量劳动力。但在这些城市的老城区内，原有的传统居住方式依然存续。那时，城市财政还没有足够的能力对其进行改造，这些住宅仍然服务于相当比例的城市居民的生活，但因基础设施条件落后，在缺少维护的情况下，日益破败。这种情况一直持续到改革开放之后。

1980年代，随着房地产市场的兴起，旧城土地价值的攀升，传统城市核心区的老街区的改造（在很多时候是房地产开发）成为重要话题，旧城保护与更新成为这个时代的研究热点之一。很多城市的传统核心区成为资本与文化、社区博弈的舞台，其中也不乏成功的案例。但在大多数场合，因为年久失修、城市形

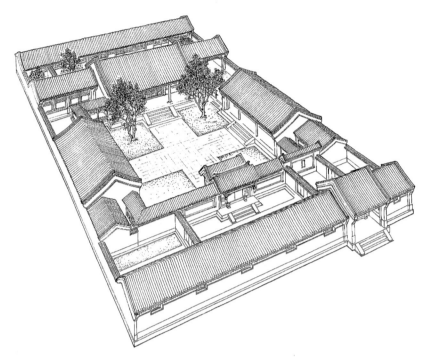

传统中式院落住宅（来源：《建筑设计资料集（第三版）——居住分册》）

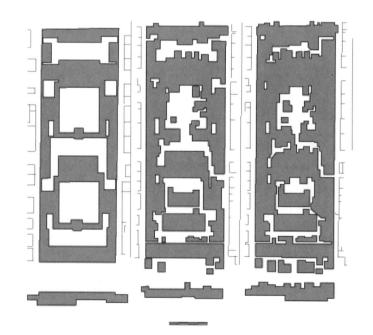

四合院发展成为大杂院的过程（来源：《建筑设计资料集（第三版）——居住分册》）

象和连片开发等原因，传统的院落住区逐渐在城市中消失。如今，在中国城市中已经很难找到成片完整的传统居住街区。直到党的十八大，在中央一系列的重要部署和推动下，传统街区的保护才逐步纳入正轨，但由于经济等各种原因，这些街区还面临能否延续原有的居住功能的考验。

（二）工业化和城市化释放的巨大住宅需求

20世纪初期，中国还是一个80%人口从事农业劳动的国家。1949年之前，虽然有零星小型现代工业和运输业，国民经济的生产要素，如土地、劳动力和资本的供应，总体变化不大。城市人口虽然有所增加，但是城市人口占比仍然很低。到1950年代，这一情况出现了明显的变化。自第一个五年计划开始，中国的重工业建设突飞猛进，城市化也随之进入了加速增长时期。"一五"计划时期，城镇人口年均增长超过7%，每年增加445万人。城市人口的快速增长必然产生巨大的城市住房需求。但是在1978年之前，住宅发展受到了两个因素的制约：一个是"先生产、后生活"的公有住房建设思路的制约，政府通过降低人均居住面积标准，压缩城市住房建设投资，以保证重工业优先发展的资金；另一个是1950年代末建立起来的城乡二元制的户籍制度和配给制。为了控制过快的人口增长带来的各种生活资料的需求增长，国家严格限制农业人口转为城镇人口，以控制享受国家福利的城市人口规模。随着改革开放的深入，加速的城市化发展和房地产市场经济的建立，才使城市住房的需求逐步得到释放和满足。

（三）住宅供给和分配方式的变化

现代住房互为表里的两个核心问题，一是住房如何供给，二是住房如何分配。20世纪中国的住房供给和分配经历了两次重要变革。

如前所述，当1950年代开始的工业化与城市化带来了住宅需求的大量增长时，城市住宅的供给和分配也采取了一种全新的模式，即计划经济下的公有住宅。公有住宅由国家投资建设，然后按照一定的规则和标准分配给居民。由于私有制已经逐步被取消，绝大多数住宅为国家所有，居住者仅有使用权，象征性地缴纳租金。例如：上海在1950~1957年期间新建住房总面积为480多万平方米，其中99.8%都是政府投资建设的城区住宅或工人新村。首先，公有住房的分配严格限制在国有单位的职工范围内，以控制住宅建设在基本建设投资中所占比例，全力发展重工业。其次，住宅标准也被加以严格限制，出现了"合理设计、不合理使用"的政策导向，造成几户人家合住一套住宅的尴尬局面；或者片面强调卧室比例（即所谓住宅的K值），使得客厅在这个阶段的住宅中几乎绝迹；在一些时期，因为过度压缩投资，出现了简易房、干打垒等极端低标准住宅。

1980年代，改革开放对于城市住宅最大的改变。莫过于供给分配方式的改变。随着房地产市场的建立，土地使用权转让制度的出现，住房供给从过去的国家负责改为主要由市场供应，而分配原则也改为由价格和购买力之间自主调节的市场关系决定。随着公有住房制度的改革，社会面由于住宅短缺导致的潜在住房需求被释放，同时经济腾飞带来的更加迅猛的城市化浪潮进一步推动了社会对城市住房的巨大需求。

（四）现代城市规划理念和集合住宅模式的确立

在20世纪，与工业化、城市化同步发展的是现代城市规划理念在中国的引入和实践。与工业化、城市化的进程一样，1949年之前的现代城市规划的发展是缓慢的、零星的，只是在个别大都市，如南京、天津、上海和长春等，有了初步建立在现代城市规划理念上的都市计划。这些都市计划也只在大城市的个别地区得到了较好的实施，如上海的租界区。1949年之前，整体上看中国城市还普遍维持着传统的面貌。相应地，初期的现代城市住宅也是以局部的、斑块状的形式在城市中出现。由于城市化水平还没有到达足以改变城市面貌的阶段，这些新式住宅也都基本建立在原有城市格局基础

之上，在土地利用强度和密度上和以往的居住区相比没有太大变化，但引入了新的设计手法和技术手段，将中西风格进行融合。

1950年代是真正意义上现代城市规划理念全面引入并付诸实践的开始，以配合国家经济发展计划，落实重工业优先的发展策略，使城市为承载新的生产生活功能、合理分配土地资源、有效提高生产运输效率做好准备。这一时期，城市规划工作在全国全面推开，很多城市第一次编制了总体规划。除了功能分区的理念之外，这个时期规划的一个主要特点是将城市新区与旧区分开对待，将基本建设投资集中于建设新区，以提高投资效率。于是，在城市新区出现生产设施和职工生活设施同步建设、连成一体、形成自给自足的大院模式，成为此后中国"单位社会"的一个空间原型。而这个时期的城市旧区，如前所述，仍然维持着过去的城市格局和居住模式。

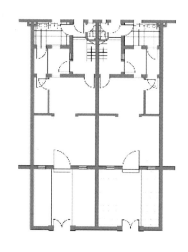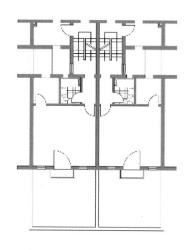

上海静安别墅新式里弄住宅（来源：《建筑设计资料集（第三版）——居住分册》）

在全面学习苏联模式的阶段，延续了千年的中国传统居住模式——合院住宅，迅速地被建立在现代工业化设计建造标准之上的一种新的居住模式所取代，并一直延续到今天，成为中国新的基本居住空间模式，这就是单元式集合住宅。单元式集合住宅满足了标准化设计、大规模快速建造、节约土地、提高密度等要求，并与新时代提倡的集体主义的社会组织原则相契合，所以单元式集合住宅迅速在全国推广。推动这个过程的是学习苏联住宅设计的标准化和工业化。标准设计的单元式住宅可以通过标准图向全国推广，结构和构件的标准化有利于工厂大量、快速、低成本制造，标准化的户型方便计算和控制基本建设投资。因此，单元式集合住宅被全社会迅速接受，直到1980年代开始住房市场化改革，单元式集合住宅仍然是中国现代城市住宅最重要的基本空间形式，

只是在立面造型、材料使用、建筑密度和空间组合上有了多种多样的表现。

（五）家庭人口结构和生活生产方式变化带来的居住空间变化

在20世纪的百年中，随着社会和经济转型，中国家庭（家族）结构也发生了巨大的变化。农业社会时期的大家庭结构和家族聚集的村落模式慢慢地被现代城市中的核心家庭所取代，在1980年代以前，多数城市家庭人口在5~6人左右。后来长达数十年之久的独生子女政策导致中国平均家庭人口规模在21世纪减到不到3人。

但是，在对整个20世纪中国生活方式的考察中，我们不应该仅仅局限于家庭本身。中国家庭的多样性空间需求是改革开放之后被逐步释放出来的。在此之前，更应关注的是在一种

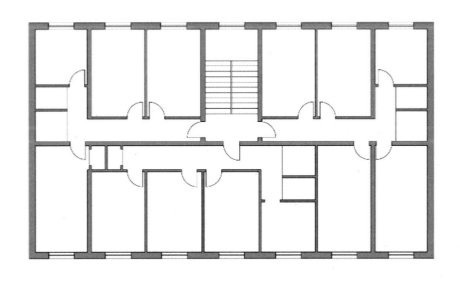

学习苏联的华北301标准设计住宅（来源：《建筑设计资料集（第三版）——居住分册》）

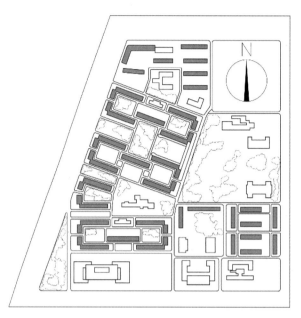

学习苏联的华北 301 标准设计住宅（来源：《建筑设计资料集（第三版）——居住分册》）

集体主义原则下，城市居住空间的各种不同组织形式，体现了当时的生产生活方式。在优先发展重工业的时代，中国城市住宅普遍没有客厅，而只有卧室，以服务于"先生产后生活"的原则。在特定时期，一些极端的例子中，住宅甚至没有厨房，以强调更为集体化的社会生活。而在前面提到的工业新区，由于往往建在没有建成环境和城市设施的郊区，生活区与工厂融为一个整体，成为一个自给自足、无所不包的小社会。另外，在计划经济时期，中国的城市居住区组织形成了组团-小区-居住区的层级结构，并按照其规模和范围配套相应的公共服务设施，这个原则一直持续到21世纪，极大地影响了中国人的城市组织形态和生活方式。

三、居住文化科技演变溯源

除了以上从社会经济变化角度所看到的中国居住文化在20世纪发展中所体现出的特点之外，我们还要看到文化本身变迁的原因。延续千年的中国居住文化为何在20世纪短短一百年间发生如此剧烈的变化，这需要从文化自身发展的予以思考。

（一）文化与科技之变

中国文化自孔孟以来，反复琢磨并分出不同时期、不同流派的根本问题是：体用之争。"体"为自然之本体问题，"用"为社会对于自然的认知和相应的行为模式。前者是本体论问题，后者是文化和社会伦理问题。经千年之发展，儒学逐渐成为中国人认为最合乎自然法则和社会人伦的生活模式。在此精神基础之上，才能说到中国人的居住形式如何。科技在中国的历史发展中则始终处于最末端的"奇技淫巧"的术的问题。所以，居住文化只是儒家思想之"用"，建造科技更是服务于此"用"的一个手段，从来都不是个重要课题。而在近代中国，原本"自然为体、名教为用"的体用之争，随着与强势西方国家的接触，变成了"中学为体、西学为用"的体用之争。传统儒家思想遇到了现代工业文明，儒学被来自西方的各种新的主义和潮流逐步动摇、调整和取代，文化开始主动学习求变，科技则从一个非常次要的社会角色变成了社会发展根本性的动力。在这个现代化过程中，居住文化和科技开始呈现出新的发展逻辑，不再是传统思想的末端和附庸，甚至成为思想和潮流之变的起点。

（二）建筑的精神与骨骼

建筑设计关注的是空间与形式问题，谈起20世纪中国住宅设计的演变，首先意识到的就是形式上的巨大变化。传统的中国住宅的基本单位是儒家礼教精神下的合院住宅，并以此为原型，通过尺度和等级变化，形成不同类型的建筑，再经过各种空间组合的规则形成城市。而今日的中国住宅，从形式上看已经完全摒弃了合院住宅的传统，以现代空间法规和功能原则为基础的集合住宅成为现代中国主要的居住建筑形式。

形式只是建筑的外在表现，而文化是其精神，科技为其骨骼。所以，我们可以说，20世纪的中国城市住宅在延续千年的传统中开始，在全新的面貌中结束。在这个全新面貌下，蕴含的已经是完全不同于世纪之初的精神。在与西方文化的相遇和碰撞中，新的价值观取代了传统社会伦理，并通过新的技术和材料手段形成了新的居住空间模式，承载的是一种完全不同于传统生活的、新的、现代化的生活方式。

建筑的骨骼，也就是住宅设计建造科技，也成为一个现代的、理性化的问题。材料、结构形式、施工技术的选择和变迁，都是来自经济、技术、速度和质量的考量。例如，标准化设计是为了快速向全社会推广；工厂化构件是为了大规模快速生产；传统砖砌建筑很快被混凝土预制技术所取代；经过一段工业化尝试后，而由于结构质量问题，现浇混凝土住宅在20世纪90年代的住宅建设中成为主流；当劳动力成本节节攀升，21世纪又开始尝试各种各样工业化住宅建造体系的探索。可以看到，科技的发展和使用开始遵循自身的合理化逻辑。

四、结语

住宅作为生活的容器，是社会变迁的结果，这是对于居住文化和科技一般性的看法，因此很容易建立起社会经济发展决定了居住文化和科技的观点。但在中国近现代住宅的发展中，同时存在着另外一个过程，这就是文化上的主动求变。从一种对现代化道路的选择，由点及面，启动了整个社会经济发展的变化。因此，可以说20世纪中国居住文化和科技的发展轨迹，一方面深受社会经济发展的影响；另一方面，其本身的发展历程也是文化自觉，主动走向现代化、理性化道路的体现。

北京百万庄住宅

北京三里河住宅

上海曹杨新村

上海曹杨新村

　　王韬，建筑学学士、城市规划硕士、挪威科技大学建筑学哲学博士、清华大学建筑学院博士后，现任清华大学《住区》杂志执行主编。主要著作有《中国现代城市住宅1840-2000》，博士论文《社会住房理论下的中国住房供应体系改革》。

　　张杰，清华大学建筑学院教授、博导，北京建筑大学建筑与城市规划学院特聘院长，全国工程勘察设计大师，联合国教科文组织遗产保护规划与社会可持续发展教席主持人。曾主持完成福州三坊七巷、景德镇陶溪川文创街区等保护更新工程，获文化部创新奖，联合国教科文组织亚太地区文化遗产保护杰出奖、创新奖，德国国家设计建筑金奖等。

参考文献：

1 吕俊华，彼得罗，张杰著.《现代中国城市住宅史1840-2000》[M].北京：清华大学出版社，2002年.

2 费正清编，杨品泉等译.《剑桥中华民国史1912-1949》（上卷、下卷）[M].北京：中国社会科学出版社，1994年.

3 中国城市规划学会著.《中国城乡规划学学科史》[M].北京：中国科学技术出版社，2018年.

第四讲：
工业文化标志：20 世纪遗产中的工业遗产

刘伯英　　　孟璠磊

　　20世纪是人类社会发展最剧烈、最迅速的时期，在经济、社会、技术和政治等方面发生了前所未有的变化。两次世界大战、美苏冷战、殖民与殖民地国家的独立、经济的大发展和大萧条，极大地改变了20世纪的社会结构。快速发展的城市化，以及大城市和超大城市的兴起、科学技术的发展、交通运输的便捷、通信和网络技术的进步，共同改变了城乡的面貌和人们的生活和工作方式。社会传播更加普及，社会交往得到延展，社会生活内容和社会生活空间发生了根本改变。这些都从根本上影响到建筑。新的建筑类型和建筑风格不断涌现，新的结构形式大胆突破，新的建筑材料得到广泛应用。工厂的烟囱、料仓、冷却塔、超大体量的厂房和仓库以及工业形成的工人社区，创造了不同于传统农耕时代的新的文化景观。20世纪建筑遗产是我们的祖辈辛勤工作的成果，与古代遗产相比，具有同等重要的价值，但由于缺乏必要的关怀和理解，20世纪建筑遗产生存处境不断受到威胁。20世纪建筑遗产是活的遗产，至今依然具有旺盛的生命力，我们今天依然生活、工作在其中。对20世纪建筑遗产价值的认知与阐释直接影响着未来，我们必须站在人类文明的高度，站在国家文化战略的高度，具有前瞻性和预见性地加强对20世纪建筑遗产的认识和保护。

　　中共中央办公厅、国务院办公厅印发的《关于在城乡建设中加强历史文化保护传承的意见》指出，工业遗产是我国城乡历史文化保护传承体系的重要组成部分。要讲好5000多年的中华民族文明史，180多年的中国近代史，100余年的中国共产党史，70多年的新中国发展史和40多年的改革开放史的故事。工业化一直是世界经济发展的主题，没有经历成功的工业化进程，就不可能成为繁荣富强的发达国家。如何通过20世纪中国工业遗产，诠释中国近代以来工业建设走过的曲折发展的道路；诠释中国共产党领导下中国工人运动的百年历史，为社会主义建设做出的积极贡献；诠释新中国"独立自主、自力更生、艰苦奋斗"社会主义工业化的伟大成就；诠释改革开放使中国的工业化水平实现了从工业化初期到工业化后期的历史性飞越，使中国实现了从落后的农业大国向世界工业大国的历史性转变，成为我们必须回答的问题。

一、中国 20 世纪建筑遗产中的工业遗产

　　20世纪是中国源远流长的历史文化发展篇章的重要段落。20世纪建筑遗产是中国建筑文化遗产的重要组成部分，是中国社会巨变的见证物和载体，是中国建筑营造智慧的结晶，是百年来遍布中国大地各个历史时期丰富多彩建设活动的写照，呈现出风格流派和创造思潮的演变。追溯20世纪中国建筑发展脉络，对于建构中华文明的标识体系具有重要的战略意义。新时代需要我们以全新的理念，指导遗产保护的行动。

　　中国20世纪建筑遗产的遴选，从2016年开始至今，分六批共597个项目入选，涉及工业建筑等十几种门类，时间跨度百余年，产生了广泛的社会影响。纵观这些遗产，不仅体现

了本土建筑的智慧，同时也反映了中国与世界各国科学、技术、经济、文化、社会交流的成果。与科学技术和工业生产相关的工业建筑遗产共有107项，占到总数的17.92%，超过了世界遗产和全国重点文物保护单位中工业遗产的比例。其中，第一批11项，第二批20项，第三批19项，第四批16项，第五批24项，第六批17项，在各个批次中分布比较均匀，充分体现出工业建设在城乡建设活动中的分量和作用。这些工业遗产涉及18个产业门类（见图1），铁路建筑共有22项最为突出，代表性强。火车站、电报大楼、长话大楼、邮电大楼、电力大楼等城市交通、通信、能源指挥中心作为城市运行的基础服务设施，不仅是近现代工业的基础，还成为城市形象的标志性建筑，在建设规模、建筑高度和艺术形象上突显了时代特

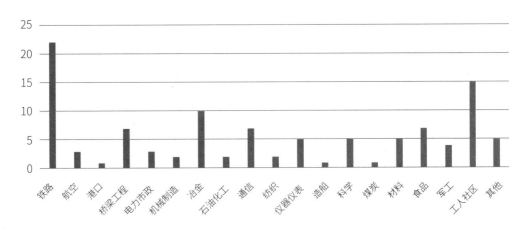

图 1　中国 20 世纪建筑遗产中工业遗产的行业分布

色。值得关注的是，大批城市工人文化宫以及上海曹杨新村、天津北戴河工人疗养院、广州中华全国总工会旧址等工人生活、工人社区、工人疗养、工人组织等设施作为工业遗产入选 20 世纪建筑遗产，充分体现出工人阶级至高无上的社会地位，体现出社会主义新中国对工人阶级的深切关怀，具有鲜明的时代特色。以王进喜为代表的大庆人吃苦耐劳，公而忘私，凝结成"大庆精神"，使大庆成为我国工业战线的一面旗帜，得到全国工业战线的崇敬和学习，"工业学大庆"的口号在全国广泛传播。作为"大庆精神"的物质载体，第二批中国 20 世纪建筑遗产"大庆油田工业建筑群"成功入选，是对中国先进工业文化和工业精神的极大弘扬。

工业遗产是文化遗产的重要组成部分，是衡量一个国家工业文明与经济成就的重要标志。中国的工业化发端于 19 世纪 60 年代到 90 年代的洋务运动，但推动中国成为世界第二大经济体的核心动力则是新中国成立后七十余年来的工业建设。虽然中国不是世界工业革命的发源地，但中国 20 世纪建筑遗产中的工业遗产是中国工业化的独特进程的有力见证，从这些遗产中可以看到中国对世界工业文明的发展做出的杰出贡献，它们是中华文明的重要标识，是独树一帜的遗产瑰宝。

工业建筑与其它类型建筑不同，不仅要满足实用、经济、美观的要求，还要在功能上满足工业生产的需要。建筑师不仅是艺术家和工程师，还要了解工业生产的工艺流程，合理安排生产线，满足工业生产的各项技术要求。工业建筑的设计师虽然不直接参与工业产品和设备生产线的设计，但却深入参与到工艺设计之中。美国建筑师阿尔伯特·卡恩为福特汽车公司设计厂房时，就是通过严格计算每道工序工人的操作时间，合理安排各道工序之间的排序、衔接和距离，精心设计从原材料到产品的流水线，科学制定工人的劳动管理制度，尽力做到生产效率最高。他们在设计中不仅要掌握一般建筑的建筑美学、工程结构、营造技术等方面的技能，还要具备工业设计和生产管理的知识，将其融合到工业建筑的设计中去。随着科学技术的发展、产品的更新换代，设计师的知识也要与时俱进，不断更新。工业建筑遗产凝聚着设计师们全面的职业素养、精益的职业精神。那些看起来"傻大黑粗"，不怎么起眼，更不精彩豪华的工业建筑，充满着科学技术和工程营造的内涵，遗产价值更加丰富，应该给予更多的关注。与大型公共服务功能类型联系紧密的工业建筑，不仅满足生产的需要，同时也为城市树立了新的形象标志。

北京火车站是20世纪50年代的十大建筑之一，占地面积25万平方米，总建筑面积8万平方米。北京火车站采用对称式布局，造型和装饰体现了民族文化传统，立面装饰重点突出，钟楼、翼楼、三拱大窗等处采用了琉璃瓦屋顶及玻璃花饰，大厅大理石墙上的铝制通风花格和柱头纹样均采用了中国古青铜器纹，简洁大方。大厅的主体色调采用与外立面相协调的暖色，扁壳顶棚采用浅湖蓝色粉刷。在局部采用贴金线及彩画装饰，灯具设计以古典吊灯、壁灯为主，在轻快明朗的风格同时兼具浓烈的民族特色。建筑融入了新的结构形式，两翼的候车厅采用平顶，中央部分是由两个钟楼拱卫中央扁壳屋顶大厅。大扁壳为35米×35米，采用预应力边缘构件。除大厅外，高架候车厅也采用扁壳屋顶。两翼房间窗上沿用曲线形式和中心大厅协调统一。立面上采用了大片整齐的玻璃窗，创造出轻快、明朗、大

方、新颖的车站建筑形象。在材料色彩上，大部分采用浅米色面砖，在中心及两翼部位的柱子和花格采用白色剁斧石。

北京电报大楼是中国第一座最新式电报大楼，是当时中国电报通信的总枢纽，总建筑面积20100平方米，总高度73.37米（主体部分共6层，高32.5米），总长度101米。大楼采用

北京火车站

北京电报大楼

北京长途电话大楼

"山"字形平面，楼上装四面塔钟（钟的直径为5米），气势恢宏，是人民邮电事业的代表性建筑之一。1956年4月21日动工兴建，1958年10月1日正式投入生产。

北京长途电话大楼于1975年投入使用，高94.17米，是当时北京的标志性建筑，是中国最大的国际国内长途电话枢纽，除装有大容量的有线通信系统外，还装有现代化的大容量无线通信系统——微波中继系统。这种系统可以同时传送上千路电话，也可以传送彩色电视及各种传真电报、图像信号，是全国微波中继通信网的中心。

二、近代工业化的尝试
（1840~1949 年）

中国作为世界文明古国，手工业发展历史源远流长。青铜冶炼、矿冶开采、丝绸纺织、陶瓷烧制、酿酒制茶等是中国传统工业的代表，这不仅促成了经济与文化的高度繁荣，也使中国成为一个对世界具有广泛影响力的国家。但在封建时代晚期，西方国家依靠工业化带来的坚船利炮发动侵略战争，致使国家饱受屈辱、任人宰割，与"天朝上国"的繁荣时期形成鲜明对比。洋务运动标志着近代中国开始被动接受西方工业化，"师夷长技以制夷"和"师夷长技以自强"的呐喊体现出强烈的民族觉醒。

（一）洋务运动（19世纪60~90年代）

魏源在《海国图志》中主张"师夷长技以制夷"[1]，冯桂芬在《校邠庐抗议》中主张"以中国之伦常名教为原本，辅以诸国富强之术"[2]。洋务运动是19世纪60年代到90年代晚清洋务派以"自强""求富"为口号所进行的一场引进西方军事装备、机器生产和科学技术以挽救清朝统治的自救运动，刺激了中国资本主义发展，并且在一定程度上抵制了外国资本主义的经济输入。洋务派以"自强"为旗号，采用西方先进生产技术，创办了一批近代军事工业。在李鸿章等人的主持下，江南机器制造总局、金陵制造局、福州船政局、天津机器局等一批大型近代化军事工业相继问世。短短几年中，中国就已经具备了铸铁、炼钢以及机器生产各种军工产品的能力，产品包括大炮、枪械、弹药、水雷和蒸汽轮船等新式武器，装备了一些军队。他们还开办了天津北洋水师学堂、广州鱼雷学堂、威海水师学堂、南洋水师学堂、旅顺鱼雷学堂、江南陆军学堂、上海操炮学堂等一批军事学校，为国防事业做出了重要贡献。同时，为解决军事工业资金、燃料、运输等方面的困难，洋务派打出"求富"的旗号，兴办了一批民用工业。1872年，李鸿章在上海建立了轮船招商局，这是洋务派创办的第一个民用企业。中国近代矿业、电报业、邮政、铁路等行业相继出现。轻工业也在洋务运动期间得到大力发展。1880年，左宗棠创办兰州织呢局，成为中国近代纺织工业的鼻祖。中国近代纺织业、自来水厂、发电厂、机器缫丝、轧花、造纸、印刷、制药、玻璃制造等，都是在19世纪七八十年代开始建立起来的。在洋务运动的推动下，中国的民用工业得到了迅速发展，奠定了中国近代化工业的基础。这些清政府兴办的"官办"工业成为近代中国"睁眼看世界"，开启工业化进程的重要里程碑。

福州船政由左宗棠创办于1866年，经清朝廷批准，任用法国人日意格、德克碑为正副监督，总揽一切船政事务，是19世纪90年代远东规模最大、影响最深、设备最完整的造船基地。左宗棠还创建了中国第一家正规的飞机制造厂，培养了中国近代最早的造船技术人才和驾船人才。现存的有轮机厂、绘事院、二号

[1] 杨际开. 清朝世界秩序的近代转型——以魏源海防思想的形成与传播为线索[J]. 杭州: 杭州师范大学学报（社会科学版），2016.

[2] 刘桂仙. 冯桂芬的思想属性——以《校邠庐抗议》为基础[J]. 哈尔滨: 哈尔滨学院学报，2016.

福州马尾船政轮机厂

金陵兵工厂

中东铁路机车库

船坞、储材井、马江海战炮台、烈士墓及昭忠祠、钟楼、飞机滑道等。

金陵兵工厂由李鸿章于1865年创建，是中国民族工业先驱，南京第一座近代机械化工厂，也是中国四大兵工厂之一，素有"中国民族军事工业摇篮"之誉，也是中国最大的近现代工业建筑群。金陵兵工厂聘请英国人马格理为督办，从英国和美国进口设备不断扩建，成为拥有当时最先进的设备，工人近千的大型军工企业，规模仅次于江南制造局，所生产的新式枪炮的产量和质量均为当时全国之首。

（二）殖民工业（1840~1949年）

两次鸦片战争、中法战争、中日甲午战争、八国联军侵华战争，列强用武力打开中国的门户，使近代中国处于半殖民地半封建社会。外国资本把中国卷入了世界经济体系之中，使中国成为帝国主义原材料掠夺和倾销商品的市场。殖民工业虽然给中国带来了一些工业生产技术和设备，但多是资本主义国家淘汰下来的，目的是掠夺财富、占有资源、压迫中国人民，为殖民战争和殖民统治服务。

中东铁路于1897年8月开始动工兴建，1903年2月全线竣工通车。铁路干线西起满洲里，经哈尔滨，东至绥芬河，支线则从哈尔滨起向南，经长春、沈阳直达旅顺口，全长近2500公里。在进行铁路建设的同时，也建造了站舍、桥梁等大量公共和民用建筑，分布在沿线的内蒙古、黑龙江、吉林、辽宁各省境内。中东铁路沿线保留下来的历史建筑众多，这些建筑物多是俄国人设计，利用中国人工、材料建设的，是20世纪重要的线性文化遗产。

鞍山钢铁公司始建于1916年，前身是日本人建的鞍山制铁所和昭和制钢所，1941年生产能力达到每年铁250万吨、钢锭130万吨、钢材75万吨，占日本控制的总生产能力的

28.4%，规模仅次于九州的八幡制铁所。1945年8月15日，日本无条件投降后，苏联红军将鞍钢的机械设备连同其他一些物资共达7万余吨拆卸运走，鞍钢整个工业生产能力下降为零，破坏极为严重。1948年2月鞍山解放，12月鞍钢得到重建，成为新中国第一个恢复建设的大型钢铁联合企业，被誉为"新中国钢铁工业的摇篮""共和国钢铁工业的长子"，是"鞍钢宪法"诞生地，为新中国钢铁工业的发展壮大做出了卓越的贡献。1950年3月27日，中苏签订《苏联与中华人民共和国关于恢复和改建鞍钢技术援助协议书》。从"一五"计划开始，国家集中力量建设鞍钢，扩大鞍钢生产规模，建设大型国有联合生产企业，在原生产规模基础上完成48项主要工程的改造改建和扩建，包括大型轧钢、无缝钢管、炼铁高炉三大工程。1953年起，鞍钢对口支援包建了武钢、

包钢、宝钢等20余个大型钢企和13个省（区、市）地方冶金工业建设，为数百家钢铁企业提供上千万吨优质产品，在支援三线建设中发挥了重要作用，创造了一个个钢铁奇迹。鞍钢从殖民工业迈向新中国工业，贯穿了各个历史时期，至今仍然创造着辉煌，见证了中国近代以来工业化的历史进程，遗产价值特别突出。

（三）民族工业（1840~1949年）

近百年来的艰难困苦并没有压垮中华民族，反而使植根于中华民族内心的不屈斗志和远大抱负积累了强大动力。秉承富国强民的理想，大批民族资本家为了维护民族利益，"实业救国"，建立了自主的民族工业生产体系，发展民族经济，与洋人"商战""争利"，与"洋货"抗争，竖起了中华民族的脊梁。

1895年（光绪二十一年），张謇在"实业救国"的浪潮中，奉张之洞之命创办私营棉纺织企业——大生纱厂，于1898年动工兴建，1899年建成投产，成为中国棉纺织领域早期的开拓者。张謇在南通推行地方自治，建立了完整的教育体系，从师范到小学，从职业学校到大学，建设了370多所学校。他身兼南通实业、纺织、盐垦总管理处总理，大生纺织公司董事长，通海、新南、华新、新都盐垦公司董事长，大达轮船公司总经理，南通电厂筹备主任，淮海银行董事长，交通银行总理，中国银行董事等职，控制40家企业，资本额达白银2400万两，这是中国东南沿海实力最雄厚的民族资本集团。张謇开创了唐闸工业区，城市建设按照"一城三镇"的格局，使南通成为我国

鞍钢集团博物馆

大生纱厂码头和钟楼

茂新面粉厂旧址

早期民族资本主义工业基地之一，享有"中国近代第一城"的美誉。

茂新面粉厂是民族工商业先驱荣宗敬、荣德生等于1900年筹资创办的，是荣氏家族创办的最早的企业，生产的"兵船牌"面粉当时享誉全国，曾远销英、法等国及南洋各地。抗战期间，面粉厂厂房被炸，设备受损，1945年重建，并由荣德生之子荣毅仁先生出任厂长。至1932年，荣氏兄弟已拥有面粉厂12家，纱厂9家，成为当时国内资本最大的实业家之一。茂新面粉厂现保留了1948年建成的麦仓、制粉车间、办公楼等。

三、新中国成立后的30年间的工业化进程（1949~1978年）

新中国成立后，我国全面进入现代工业化进程。1949~1978年间我国工业建设采用"高度集中的计划经济模式"[3]，从一个贫穷落后的农业国转变为具有一定基础的工业国，巩固了国防安全，优化了产业结构。

（一）20世纪60年代"促生产"——奠定工业基础

新中国成立初期，千疮百孔，工业水平尤其是重工业远远落后于发达国家。以美国为首的西方国家对我国施行贸易禁运和封锁，给新

[3]钟瑛.新中国成立初期选择计划经济体制的原因与评价研究述评[J].中共党史资料，2007（04）:165-174.

第一汽车制造厂早期建筑

郑州第二砂轮厂

洛阳拖拉机厂早期建筑

南京长江大桥

798近现代建筑群

中国经济建设造成极大困难。1949~1952年，国民经济得到了恢复和重建，解决了人民吃饭穿衣的基本需求。同时，中国向苏联学习，获得苏联的技术支持，确保了生产生活顺利开展，成为五十年代新中国的必然选择[4]。"156工程"是新中国与苏联签订的工业援助建设计划，产业门类集中在军事工业、重工业、能源等领域，主要集中在东北、华北、西北等地区。一批代表性工业企业迅速建成，其中长春第一汽车制造厂仅建设三年就已投产，洛阳第一拖拉机厂则用时四年完成基础设施建设。此外，民主德国援建的华北无线电器材联合厂（今798前身）、西安仪表厂和郑州第二砂轮厂也纷纷建成投产。除工厂外，一批工业基地、工业城市的建设也初具规模，西安、太原、兰州、包头、洛阳、成都、武汉和大同等八座城市被列为国家重点投资建设城市。

我国在"独立自主、自力更生"思想指导下，建设热情高涨。"宁可少活20年，也要拿下大油田"的铁人精神，反映了工人阶级实现国家富强的坚定信念。南京长江大桥又被称为"争气桥"，是长江上第一座完全由中国人设计和建造的铁路公路两用桥，为连通京九铁路线、推动长江南北的物流运输与人员往来做出了重要贡献，具有重要的经济价值和战略价值，在桥梁史和建筑史中均具有里程碑意义。新中国初期工业遗产见证了新中国工业白手起家的历史，创造了中西结合的工业建筑形式，

[4]董志凯.建国初期新中国反"封锁"的效应和启示[J].经济研究参考，1992（Z6）:810-816.

也开创了规模化城市建设的新篇章，不仅在历史、技术、艺术等方面取得了突出的成就，更体现了中国人民对民族复兴的渴望、对国家富强的坚定追求，是中国现代工业"从无到有"的重要见证。

（二）20世纪60年代"稳住脚" ——巩固国防安全

20世纪60年代初期国际形势剧烈变化，越南战争爆发、中苏关系破裂、西南边境印度侵扰等事件使国家建设转向"以战备为中心"。"三线建设"是新中国工业史上一次规模空前的工业搬迁，实现了国家建设重心由东部向西部迁移，整个过程涉及13个省市，数百万工人、干部、知识分子、解放军官兵和上千万人次民工参加。据不完全统计，"三线地区"先后建设了30余处军工基地、两千余处军民两用项目，大多隐藏于山林或地下。攀枝花、六盘水、十堰等城市由荒芜之地成为国内外知名的钢城、煤都、汽车城，绵阳、自贡、宜昌、天水等一批内陆城市因"三线建设"而快速实现工业化。

重庆市涪陵816工程紧邻乌江，背靠武陵山，1966年由中央军委批准建设，工程打山洞用时八年，安装设备用时九年，总投资7.46亿元人民币，先后投入6万多人参与建设，工程历经急建、缓建、停建和转产四个阶段。816工程全长20余千米，总建筑面积10.4万平方米，主洞室高达79.6米，拱顶高31.2米，有大型洞室18个，道路、导洞、支洞、隧道及竖井130多条。

重庆涪陵 816

北京燕山石化厂、天津石油化纤厂等。20世纪六七十年代的建设，是新中国在摆脱苏联援助、独立应对复杂国际形势和极其艰难的条件下展开的。这二十余年的工业建设拓展了国家工业建设体系，使工业基础更加扎实、产业结构趋向合理。其中，以"三线建设""四三方案"等为代表的一系列工业遗产见证了新中国应对危机、捕捉机遇的重要历史，创造了适应我国西部地区山地特点的工业建筑和地下空间形式，书写了几代人无私奉献的峥嵘历史。

（三）20世纪70年代"补漏洞"
——调整工业结构

20世纪70年代初期，中美正式建交，新中国同西方国家逐渐实现邦交正常化，国际贸易封锁解除，新中国抓住这一历史机遇，投资43亿美元引进美国、日本、法国先进工业技术，进一步提高国民经济质量和水平，史称"四三方案"[5]，成为我国继20世纪50年代引进苏联援助的"156项工程"之后的第二个大规模的对外技术引进项目，涉及化纤、石化、化肥以及钢铁等门类，共计26个大型工业项目。1982年，这些项目全部实现投产，为改革开放后我国国民经济的发展和人民生活水平的提高奠定了重要的物质技术基础。代表性成就包括武钢一米七轧机工程、

四、改革开放四十年的工业化进程（1979年至今）

在相当长的时间里，公有制、按劳分配和计划经济被看作是社会主义最基本的特征。1978年，党的十一届三中全会确立了"以公有制为主体、多种所有制经济共同发展的方针"；1979年，邓小平提出"社会主义也可以搞市场经济"。1992年，党的十四大报告中正式提出"我国经济体制改革的目标是建立社会主义市场经济体制"，在中国共产党的历史上做出了重大的理论突破，也是中国特色社会主义道路探索中的重要选择。

（一）20世纪年代"放开干"——乡村工业化兴起

乡村工业化是工业化进程的有机组成部分，它直接促进了乡村城镇化，对于改造传统农业社会具有重要意义。中国的乡村工业

[5] 孟璠磊. 工业遗产视角下的新中国"四三方案"工业引进计划追溯 [J]. 工业建筑，2018，48（08）:32-37+47.

化是"工业化中的工业化"，是工业化进程中"异军突起"的工业化，不仅具有推动经济增长的意义，同样具有深刻的社会意义。改革开放后的中国工业发展以"乡村工业化"为最重要特征[6]。乡村工业化因地制宜地创造了多种植根于本地特色的工业模式，比如以乡镇集体企业为代表的"苏南模式"、以家庭私营企业为代表的"温州模式"，以及以外商合资、出口导向为主的"珠江模式"等。苏南模式的代表——华西村被称为"天下第一村"，80年代初期先后集资建成华西药械厂、华西锻造厂、华西铝制品厂、华西五金拉丝厂等乡村工厂，建立了村镇级别的工业园区，率先实现乡村工业化转型，成为中国乡村工业化最有成效且相对成功的试验之一。改革开放的第一个10年，中国经济制度实现转变，"乡村工业化"迅速发展，使生产力得到极大解放，一批具有鲜明地域特征的工业村镇随之诞生，为中国从农业大国彻底转变为工业大国，实现国民经济的跨越式发展奠定了坚实基础。

（二）20 世纪年代"翻两番"——经济跨越式发展

20世纪90年代初期，东欧剧变、苏联解体、冷战结束，欧美日等发达国家进入后工业阶段，极大地改变了世界范围生产体系的分布。我国加速对外开放，积极参与国际分工，承接亚洲四小龙的产业转移，推动劳动密集型产业发展。"两头在外，来料加工"，民营企业

在20世纪90年代快速崛起，开启了中国成为世界工厂的新征程。海尔电冰箱公司在20世纪90年代引进德国利勃海尔技术，发展成为家喻户晓的驰名品牌；富士康公司通过代工成为全球最大规模的电子设备制造商。90年代末，国有经济迎来合并调整期，一批国字头超大型企业先后成立并不断壮大，如中石化、中石油、中国船舶重工等，世界500强中的中国企业数量日益增多。90年代的中国工业建设，是十几亿人口的整体工业化过程，这个数量超过了世界上已经完成工业化国家的全部人口总和[7]。其中，劳动密集型工业企业是这一时期工业遗产的重要代表，其核心价值体现在劳动人口的吸纳，见证了城市工业化与乡村工业化的并行推进，也见证共和国的"集体记忆"。

1992年6月17日，中国华录集团有限公司由全国九家录像机定点企业联合出资在大连成立，从松下电器引进技术，是国家重点工程。华录集团是唯一的专业从事数字音视频研发、生产和服务的中央企业，在国内单月销售蓝光碟机的数量已经达到总体市场的1/3，蓝光影碟的占比高达1/2，有"世界DVD工厂""中华第一录""中国音视频产业国家队"的美誉。工程获得1994年国家优秀设计金质奖、1996年建筑学会创作奖、建国60周年中国建筑学会创作大奖。

（三）21世纪新型工业化时期(2001年至今)

加入WTO后，中国融入世界经济，参与

[6]陈健，郭冠清.政府与市场：对中国改革开放后工业化过程的回顾[J].经济与管理评论，2021，37（03）:20-30.

[7]黄慧群.工业化后期中国工业经济[M].北京：经济管理出版社，2018.

华录集团

厦门高崎国际机场

上海浦东国际机场

全球产业分工，高铁、核能、航空、航天、生物、人工智能、"互联网+"……一场"赶超竞赛"正在中国悄然拉开序幕。"嫦娥工程"和"蛟龙"深潜，使上天揽月和下海捉鳖的梦想得以实现。随着改革开放的不断深化，城市之门也不断打开，一座座新机场建设为城市树立了新的门户形象。

今天，中国已经建立了全世界最完整的现代工业体系，拥有了联合国工业体系中全部工业大类，是唯一拥有所有工业门类制造能力的国家。中国还成为世界制造业第一大国，世界第二大经济体。但中国工业化并不满足于成为"世界工厂"，"一带一路"合作倡议、构建人类命运共同体是新时代中国推动工业高质量发展的重大国策。纪录片《超级工程》《奋进的中国》《大国重器》涵盖交通、建筑、能源等领域，重点揭秘超级工程背后的高新技术，讲述建设者们用汗水与智慧筑就的建设奇迹。苹果、谷歌、脸书、华为等世界级公司的总部、研发、生产基地，以及特斯拉各地的超级工厂、宜家的物流中心，这些已经完全颠覆了我们对传统工业建筑的认识，人类发展的未来可期，遗产保护任重而道远。

五、工业遗产的保护利用

在20世纪工业遗产的保护利用中，同样凝聚了新一代设计师的"匠心"，他们接过祖辈、父辈的"接力棒"，发现工业建筑独特魅力，发挥创新和创意，赋予遗产新的生命，实现了文化的传承。

（一）分级保护

工业遗产受到国家发改委、工信部、国资委、住建部、文旅部、国家文物局，以及地方政府的高度关注，公布了保护名录和管理办法，纳入文物、历史建筑、工业遗产的法规保护体系之中。华新水泥厂旧址作为黄石矿冶工业遗产的组成部分，被列入《中国世界文化遗产预备名单》，得到全面的保护。作为"活态遗产"，长春一汽、洛阳拖拉机厂、鞍山钢铁公司建筑群等大批工业遗产仍在生产使用中，继续为国家的经济发展做出贡献。

（二）活化利用

以景德镇陶溪川陶瓷文创园老厂房为代表的工业遗产展示利用成为全国标杆，获得了联合国教科文组织"2017 年亚太地区文化遗产保护奖之创新奖"，走出了遗产展示利用的一条新路。上海 SUSAS 城市空间艺术季，沿黄浦江两岸，民生码头 8 万吨筒仓、油罐艺术中心、船厂 1862、艺术博物馆、上海当代艺术博物馆，通过工业遗产保护利用转变为城市文化艺术中心和城市开放空间，体现了"人民的城市为人民"的理念。首钢工业区工业遗存与"冰雪之约"激情碰撞，冷却塔和工业遗产背景极其震撼，而且独一无二。首钢还是世界首个工业遗产再利用与城市更新改造相结合的奥运场馆，获得了国际雪联和国际奥委会的极大认可，借助北京冬奥会筹办和举办的契机，实现了再一次的蜕变升级。首钢的西十筒仓项目将筒仓、料仓、空中运输通廊、转运站、空压

机房等变为创意办公园区，最终成为北京冬奥组委的办公场所。精煤车间在原工业厂房的空间结构基础上被改造成冰壶、花样滑冰、短道速滑三个训练场馆。运煤车站调度室的厂房改扩建为崭新的冰球馆，成为国家队训练场地。原高炉空压机站、返焦返矿仓、低压配电室、N3-18 转运站四个工业建筑，改造后成为"首钢工舍"特色精品酒店。首钢最大的"功勋高炉"三高炉成为俯瞰首钢园的绝佳场所，是举办产品发布、广告拍摄的独特空间。以冷却塔为背景滑雪大跳台成为最夺目的画面。首钢工

景德镇陶溪川

民生码头筒仓

业区工业遗产的保护利用在北京2022冬季奥运会上大放光彩，树立了中国工业遗产保护利用的国际样板。国际奥委会主席巴赫称赞："石景山首钢园区必将成为奥林匹克运动推动城市发展的典范，成为世界工业遗产再利用和工业区复兴的典范。"

六、总结

20世纪建筑遗产中包含了大量工业遗产精华，见证了中国工业从无到有、从小到大、从弱到强的发展道路，在全球工业化进程中独树一帜；见证了20世纪中国用几十年时间走完了发达国家上百年的工业化过程，使十几亿人口的国家快速实现工业化的伟大成就；见证了20世纪中国工业对世界经济和世界工业体系的广泛影响，为人类工业文明做出的伟大贡献，是世界工业遗产中不可或缺的重要组成部分。

21世纪继承了20世纪建设成果，竞争愈加激烈，迭代速度加快。我们不仅要重视那些已经成为遗产的工业遗产，更要关注那些带领中国融入全球化、参与国际竞争、引领技术前沿、贡献中国力量的"明星企业"，我们必须用发展的眼光和预见性及时发现和保护那些"未来的遗产"。

首钢西十筒仓

首钢大跳台

首钢工舍

刘伯英，清华大学建筑学院副教授，北京华清安地建筑设计有限公司首席建筑师，中国文物学会工业遗产委员会主任委员，中国建筑学会工业建筑遗产委员会副主任委员兼秘书长承担省部级课题12项，完成百余项规划设计，荣获省部级以上奖励30项，发表核心期刊论文50篇，出版著作18部。

孟璠磊，2017年博士毕业于清华大学建筑学院，2015年赴荷兰代尔夫特理工大学（Technische Universiteit Delft）访问学习，2017年进入北京建筑大学建筑系任教，教育部学位中心硕士研究生论文质量检测评审专家库成员，国家自然科学基金函评人，担任中国建筑学会工业建筑遗产学术委员会学术委员、北京城市规划学会全过程咨询中心学术委员，中国文物保护技术协会工业遗产保护专业委员会委员。

参考文献：

1 刘伯英 . 中国工业建筑遗产研究综述 [J]. 新建筑，2012（02）:4-9.

2 王建国，蒋楠 . 后工业时代中国产业类历史建筑遗产保护性再利用 [J]. 建筑学报，2006（08）:8-11.

3 陈东林 . 三线建设：离我们最近的工业遗产 [J]. 党政论坛（干部文摘），2007（02）:32.

4 韦拉，刘伯英 . 从"一汽""一拖"看从美国向苏联再向中国的工业技术转移 [J]. 工业建筑，2018, 48（08）:23-31.

5 吕建昌 . 三线工业遗产的特点、价值及保护利用 [J]. 城乡规划，2020（06）:54-62.

6 Walter. Pickles. Our Grimy Heritage[M]. Fontwell，Centaur Press，1971.

7 彭兆荣 . 遗产，反思与阐释 [M]. 昆明：云南教育出版社，2008.

8 杨际开 . 清朝世界秩序的近代转型——以魏源海防思想的形成与传播为线索 [J]. 杭州：杭州师范大学学报（社会科学版），2016.

9 刘桂仙 . 冯桂芬的思想属性——以《校邠庐抗议》为基础 [J]. 哈尔滨：哈尔滨学院学报，2016.

10 钟瑛 . 新中国成立初期选择计划经济体制的原因与评价研究述评 [J]. 中共党史资料，2007（04）:165-174.

11 董志凯 . 建国初期新中国反"封锁"的效应和启示 [J]. 经济研究参考，1992（Z6）:810~816.

12 孟璠磊 . 工业遗产视角下的新中国"四三方案"工业引进计划追溯 [J]. 工业建筑，2018, 48（08）:32-37+47.

13 陈健，郭冠清 . 政府与市场：对中国改革开放后工业化过程的回顾 [J]. 经济与管理评论，2021, 37（03）:20-30.

14 黄慧群 . 工业化后期中国工业经济 [M] 北京：经济管理出版社，2018.

15 余娜 . 改革开放铸辉煌 "世界工厂"融入全球产业体系 [N]. 中国工业报，2021-07-01（004）.

第五讲：
艺术美学对 20 世纪中国建筑创作的影响

崔勇   **易晴**

　　本文旨在从中西文化交流的角度论述20世纪中国建筑受世界艺术美学与建筑思潮影响的经验教训及成败与得失，以作为20世纪中国建筑创作及建筑历史与理论研究历史参照。20世纪中国现代建筑借鉴世界艺术美学与建筑思潮先后历经过三次。第一次是20世纪二三十年代，这是中国现代建筑被动接受外国现代建筑的时期，接受的对象主要是欧美的建筑文化；第二次是20世纪50年代，这是中国现代建筑一边倒地被动接受苏联社会主义内容与民族形式的建筑时期；第三次是20世纪80年代之后，这是中国现代建筑主动借鉴外国现代建筑的改革开放、多元并进的历史时期。三次不同借鉴由于不同的政治经济文化环境而结果不同。文化艺术思潮和历史背景不同导致文化影响及结果不同，这是本的中心议题。

　　20世纪二三十年代，随着中国留学欧美的建筑学子的回归带回了建筑新气象。上海作为远东现代化发展最迅速的城市，其市政建设尤其是这样。"装饰艺术运动"出现于20世纪前期的欧洲，以1925年巴黎举办的"世界装饰艺术博览会"为起点，20世纪二三十年代"装饰艺术运动"在欧美各国得到了广泛的传播，并很快波及上海。同"艺术与手工艺运动""新艺术运动"一样，"装饰艺术运动"并不是一种统一风格的设计运动，它包括的范围相当广泛，

上海浦东陆家嘴新貌

从建筑样式到装饰图案，从产品包装到流线型设计都呈现出"装饰艺术运动"的强烈特征。与"装饰艺术运动"几乎同时，"现代主义设计运动"在德国通过"德意志制造联盟"到"包豪斯"努力崛起，并且很快影响了欧美各国，也很快影响了上海。"装饰艺术运动"对中国20世纪二三十年代建筑与艺术设计的影响是很大的。中国曾参加1925年在巴黎举行的"世界装饰艺术博览会"，直接受到了"装饰艺术运动"的影响。"现代主义设计运动"对20世纪二三十年代中国的建筑与设计同样产生了较

大的影响。通过外国和中国建筑与艺术家的活动，"装饰艺术运动"与"现代主义设计运动"在中国的建筑设计和艺术设计当中得以反映。中国当时设立的基泰、华盖等建筑设计公司或事务所即是如此。

上海较早显露"装饰艺术运动"与"现代主义设计运动"设计风格的建筑物是20世纪20年代末至30年代初期兴建的一批高层建筑和欧陆风格的公寓建筑。譬如1928年在上海外滩口建成的沙逊大厦成为"装饰艺术运动"设计风格高层建筑在中国大地上出现的标志。随

后，诸多中外建筑师均设计了装饰艺术风格的建筑，比较著名的有1931年设计并建成的上海百乐门舞厅、1932年设计与建造的上海海宁大楼、1933年设计并建造的上海大新公司与上海大戏院及大光明影剧院、1936年兴建的上海国际饭店、1937年兴建的上海外滩百老汇大厦等。此时，具有"装饰艺术运动"与"现代主义设计运动"风格的学校及附丽建筑风行上海。

在中国其他城市，"装饰艺术运动"与"现代主义设计运动"的建筑设计风格虽然没有上海那么集中与时尚，但也不乏具有代表性的作品。诸如1933年设计并建造的大连关东厅地方法院、1935年设计并建造的北京大学地质馆与女生宿舍、1936年设计并建成的天津渤海大楼与爱群大厦及武汉的中国实业银行、1937年设计并建造的沈阳奉天公署与大连火车站及新哈尔滨旅馆等，都是受到具有"装饰艺术运动"与"现代主义设计运动"艺术思潮与运动影响并具有装饰艺术风格的现代建筑。西方现代建筑连同电话、电灯、电影、汽车、飞机等现代文明的产物随着西方文化的侵入而传入中国，中国的建筑师们努力学习外来艺术思潮与建筑文化及技术，逐渐使得中国建筑设计由传统走向现代，中国的现代建筑艺术设计就在这种由被动输入到主动汲取的过程中得到确立与发展，成为必然的历史抉择。

"往事不堪回首！倘若抛开时代立场和信仰不论，20世纪30年代是中国科学文化事业蓬勃发展的一个高峰时期，自然科学和人文社会科学的许多领域都已取得了辉煌成就。就建筑而言，中国20世纪30年代的建筑水平与世界先进国家的水平的差距不是太大。这得益于当时中国经济文化发展。20世纪30年代的中国经济是非常发达的。有了经济作为基础，才能推动科学文化事业的发展。可恶的日本侵略者使中国人不得不放下正兴旺发达的科学文化事业而拿起刀枪投入如火如荼的抗日救亡的民族战争。这一耽搁，就是十四年，紧接着是一场长达数年的国内战争，从而使中国丧失了步入走现代化的良机。"[1]这一段历史诉诸人的教益是：历史的机遇也是可遇而不可求的，一旦错过，将永远错失良机。

新中国建立初期，人民政府对建筑设计采取了比较宽容的态度，因此在1950~1953年间出现了不少的现代建筑佳作。诸如1951年哈雄文等设计并建造的上海同济大学文远楼与汪定增等人设计并部分建造的上海曹阳工人新村住宅区、1952年杨廷宝设计并建造的北京和平宾馆与华揽洪设计并建造的北京儿童医院、1955年冯纪忠设计并建造的武汉医学院住院部等。这些建筑师都是曾经留学欧美建筑院校的学子，显然受到西方现代建筑的影响，但他们没有停留在效仿阶段，而是努力探索中国现代建筑设计的发展道路并取得成效。半个多世纪过去了，这些极富现代建筑精髓的中国现代建筑代表作依然是历史见证的经典。

自1953年开始，新中国第一个五年计划开始实施，苏联"社会主义现实主义"设计思想主导着中国现代建筑设计。这是因为第

[1] 崔勇.《中国营造学社研究》东南大学出版社2004年6月版，第249-250页.

二次世界大战结束后，在以美国为首的帝国主义阵营和以苏联为首的社会主义阵营紧张对峙的国际环境下，新中国有自上而下建立苏联式社会主义国家的强烈愿望，政治、文化、经济、教育、科学技术、军事与国防、外交与国际贸易以及城市建设与住宅建筑等诸方面均以苏联为榜样与楷模。这一切诚如毛泽东在《论人民民主专政》中所说的："一边倒，是孙中山的四十年经验和共产党的二十八年经验教给我们的，深知欲达到胜利和巩固胜利，必须一边倒。积四十年和二十八年的经验，中国人不是倒向帝国主义一边，就是倒向社会主义一边，绝无例外。骑墙是不行的，第三条道路是没有的，我们反对倒向帝国主义一边的蒋介石反动派，我们也反对倒向第三条道路的幻想。"[2] 因此，在"一边倒"文化观念指导下，中国的政治、经济、文化、科学技术、外交以及城市建设与建筑均"一边倒"向苏联。新中国响应苏联在建筑领域开展了反对"形式主义""构成主义""世界主义"的运动，以致代表现代建筑发展方向的"构成主义"遭受压抑与批判，"社会主义现实主义"定于一尊。新中国成立初期，相对宽松自由学术环境消失，"社会主义现实主义创作方法"与"社会主义内容与民族形式"文学艺术的政治标准与艺术要求成为建筑师和艺术设计的"金科玉律"，用唯一的艺术定律统领所有的艺术创作及其衡

[2] 毛泽东：《毛泽东选集》，人民出版社 1969 年 1 月版，第 1362 页。

北京电报大楼

北京民族文化宫

人民大会堂

定标准，西方古典柱廊和俄罗斯传统建筑帐篷式大尖屋顶便是"社会主义现实主义"和"社会主义内容与民族形式"的样板。于是乎，全国各地兴建了许多苏联和东欧社会主义国家建筑式样的建筑，北京展览馆和上海展览馆便是典型代表。不仅如此，苏联的建筑设计理论经过中国建筑师的移植和演绎，将20世纪二三十年代中国曾经流行的"复兴固有建筑艺术形式"的设计样式结合起来，在建筑设计领域兴起了以中国古典宫殿式"大屋顶"为特征的建筑风潮，许多现代功能与结构的建筑都加上了代表民族形式的"大屋顶"，北京三里河"四部一会"及地安门宿舍便是这样。这些因后来的反铺张浪费运动而得以扼制。

1953年斯大林逝世后，1955年苏联通过消除建筑设计和施工中的浪费现象，决定及时调整思路，与国际接轨，并以标准化和工业化为契机开始了现代建筑转型，由此推进现代建筑发展的历史进程。而此时的中国却在批判浪费和复古主义设计思想及现象基础上逐级升格，建筑界领军人物梁思成因此而成为批判对象。在这场批判运动中，对"复古主义""形式主义"建筑设计的批判，一方面使苏联的"民族形式"设计潮流在中国受到阻遏，另一方面通过对资产阶级思想的批判，使新中国成立初期建筑设计普遍存在的受西方现代建筑影响的倾向难以发展，对梁思成的批判更是为以后将学术问题变成政治批判开启了先例。尽管此时出现了北京电报大楼和建工部办公大楼等尚好的现代建筑作品，但20世纪50年代中后期的"运动"使中国的现代建筑举步维艰，

中国的建筑文化"逐渐远离国际文化大潮，以至最终完全隔绝与封闭起来"[3]。这一隔绝与封闭从20世纪50年代开始，直到改革开放之际才破解。这就是"一边倒"带来的意料不及的特殊的历史效应。

当然，这个时期建筑创作的顶峰无疑是为中华人民共和国成立10周年献礼的天安门广场和人民英雄纪念碑、人民大会堂、中国革命和中国历史博物馆、北京火车站、工人体育馆、全国农业展览馆、北京民族文化宫、北京民族饭店、中国人民革命军事博物馆等十大庆典工程。很显然，这一举措是为了向世界各族人民展示中国新的社会主义民族建筑的杰出成就。十大建筑作为中国现代建筑成就与水准的展示，反映了新中国成立10年来对建筑的理性思考模式，从中国传统和外来影响中汲取精华，也充分体现了对功能、材料和结构的尊重以及体用的融合，同时显示出"解放了的中国人民英雄气概和奋勇前进的精神，是特殊的政治性建筑"[4]。

在总结苏联"一边倒"的得失时候，邹德侬教授认为"得在中国社会主义体制和工业建筑体系的确立，失在苏联建筑理论的夹生引进及其长期的不良影响"[5]。这是很客观的评价。

20世纪八九十年代是中国发生巨大变化

---

[3]刘登阁、肘云芳:《百年回眸——西学东渐与东学西渐》，中国社会科学出版社2000年1月版，第135页。

[4]刘秀峰，《创造中国的社会主义的建筑新风格》1959年。

[5]邹德侬，《中国现代建筑史》，天津科学技术出版社2001年版，第136页。

国家奥林匹克体育中心

贝聿铭设计的北京香山饭店

齐康设计的武夷山庄

的时代，社会现代化进程和西方科技思想文化艺术思潮影响使中国现代建筑设计呈现崭新的前所未有的面貌，现代主义和后现代主义建筑对中国现代建筑形成巨大的冲击。随着中国改革开放的深入，中国现代建筑因吸收并借鉴西方各国有益的成分与经验，在多元化格局的情形下，出现了建筑设计与创作的高潮，中外建筑师纷纷设计出大量的现代建筑作品，如1979~1983年由美国培盖特国际建筑师事务所设计的北京长城饭店、1980~1982年由美国建筑师设计的北京建国饭店、1980~1983年由香港巴马丹公司设计建成的金陵饭店、贝聿铭于1982年设计的香山饭店和1989年设计香港银行大厦、柴裴文设计于1985年建成的中国国际展览中心、波特曼于1990年设计的上海商城、马国馨于1990年设计的国家奥林匹克体育中心，以及李宗泽与黑川纪章共同设计的中日青年交流中心等。这是19世纪以来规模最大的一次中外建筑文化交流，推动了中国现代建筑进程。

向西方学习并不是寻求中国现代建筑设计的唯一途径。事实证明，坚持借鉴传统建筑以神态意趣，而不是机械地模仿，对于推动中国现代建筑发展同样具有重要的促进作用。一些中国建筑的设计作品因建筑物处于著名古代遗迹附近而采取协调的处理手法，或建筑本身要求更多地联想传统文化文脉的设计追求。戴念慈的阙里宾舍、张锦秋的陕西历史博物馆与三唐工程、齐康的南京雨花台历史纪念馆等都是代表性作品。有的建筑不是从传统宫殿建筑而是从民间建筑吸收营养，如吴良镛的菊儿胡同、齐康的武夷山庄

与黄山云谷山庄宾馆等。在少数民族地区兴建的具有当地民族民间传统建筑风格的设计作品如乌鲁木齐新疆迎宾馆、新疆人民会堂、吐鲁番宾馆、西藏宾馆、四川九寨沟宾馆、拉萨机场候机楼等，建筑传统转换实现追求。

这一时期的中国现代建筑自觉地探索如何创造中国现代建筑的道路。中国出现的具有现代主义倾向的建筑设计一方面吸收了西方现代建筑的合理成分，剔除了现代主义建筑人情冷漠的缺陷；另一方面尊重后现代对文脉的延续，又排除了后现代主义建筑常常出现的虚假和矫情。中国的建筑师开始注重中国人的审美情趣并创造出充满时代感且具有现代精神和民族气派的作品。除上述名作之外，侵华日军南京大屠杀遇难同胞纪念馆、河南博物馆、甲午海战纪念馆、上海博物馆、杭州铁路新客站、福建长乐海之梦、四川广汉三星堆博物馆、99昆明世界园艺博览会中国馆、上海金茂大厦等都可以说是较为成功的中国现代建筑设计作品。

20世纪八九十年代的中国现代建筑面对西方建筑采取兼收并蓄的态度，诚如鲁迅所说的"采用外国的良规，加以发挥，使我们的作品更加丰满是一条路；择取中国文化遗产融合新机，使将来的作品别开生面也是一条路"[6]。这是第三次借鉴外国现代建筑的经验教训与前两次的差异。在这一行进过程中，中国建筑师及

[6]鲁迅：《且介亭杂文》，《鲁迅全集》第六卷，人民文学出版社1991年版。

其作品所凸现出来的探索精神及成就尤为显著。

1978年以后，中国开始实行改革开放，经济的繁荣、思想束缚得以解脱，加之国际国内的文化交流，建筑师面临着前所未有的创作机遇，焕发出极大的创作活力。建筑教育、建筑理论研究、建筑设计竞赛以及优秀建筑作品的评选等举措无一不为建筑创作提供了后备的人才，从而加速推动着建筑创作的发展进程。此外，回顾我国多年来对古典建筑、传统园林、地方民居等丰富遗产的继承与发展，无论是深度还广度方面都促进了建筑创作，从建筑形式、风格，继而对传统空间、布局特征的认识以及规律性的探讨，加之，在开放的进程中，对照中西文化的比较研究，使得建筑师面对多元的传统文化以及同样多元的外来文化，有可能做出多样的选择、调配与组织，从输入新思想与重新选择传统式这一过程的出入自如。这个时期的建筑创作构思、理论倾向、建筑评论等方面围绕传统与创新这一根本问题，着眼于一种新的角度，用一种新的眼光在现代化与传统的关系上来反观传统、选择传统，既使传统的形式、内容与现代化功能技术相融合，又使传统审美意识赋予时代的气息。20世纪80年代的建筑创作正是在这样的自我调整的过程中起步，在拨乱反正中革故鼎新。

首先，是建筑艺术创新发展全面提高并多元并存。

燕京大学

20世纪80年代以来，建筑艺术创作的发展涉及面之广、类型之多、规模之大，在历史上是空前的。不仅是多种公共建筑类型，以及城市工业建筑、小区居住建筑，无论是从层数、底层、多层以至高层、超高层的建筑，还是在开放、沿海大城市以及内陆中小城镇、少数民族地区，都展现出新的面貌、新的风格、新的水平。如果是从多种意义、多种流派来划分中国现代建筑的多样风格，或是从传统、从环境、从地方特色展现多彩的局面，再或是从创作手法的借鉴或是显示现代科技成就等方面来着，似乎都可以得到一种共识：这是一个多元并存、百花齐放的时代，佳作、精品不胜枚举。有人比喻旅馆建筑为建筑创作的报春花，在高层建筑中以其功能的多样、空间组合的丰富、造型的独特个性为城市带来风采，如北京国际饭店、上海宾馆、广州白天鹅宾馆、深圳海南大酒店等。从单一购物功能的百货商店发展到集购物、逛街、餐饮、娱乐于一体的大型综合商场，标志着城市经济的繁荣以及人民生活水平的提高，如上海的新世界商场、八佰伴，北京的城乡贸易中心、西单商场、新东安市场，以及各城市纷纷修建的步行街、商业城等。科教兴国的战略极大地推动了我国教育事业的发展，新建、扩建的大中小学、科研机构、图书馆等建筑在20世纪80年代以来的建筑史上也留下浓浓的一笔。集中投资、统一规划、统一建成一批高等院校，建设速度之快，如中国矿业大学、深圳大学、烟台大学等。图书馆的设计打破了传统专事"借、藏、阅"的功能分割布局，以"三统一"同层高、同荷载、同柱网的开放式新手法，使得图书馆在功能上、内部空间上更为信息化、网络化，更具灵活性。清华大学图书馆的再次扩建，因融合环境、尊重历史、注重现代功能而获得好评。新一代的体育建筑、展览建筑、交通建筑等融合了高科技的成果和时代最新信息，在造型上充分体现时代感，如上海体育场、北京亚运会体育场、深圳体育馆、北京与哈尔滨等地的滑冰馆等。建筑不断向高度延伸，20世纪80年代深圳崛起的国贸大厦以"三天一层"的建设速度和54层160米的建筑高度雄踞于全国高层建筑之首。20世纪90年代初深圳、上海又各自以68层的地王商业大厦、88层的金茂大厦，竞相攀高，前者为亚洲第一摩天大厦。后者是以世界第三的商业楼盘，为我国现代高层建筑在20世纪后期展现了新的城市标志与景观。

深圳国贸大厦

其次，当代中国建筑艺术立足创新发展并兼收并蓄。

中国建筑界面对国内外建筑理论、创作实践，从西方现代建筑走过的道路中得到借鉴，开拓了思维，丰富了创作手法，在中西方的传统里寻求有形与无形、神似与形似、符号与元素，通过解构与重组、冲撞与融合，兼收并蓄地体现在20世纪80年代以来的新建筑中。各城市都出现了被称之为"新古典主义""新乡土主义""新民族主义""新现代主义"的代表性建筑，如山东阙里宾舍、北京图书馆新馆、陕西历史博物馆等。建筑师们以对传统深刻的理解、娴熟的技巧，在特定的历史地段及特定的功能要求、特定的条件下进行创新发展，力求呈现中国传统古典建筑文化的底蕴。

20世纪80年代伊始，乘着改革开放的春风，中国建筑市场得以开放与拓展，一批外资、合资与大型项目开始吸引海外著名机构和建筑师参与中国的建筑设计与创作，从北京建国饭店、长城饭店、香山饭店、南京金陵饭店等，到其他一些规模巨大、标准较高、设施先进的综合体建筑，如上海商城、北京国家贸易中心。他们的创作运用了高科技、新材料，赋予了作品时代感，并通过国外与国内建筑设计院的合作建筑设计与创作，加强了中外建筑事务所彼此之间的文化交流。在这一过程中，外国建筑师在中国的实践与创新发展给予中国建筑师以清新的启迪。

再次，融合建筑环境并坚持持续发展的科学观。

20世纪80年代以后的中国建筑创作的一个显著特点是开始着眼于地方文化特色的地域性建筑的创新发展，以及注重自然、人文、景观与城市环境的有机融合共生。建筑艺术注意以现代功能、生活为基础条件，在完善自身的建筑设计情况下，对环境予以优化，汇合乡土风情，创造新的地域文化。例如，武夷山庄结合山区自然环境，体型尺度的处理以"低、散、土"的布局手法，装点着环境。黄山云谷山庄采用保护自然色调，通过保石、护林、疏溪、导泉，将建筑傍水跨溪，分散合围，使得建筑与自然融合为一体。在新疆、云南、贵州少数民族地区，以当地传统建筑语汇，运用现代构成手法，注重突出特有的形、体、线的造型与细部，使得建筑既具有新意，又富有民族特色，如新疆迎宾馆、新疆人民会堂、西藏拉萨饭店、云南楚雄州民族博物馆等。

1990年4月，党中央、国务院批准开发开放浦东，这可以说是中国社会的第二个春天的到来。中国的建筑业在20世纪80年代的基础上步子迈得更大、更快、更猛烈，以至成为世界之最。1995年，中国开始实行注册建筑师制度，1997年正式实行建筑师执业签字制度。注册建筑师制度是对建筑师个人专业资格的规范认证，这对中国建筑市场发展产生深刻影响。另一个突出的表现是外国建筑师以前所未有的强势加入中国建筑大工地，尽情地施展其才华。全国性房地产大开发、欧陆风的风靡不止、后现代建筑的中国化、地域性民族风格的争相斗艳，中国成了举世瞩目的巨大建筑市场。建筑设计正式步入市场化后，商业化成为必然。从20世纪80年代后期的北京长城饭店到90年代的上海商城建设所占的重要位置，建筑设计商业化进程发展迅速。这一进程在加剧设计市场竞争的同时，对建筑设计质量也提出了相当高的要求，并使中国建筑创作多元化倾向更加明显。因此，在建筑创作进一步商业化的同时，建筑创作呈现出多元化面貌，从而使后国际式、风格派、新装饰风格、新古典主义、新艺术运动式、新都市主义等国际建筑时尚风靡全国，甚至后殖民主义风格建筑成为中国各大小城市中心区域的建筑风景线。

这一时间，地域性建筑创作取得非常显著的成效，以建筑所处环境、地方文化特征为依据，确定建筑自内而外的建筑创新，其中具有代表性的优秀作品有北京香山饭店、山东曲阜阙里宾馆、陕西临潼华清宾舍、甘肃敦煌航站、四川九寨沟宾馆、深圳南海大酒店等。与此同时，建筑师们在中国的西部探索民族建筑形式和西部城市独具的特色，创建出一批充满民族特色的现代建筑，如新疆国际大巴扎就具有浓郁的伊斯兰建筑风格。

1999年6月，国际建筑师协会（UIA）第20届世界建筑师大会在北京召开，大会科学委员会主任吴良镛做了题为《世纪之交展望未来》的主题报告。大会还通过了《北京宪章》，呼吁人类关爱居住地球，"一致百虑，殊途同归"是建筑的生存的基本原理。这也是东方文化的再发现，全世界的建筑同仁认识到中国建筑注重与自然环境有机融合的有机建筑原理及人与自然彼此共生的生态建筑的价值意义。毋庸置疑，中国建筑学人既给国际建筑界以方向，中国城市也成为各国建筑师竞标的国际市场。

崔勇，同济大学博士，中国艺术研究院建筑艺术研究所研究员，博士生导师，主要从事建筑历史理论与建筑遗产保护及艺术史论研究。

易晴，中国艺术研究院工艺美术所副研究员，中央美院博士，硕士生导师，主要从事美术史论与工艺美术史论及非物质文化遗产研究。

第六讲：
漫谈 20 世纪中国园林的文化走向

殷力欣

在众多文化遗产门类中，园林的特殊性在于其在大类上可归属建筑，但同时又有其与建筑相独立的成分。故 20 世纪 80 年代在编辑《中国大百科全书》时，将建筑、园林、城市规划三个学科合编为一卷《中国大百科全书·建筑·园林·城市规划》[1]。这三个学科对应的英文分别是 Architecture、Garden 和 Urban Planning，由此可知园林与建筑之间有着微妙的差异，但大体上是不可分割的。

由于园林与建筑二者之间若即若离的关系，在已公布的六批"20 世纪建筑名录"中，真正明确归类于园林者并不多，更多的项目只可暂且称之为"含有园林成分的建筑"。兹将六批"20 世纪建筑名录"中的园林及含园林因素较重者检索如下（此系笔者的看法，不是定论）：

第一批：北京大学未名湖燕园建筑群、北京香山饭店、北京钓鱼台国宾馆、天津马可波罗广场建筑群、扬州鉴真纪念堂、福建武夷山庄、广州白云山庄、广州泮溪酒家、广州白天鹅宾馆；

第二批：南京中山陵音乐台、上海马勒住宅、上海盛宣怀住宅、杭州西

[1] 中国大百科全书编辑委员会《建筑·园林·城市规划》编辑委员会.中国大百科全书·建筑·园林·城市规划 [M].北京：中国大百科全书出版社，1988.

湖国宾馆、广州白云宾馆、天津解放北路近代建筑群（含解放北园，即原维多利亚公园）；

第三批：景德镇陶溪川陶瓷文化创意园老厂房、昆明云南大学建筑群、泉州华侨大学嘉庚纪念堂；

第四批：广州双溪别墅、浙江莫干山别墅群、广州矿泉别墅、北京通州潞河中学；

第五批：重庆桂园（诗城博物馆）、无锡荣氏梅园、苏州天香小筑、合肥稻香楼宾馆、天津宁园及周边建筑；

第六批：江西赣东葛源列宁公园、武汉中山公园、拉萨罗布林卡新宫、无锡太湖工人疗养院。

上述名单中，可明确为园林者，以笔者管见，为天津宁园、江西赣东列宁公园、武汉中山公园以及"天津解放北路近代建筑群"项目中所含解放北园（原维多利亚花园）等为数不多的几项，其余为园林成分很重的建筑作品（或可理解为"景观建筑"），如广州泮溪酒家、无锡太湖工人疗养院等。另外，上海嘉定古猗园、闸北公园、沙逊别墅，北京中山公园，杭州中山公园，天津中心公园、天津庆王府旧址，广州北园酒家、南园酒家，无锡城中公园，齐齐哈尔龙沙公园，南京瞻园等虽尚未入选名录，也极具典型意义，估计应可入选下一批名录。

囿于篇幅，本文不能全面论述20世纪建筑遗产中的园林项目之文化价值，只能择要谈论一下这些项目所揭示的一个共同的文化价值取向——私人空间向公共空间的嬗变。

一、园林景观在当代社会生活中的位置

所谓园林，在我国古代为皇家园囿，虽具有对大自然景观的欣赏成分，但主要功能却是皇家狩猎、农产品养殖等。纯粹作为建筑的组成部分，以与自然环境协调一体为哲学理念，形成独特的山水诗画式的中国古代园林之美，则是在汉魏六朝之后。至明末，计成著《园冶》，大致系统地总结了我国的园林学。西方园林史最早可追溯至古埃及、古巴比伦、古亚述及基督教《圣经·旧约》等，但形成较系统的园林学则是在13世纪末（以克里申吉《园林考》等论述的问世为标志）。关于最具现代学术意义的园林学理念，是美国建筑师奥姆斯特

德在主持设计纽约中央公园之际，首创"景观建筑（landscape architecture）"这一名词，将园林设计的视野扩展至城市建筑乃至城市规划全局。

在近现代园林——建筑学界一般将园林分为三大系统：西亚系统、欧洲系统和中国系统。要而言之，欧洲园林系统曾受中国古典园林影响至深（所谓英华式花园 Jardin Anglo-Chinois 曾风靡西欧），而至清末民初，随着西风东渐的社会潮流，我国的园林理念开始接受欧美"公共空间"的影响，无论在审美趣味上，还是在社会文化需求上，都逐渐有了不同往昔的变化。

中国古典园林，无论是皇家园林、寺观园林还是私家园林，也无论其文化寓意的差异，均有一个共同点，即对公众不同程度的封闭性：皇家禁苑自是百姓的禁地；私园即使闻名遐迩，不得园主邀请或许可，也只能"望而却步"；寺院道观等也有各自的禁忌……可供芸芸众生自由出入的公园或景观建筑的数量实在有限。1937年抗战爆发前夕，童寯在其《江南园林志》一书中阐释中国古典园林，首先以大写的"園"字进行解读："園之布局，虽变幻无尽，而其最简单需要，其实全含于'園'字之内。今将'園'字图解之：'囗'者，园墙也。'土'者，形似屋宇平面，可代表亭榭。'口'字居中为池。'衣'在前似石似树。"[1] 这里，童寯先生很形象地指出中国传统园林的三

个要点：山水、建筑和围墙——山水与建筑组合的景观环境须有一道围墙做空间限定，否则园就不成其为园了。

作为一种生活艺术，中国古典园林无疑达到了非常高的艺术境界：其建筑与自然环境（山水花鸟）所构成的景观，与"可观可赏（望）、可行可居"的中国山水画意境实有异曲同工之妙，其文化内涵则如唐代诗人白居易所谓的"中隐"："大隐住朝市，小隐入丘樊……不若作中隐，隐在留司官。似出复似处，非忙亦非闲"，尤其彰显了历代士大夫"穷则独善其身，达则兼济天下"的情怀。当然，"独乐"的寓意往往是旧时更普遍的艺术追求，如北宋司马光的独乐园，抗金名将宗泽曾为之题诗：

范公之乐后天下，维师温公乃独乐。

二老致意出处间，殊途同归两不恶。

独乐园遗址在今河南省洛阳城东南伊洛河间司马街村，经历年改造和人为损毁，已很难复原宋熙宁六年（1073年）修建时的原状。以李格非《洛阳名园记》对独乐园的描述，有"弄水轩""读书堂""钓鱼庵""采药圃""种竹斋""见山台""浇花亭"七景，大致包括了建筑、山水、花卉等园林艺术要素。而从记载看，其中"采药圃"的设置似乎是为邻里义务提供药品，也兼顾了乐善好施的道德追求。虽说如此，一般意义上的中国古典园林中，私家园林还是"独乐"的成分远高于"众乐"的——此为"小众"与"大众""典雅"与"通俗""独善"与"兼济"的区别。随着时代发展，"大众""通俗""兼济"等无疑会是社会发展的大趋势。

---

[1] 童寯. 江南园林志（第二版）[M]. 北京：中国建筑工业出版社，1984.

实际上就全球范围而言，古代的西方园林学史上也有类似的阶段，只是在我国私园艺术臻于完美而封闭性依旧的明清之际，公元17世纪的英国皇家已率先开始要求英国贵族阶层将其私有庄园开放为可供公众游览的公园。

进入20世纪，一方面，"西风东渐"促使我们为不落后于时代而积极学习西方；另一方面，维护民族文化自信也是相当一部分中国人的文化坚守。如何兼顾这两方面的要求，具体体现在了20世纪的园林设计建造上。

进入20世纪，上海、天津、武汉等开埠城市及政治文化中心北京、南京等，都有相当不错的新建园林作品。欧式园林元素较多的作品有上海虹口公园（1900年）、北京农事试验场附属公园（今北京动物园，1906年）、上海法国公园（今复兴公园，1908年）、天津法国公园（今中心公园，1917年）、广州中央公园（今人民公园，1918年）等。其中上海虹口公园、广州中央公园等类似于欧美一般性的绿地公园，而天津法国公园地处放射状道路之

二、西方园林——公园（Garden and Park）理念之输入

学术界一般认为，位于上海外滩北端的于1868年（清同治七年）落成的英美公共租界南侧之公家花园，是西式的"园林"——"公园"引进中国最早的实例。建筑学者彭长歆则在近期发现：早在第一、二次鸦片战争之间，广州十三行英国商馆和美国商馆前的珠江河滩上也曾出现过两处相连的、由在粤的西方商人共同使用的园林，即"美国花园（American Garden）"和"英国花园（English Garden）"，它们才应该是中国近代最早出现的、具有现代意义的西式公园。他还特别强调："广州十三行美国花园、英国花园的创建，是19世纪中期全球性公园建造活动的一部分，与后来的香港兵头花园、上海外滩花园一样，是世界公园建造史无法罔顾的重要环节。"[2]

[2]彭长歆.中国近代公园之始——广州十三行美国花园和英国花园[J].中国园林，2014（3）.

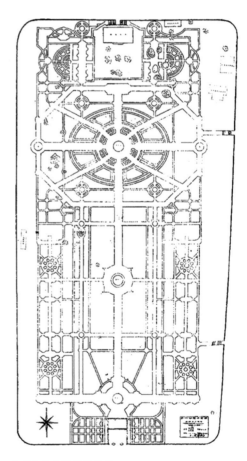

广州中央公园原设计图

交汇处，是标准的街心公园，涉及了更具整体性的城市规划问题，面积不算大，但很值得关注。类似的街心公园还有大连中山广场（1898年）、沈阳中山广场（1913年）等。

近代中国园林作品中，天津维多利亚花园（今称解放北园）算是一个饶有趣味的实例。此地原是海河泛滥所遗留的沼泽地带，划归英租界范围后，英租界工部局将水泽填平，

天津法国公园鸟瞰旧影

天津维多利亚花园旧影

于1887年建成占地面积9000多平方米的公共花园，又于1890年5月在花园北侧建成了一座欧洲古典风格的城堡建筑"戈登堂"，1919年建了一座约5米高的欧战胜利纪念碑。至此，维多利亚花园与戈登堂一体，形成了一个英式建筑与花园的完整建筑景观。过去曾有一种说法：相比尚有一些中国风建筑的上海租界，天津的租界内全部为西式建筑，没有一座中国式的建筑。有人反驳说："维多利亚花园内就有一大一小两座中式凉亭。"其实，仔细看这两个中式亭子，不难发现这两个亭子其实是西方人的模仿之作，更接近欧洲近代绘画作品中的中英式花园亭子。所以，这其实是18世纪在英国流行的"英华式花园"（Anglo-Chinese Garden）再现于19世纪末20世纪初的中国，其设计理念还是来自西式的。

类似的西式公园还有上海静安区闸北公园（1913年初建）、齐齐哈尔龙沙公园（1904年初建）等。

闸北公园始建于1913年。因国民党元老宋教仁在沪遇刺，安葬于闸北象仪巷，由此辟地百余亩（约7公顷），形成以宋墓为中心（墓园2.87公顷）的城市绿地公园，称为宋公园。之后，历经多次扩建，1929年9月作为公园开放；1936年6月，宋公园更名为教仁公园，由市工务局园场管理处负责规划及绿化设计。1950年5月28日，教仁公园易名闸北公园。至1979年，闸北公园经过调整和扩建，公园面积增至13.7公顷。今闸北公园仍以宋教仁纪念地为其文化底蕴，形成山环水绕、草木丰茂，有史料馆和石桥、长廊、水榭、双亭、六角亭、

齐齐哈尔龙沙公园

齐齐哈尔龙沙公园

广州中央公园（今人民公园）

上海沙逊别墅庭园

上海闸北公园鸟瞰

园廊、茶室、展览馆、花坛、铝合金温室等设施和景点的公园，被称为"静安区最具历史底蕴的综合公园"。此园的整体规划格局和宋墓部分为西式风格，后又修建了一些江南常见的小桥流水元素的建筑。或者说，自1913年初创以来，中西文化在百年岁月中是逐步走向融合的。至于原在东北边陲的齐齐哈尔龙沙公园，则在1907年建造了西式的俄国领事馆（1907年），1930年建造了中国古代样式的黑龙江省图书馆。在20世纪上半叶还有一个现象值得注意——西式的花园私第。这类私家的花园洋房，住宅建筑部分自然是西式的，庭园也是西式的——以大草坪为主，绝少中式叠山理水的布置，如上海位于陕西南路的马勒住宅（又称马勒公寓、马勒别墅，建成于1936年），位于长宁区虹桥路2409号的沙逊别墅（又名罗别根花园、罗白康花园，占地面积1225.44平方米，1932年建造）。天津、广州、武汉等开埠城市也留有这类规模不等的花园洋房。这类纯西式的园林庭院，以西方建筑与园林的眼光评判，不失为佳作（甚至欧洲建筑师设计协会曾将马勒住宅评为"20世纪建筑设计十大经典作品"

之一），但在中国，这类西式庭园还是略嫌单调生硬，不及中国古典样式更合乎国人普遍的审美趣味。

一些园林以承载着重大历史事件而闻名于世，同样值得关注。

位于汉口解放大道旁的武汉市中山公园占地32.8公顷，其中陆地26.8公顷，水面6公顷，绿化覆盖率达93%。此园始建于1910年，其前身"西园"为私人花园，占地约0.2公顷；1914年西园扩建至超过1公顷；1927年收归国有；1928年，为纪念孙中山先生而改名为"中山公园"。这座现已成为集休闲、娱乐、游艺等多项服务功能于一身的大型综合性公园，被誉为武汉闹市中的"绿宝石"。公园分前、中、后三个景区。前区是中西合璧式的园林景观区，保留了中国传统园林风格及历史建筑，如棋盘山、四顾轩、雨亦奇亭、深秀亭等园林景点；中区是现代化的休闲文化区，以张公亭、孙中山宋庆龄铜像、受降堂、大型音乐喷泉和多组雕塑为代表；后区有近年来增建的大型生态游乐场。值得注意的是，虽然不断融入大众休闲、娱乐内

上海马勒住宅

江西葛源列宁公园

容，但此园所见证的晚清洋务运动、辛亥革命首义、艰苦抗战、赢得抗战胜利等重大历史事件，仍是其闻名遐迩的要因。

江西葛源镇葛溪河畔之葛源列宁公园，同样是以重大历史事件扬名的公园。此园建于1931年春，是当时红色根据地修建的第一座人民群众自己的公园，是江西省苏维埃政府所在地的大众休闲娱乐场所，由赣东北苏维埃政府主席方志敏亲自筹建，并命名为"列宁公园"。葛源列宁公园占地1.2公顷，园内建有六角亭、荷花池、游泳池、枣林等，四周筑高约2米的围墙，既是苏区军民休闲娱乐、锻炼身体的场所，又是军事训练场地。闽浙赣根据地举办红色运动会时，游泳比赛就在园内的游泳池举行。这座公园营在建技术层面所借鉴的西式园林手法并不多。不过，兴建此类公共场所，主要是从思想层面借用外来的"公园"理念，展示了红色根据地不同往昔的新气象。

中国本土有五千年文化所积淀的独特的审美趣味，西式园林进入中国后，在造园艺术上的实例还是少数。但即使如此，也不可否认其带来的思想理念上的飞跃——公园理念：

在社会文化需求方面，20世纪的园林应是公众自由出入的大众乐园；

在人与自然的关系方面，公园应成为维护纯净环境的城市之肺；

在艺术追求方面，成功的园林往往可以成为一座城市的文化标志。

三、20世纪中国传统风格园林的坚守与改进

1911年清王朝的覆灭，促成了中国园林界的一件大事：旧有园林在功能上的转变——一大批皇家禁苑被陆续开放为公园。其中，北京颐和园、西苑（北中南三海）、承德避暑山庄等，大致是较简单的功能转变，而另外一些禁地则需要进行较大的改造。在这方面，朱启钤先生主持的将原皇家社稷坛改造为北京中央公园（后改称中山公园），具有象征意义。

1914年，北洋政府在内务总长朱启钤的主持下，将北京皇家社稷坛进行了大面积的整修，开凿原围墙南门，向社会开放，改称中央公园，成为当时北京城内第一座公共园林，也是北京最早成为公园的皇家园林之一。1925年，孙中山先生的灵柩曾停放在园内的拜殿，故后来公园又改称中山公园。园内于1915年始建、1935年原址重建的唐花坞为钢筋混凝土结构，孔雀绿琉璃瓦檐，平面为燕翅形，中间为重檐八杜形式，建筑面积417.5平方米，是当时北京最大的花卉温室，服务于植物学研究，也为市民日常生活服务。1949年后，又在原社稷坛东侧增设露天的音乐堂（1980年改建为座席2000人的标准音乐厅建筑）。以中山公园改造为先例，北京皇家太庙（今劳动人民文化宫）、国子监、文庙等，都先后转变为公共文化设施；而在北京城之外，浙江杭州在西湖孤山前清御花园原址上增建中山纪念林、中山纪念亭等，命名为杭州中山公园（1927年），也是较成功的一例。可以说，北京中山公园是旧时皇家禁地改造为市民文化生活场所的成功范

北京中山公园

杭州中山公园

无锡城中公园

例，其破墙启门、增设为市民服务的花房、营建大众音乐堂等一系列举动，具有封建的中国走向开放的象征意义。

当然，朱启钤先生改造社稷坛为中央公园之举主要体现在政治思想上的走向开明，并不是否定旧有园林在艺术上的成就。20 世纪初，在营造新园林方面，传统的造园手法还是有相当多的传承的，突出的实例是无锡城中公园、天津宁园，尤其是后者。

无锡城中公园初建于 1905 年（清光绪三十一年），是我国最早由民众集资修建，具备现代"公园"意义和功能特征的公园之一，甚至有"华夏第一公园"的美誉。城中公园内还曾发生过许多历史事件，见证了近百年来无锡发展的历史沧桑，并留下了大量的人文历史遗迹。此园西临中山路，东接新生路，南北为崇安寺街区，占地约 3.6 公顷。在其百年来的发展历程中，历经多次增建、重建和改造。在满目苍翠中，九老阁、多寿楼、兰移、西社、池上草堂等古老建筑掩映其间，园东南角 3000 多平方米的白水荡是无锡城中最大水面。城中公园现存十景：绣衣拜石、芍槛敲棋、松崖把翠、多寿春楔、草堂话旧、方塘引鱼、兰移听琴、西社观鱼、天绘秋容，从不同侧面和角度反映了公园的四季景观和历史内涵，使游客移步换景，如在画中游。因其绿地功能突出，该园又有"城市绿核"之称。

天津宁园占地约 45.2 公顷，其中水面约 11.67 公顷，近九倍于苏州最大的古典园林拙政园（约 5.2 公顷），近十三倍于无锡城中公园。1906 年（清光绪三十二年），直隶总督袁世凯为推行新政，以工艺总局名义在天津北站附近筹办种植园，1907年（清光绪三十三年）正式开湖建园，即日后远近闻名的天津宁园。此园即是新政的产物，同时也有为清慈禧太后兴建行宫的考虑，故园内整体布局带有皇家园囿的特点：理水、叠山、花草树木和屋舍等要素齐全，而占地面积数倍数十倍于江南私家园林，有"初建园时，挖湖堆山，开渠理水，设闸引水，湖水与园外金钟河相通，宣泄得宜"之类的明确文献记载。1930年，北宁铁路局购得此园并正式将种植园拓建为公园，取意诸葛亮《诫子书》所谓"非宁静无以致远"，为其命名为"宁园"，新建宏观楼、大雅堂、志千礼堂、图书馆、四面厅、钓鱼台以及水池亭桥、长廊曲径等古典风格建筑，又以2000余米的长廊，将各分散景点串联一体。园内湖渠聚合相宜，以30余座拱桥、小桥贯连，沿岸遍植垂柳，楼亭错落，回廊蜿蜒，表现出若隐若现的园林情趣和自然优美的独特景观。1949年后，宁园历经数次整修，对原有古典园林建筑加以保护修复，并新建舒云台、畅观楼、叠翠宫、电影院、花展馆、致远塔、温泉宾馆等，形成宁园十景：荷芳觅胜、九曲胜境、紫阁长春、月季满园、鱼跃鸢飞、莲壶叠翠、曲水瀛洲、静波观鱼、俏不争春、宁静致远。宁园历经清末、民国和新中国成立后多次建设，各个时期的景观建筑和历史遗存异常丰富，是记录了不同时代印记的近现代公共园林，更是传统造园手法在近现代传承并有所发展的范例。

天津宁园、无锡城中公园，规模上或大或小，但都称得上是沿袭传统造园技法且具有公园理念的成功案例。

相比之下，苏州天香小筑的意义则在于其整体格局为传统院落而园林成分十足，是建筑与园林合一的范例。天香小筑最早是民国初年从事金融业的金氏宅第，1933年由席启荪重建为中西合璧的花园别墅，1949年后长期为苏州党政机关使用。"文革"期间，天香小筑遭到破坏，1979年整理修复。"天香小筑"占地约0.27公顷，建筑面积约占1/3，分住宅和园林两部分：西部现存原住宅建筑组群，呈"回"字形格局，有大厅（鸳鸯厅）、主楼及东西两厢楼；园林部分在主楼东侧，作横长方形平面，堆土叠石为山，砌石阶小径，山上建六角凉亭，周边树木葱茏。该宅园以苏州传统宅第庭园布局和结构形式为基调，吸收了北方建筑风格，甚至融合了一些西洋建筑元素，形成建筑上中西合璧、庭园则保持苏式园林风格的独特景观。天香小筑现为苏州图书馆古籍部，公众可自由出入，原为私人空间的私园已然成为公众喜爱的公共空间。

与苏州天香小筑有几分相像的是云南建水朱家花园。所不同的是，此园地处西南边陲，除传统的汉式风格外，其绚烂多彩的少数民族装饰痕迹尤为引人注目。建水朱家花园现为公园，虽不是公共建筑类的图书馆，但也是公众可自由出入的公共空间。

天津庆王府旧址位于天津市和平区重庆道55号，曾是市政府外事办公用地，现为天津五大道街区为数不多的开发宅院。其占地面积约0.44公顷，建筑面积约0.51公顷。主体建筑为立面二层带地下室的砖木结构西式

建水朱家花园

天津重庆道庆王府

苏州天香小筑

天津宁园之理水部分

小楼，楼东侧为花园，理水、叠山、石桥、亭子、名贵花木等传统园林元素一应俱全。庆王府原为太监张祥斋（即小德张）寓所，1925 年庆亲王奕劻之子载振购得此寓，并在这里度过晚年，故世称"庆王府"。从建筑面貌分析，主楼的建造年代在 19 世纪末至 20 世纪初之间，而花园部分似乎是载振入住以后的改建之作——在整条街道几乎全为西式的大环境中，这一角面积不大的传统样式私家花园更显得弥足珍贵。与天津维多利亚花园里的凉亭相比，庆王府内的这一角小花园才是天津原租界地范围内纯中国风的建筑园林作品。

新中国成立以后，尤其是改革开放之后，中国的建筑师在建筑设计实践中不断融入园林元素。例如建筑大师莫伯治先生设计的广州北园酒家（1957 年），在不大的庭院内布置了精致的岭南派园林。之后，莫伯治先生又先后设计了南园酒家、泮溪酒家，合称"广州三大园林酒家"。值得称道的是，改革开放初期，莫伯治先生与佘俊南先生合作设计了广州白天鹅宾馆。在这座 1983 年完成的摩天大楼式宾馆内，玻璃天棚下布置了一组盆景式的岭南派园林景观，令人耳目一新。

20 世纪 50 年代，建筑大师戴念慈先生重新设计改建的杭州西湖国宾馆与在方寸之间营造精致庭院景观的广州北园酒家等有异曲同工之妙。西湖国宾馆原为 19 世纪的私家庄园——刘庄（又称"水竹居"），坐落于西湖西岸，三面临湖、一面靠山，庭院面积 36 公顷。戴念慈先生改建设计时，针对杭州西岸相对宽裕的占

天津重庆道庆王府

广州白天鹅宾馆

杭州西湖国宾馆

地和毗邻西湖辽阔的水面，在景观设计上保持小范围的小桥流水、亭台楼阁、曲径通幽式的江南园林特色，但在各个院落的建筑样式上采用白墙黛瓦的色调，屋脊装饰纹样效仿中山陵屋脊的抽象线条样式，而建筑尺度则远比普通民居要大得多。由此，西湖国宾馆既在局部上有小桥流水式的江南风韵，大格局上又拥有舒朗开阔的大国气势，堪称庭园式建筑组群的杰作。西湖国宾馆长期为国家领导人和外国元首的驻跸之处，公众视其为禁地；近20年来，西湖国宾馆已向公众开放，成为大众游览乃至品尝美食的必游之地，可谓我国改革开放新气象之缩影。

回顾20世纪中国建筑的百年历程，立足民族文化传统，借鉴西方经验（无论成功的还是失败的经验，都应有所考量），最终形成中华民族在当下和未来的文化更新，似乎是多数人的共识。具体到园林学问题，似乎西方近现代的公园理念、景观建筑理念和中国传统造园的诗画意蕴对近代中国的园林创作、景观建筑创作等都有着很深的影响，而最能体现中国文化特性的园林诗画意蕴则是中国的建筑师、园林设计建造者们最难以割舍的。

四、刍议 20 世纪中国园林遗产的保护与研究

上述对20世纪的中国园林历程的回顾涉及以下几个话题：

其一，摆脱了封建束缚枷锁的现代中国要有新的城市面貌，需要新的园林成为大众文化

消费的场所和维护绿化环境的"城市之肺";

其二，新的园林应合理融入一座城市的整体规划之中;

其三，中国传统园林是中华民族独特的审美趣味之菁华，代表着一种中国智慧，需要我们继承并有所发展;

其四，园林作为建筑艺术的一个分支，具体项目的设计建造应有其时代特征和个性化表现。目前看来，20世纪的中国园林不乏佳作，也难免一些平庸之作，值得当下的从业者们借鉴。

以下是漫谈几点随感：

在20世纪西式园林理念传入中国后，中国知识分子中的一些有识之士即开始系统梳理我们本土的造园艺术成就及创作理念。突出的事例是后来被称为东南大学"建筑三杰"的刘敦桢、杨廷宝、童寯三位教授均曾涉猎这一领域并取得了相当了不起的成绩。刘敦桢先生（1897~1968年）在园林研究方面，除了著有学术名著《苏州古典园林》外，于1960年主持了南京瞻园的恢复整建工作。这个修缮、改进工程历时六年，仅新增的叠山一项，即增用太湖石1800吨。这个修缮工程实际上是运用古典造园技法与理念对实例的一次园林艺术创作，使得瞻园既保持了原有风貌，又应和了当代人的文化旅游需求。

童寯（1900~1983年）、杨廷宝（1901~1982年）两位教授则是无意中邂逅于上海南翔的一座五百年名园——古猗园。童寯这位率先向国内介绍域外园林学的学术达人，于20世纪30年代遍访江南园林，南翔古猗园是其中一例。

刘敦桢主持的南京瞻园修缮改造工程

上海南翔古猗园

古猗园建于明万历年间，五百年间不仅是江南私家园林的佳作，更因地近开埠城市上海，在建筑装饰风格上具有海派文化特色。更为难得的是，此园于19世纪下半叶率先由私园转变为公园，有许多为公益而做的改观。"太平之役多所损毁，同治七年（1868年）修复，近改为公园"。清代文人沈元禄的《古猗园志》中记载："同治十年（1871年）……南翔各同业公所在园内修厅堂……"新中国成立后，为适应时代发展的需要，这个见证了上海两次淞沪会战的历史（曾作为张治中将军第九集团军司令部）的古园，规模进一步扩大，面积较五百年前扩展了十倍有余（初建时占地10亩，约0.67公顷，1933年扩展到1.8公顷，1979年扩大为6.13公顷，至今已达8.33公顷）。1979年，古猗园由著名建筑师杨廷宝主持重要整修，使用新材料新技术进行修缮，在确保古韵方面做了有益的尝试。古猗园最值得当下借鉴之处是：经童寯、杨廷宝等人的考察研究与修缮实践，古猗园中的明清古园部分得到了妥善保护；而不断扩展的新园林部分，艺术风格上与古园相协调而不显突兀生硬（尤其是带有海派风味的装饰细节部分）；全园整体功能上最大限度地满足了本地人的休闲与全国各地访客的需求。

中国固有式园林目前的现实是：中国古典园林普遍狭小的空间难以对应大众需求。即使是苏州拙政园这类相对较大的私家园林，也难以应付日益增加的游客流量。而新建园林又难以达到古代园林精品的艺术水准。从刘敦桢教授修缮南京瞻园，到童寯、杨廷宝两位教授先后参与南翔古猗园的研究、保护和扩展，三位先贤合力为后人展示了一个完整的项目——中国古典园林如何在保持较高艺术水准的前提下，完成私人空间向公共空间的转变。

古猗园的保护与扩展是一例成功的个案，值得我们深思，但是否适合更多园林实例的保护与扩展，还须视具体情况而定。一切尚有待继续探索。由此深感今后应加强两项工作。

一是，普查与专项研究工作亟待加强。"中

国20世纪建筑遗产名录"已公布了六批，共有597项入选。其中，有31项可归类为园林或园林成分很重的建筑，显然比例偏小。即使加上12个笔者认为可以入选的项目，也还是比例偏小。由此也可想见，如详细计划今后更有的放矢进行专题考察，将会有怎样的发现。

天津黄家花园旧影

保定莲池书院内的直隶图书馆

无意中看到一篇署名不详的网络文章《晚清天津九国租界十处公园，如今剩半数幸存》，说到天津当年的十个租界公园——法国花园（今中心公园）、维多利亚花园（解放北园）、德国花园（今解放南园）、久布利公园（习称土山公园）、意大利花园、黄家花园、义路金花园、海大道花园、俄国花园、大和公园，其中的后五个已彻底消失。这则消息更令笔者顿觉专项调研工作的刻不容缓。

二是认识上须时时反省。本文在开篇时说，目前公布的六批"20世纪建筑遗产名录"之中，有明确为城市园林的，也有建筑中园林成分较重的。一个项目中往往是中西学成分掺杂一体。如何界定，如何重新认识，都需要今后的持续探索。

笔者曾于2006年随建筑文化考察组踏访河北保定的莲池书院。当时觉得这个历史上很著名的书院是中国北方难得的园林佳作，同时对园内东侧增建的直隶图书馆大不以为然，以为这个于1908年由直隶提学使卢靖筹款增建的西式建筑与全园的风格不甚协调。今天回想16年前的所见所闻，又觉得这个20世纪初增建的西式图书馆建筑布置在园内一角，与莲池书院的整体风格并无太过分的突兀，甚至增强了整组静态建筑作品的时光推移感觉。

中国20世纪建筑遗产中包含了相当数量的近现代园林作品和园林成分较多的建筑作品，涉及全新的园林设计规划，也涉及相当一部分旧有园林的改扩建工程。回顾20世纪中国新园林的起步与发展变化，将有益于未来的发展。至少，在城市建设日新月异的今天，我们应注意在今后的城市规划全局中，要留下足够的"城市之肺"和公共休闲场所，而这些集"城市之肺"与"休闲场所"于一体的新建园林、景观建筑，恰恰保留了中国人独有的审美情趣。

殷力欣，研究员，现任《中国建筑文化遗产》副总编辑、中国文物学会20世纪建筑遗产委员会专家委员。自1988年起，先后在《美术史论》、《美术观察》、《建筑创作》、《建筑学报》、《中国建筑文化遗产》等刊物发表美术史论、建筑史论方面的学术论文数十篇。另有专著二部：《吕彦直集传》、《中国传统民居》；与《中国建筑文化遗产》共同编著《义县奉国寺》、《中山纪念建筑》、《抗战纪念建筑》、《辛亥革命纪念建筑》等。曾参与建筑文化考察组主持的历次田野考察。整理校订《陈明达全集》十卷，于2023年元月面世。

第七讲：
20 世纪铁路遗产

胡燕　　　贺润

　　我国铁路在19世纪末20世纪初经历了从无到有的大发展。100多年来，铁路的建设促进了煤、铁、水泥、轻工业品等民族企业的发展，在帝国主义资本输入的同时，民族资本和官僚资本也得到了一定程度的发展。现在，这些曾经带领民族资本蓬勃发展的铁路都面临拆除、废弃等问题，那该怎样保护与利用这些铁路遗产呢？

一、中国铁路的开端

　　1840年，英国发动鸦片战争，西方侵略者入侵中国。他们强迫清政府开辟通商口岸、修建铁路，以便倾销商品并掠夺资源。中国进入半殖民地半封建社会。

（一）吴淞铁路（1876 年）

　　吴淞铁路是我国修建的第一条铁路。1876年，英国怡和洋行为了改善上海至吴淞港码头之间的运输条件，修建了中国第一条铁路，全长15公里，是窄轨轻便铁路。当时中国人对外国人的敌对情绪非常严重，铁路是英国人私自修建的，未得到清政府的官方批准，后又出了交通事故，轧死一人，激起民愤。所以吴淞铁路运行一年后，清政府筹款赎回铁路，关停并拆除。

（二）唐胥铁路（1881 年）

　　1877年，中国早期实业家唐廷枢奉直隶总督李鸿章之命，在唐山市大城山南侧的乔屯镇筹建了中国历史上第一个采用近代采煤技术的煤矿——开平矿务局。为了把煤炭运往最近的北塘海口装船运出，开平矿务局于 1881 年 6 月 9 日动工修建了唐山至胥各庄的一段铁路，采用 1.435 米宽的标准轨距，全长近 9.7 公里。运行之初，为了免于震动东陵、惊扰祖先，这段铁路不用机车，只用骡马牵引，所以也称为"马车铁道"，直到第二年才开始使用机车曳引。项目聘请英国人金达（C. W. Kinder）作为技术指导。李鸿章亲自乘坐中国首列机车视察铁路。机车两侧各刻一条龙，所以命名为"龙号"。这是中国人自造的第一台轻型蒸汽机车。

在唐胥铁路的基础上，铁路陆续向两端延伸。1887 年，唐胥铁路延长至芦台，长 32.2 公里。1888 年，又延长至天津，总长达 131.4 公里。1889 年，由唐山向北展筑，1890 年修成 24 公里，到古冶林西煤矿。

唐胥铁路是中国第一条自建铁路，反映了

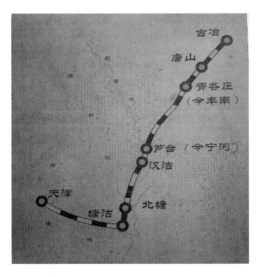

唐胥铁路及其延长线示意图

民族资本主义的兴起，洋务派运用"师夷之技以制夷"的策略，积极引进国外先进技术。

二、北京周边铁路建设情况

（一）京奉铁路（1907~1912 年）

由于俄国在东北的势力日渐强大，李鸿章以"俄患日亟"为理由，奏请筹筑关东铁路。1891 年 4 月，清政府派李鸿章督办关东铁路，在山海关设"北洋官铁路局"，派金达为总工程师，负责修建自古冶至山海关，再向关外延伸的铁路。这是中国官办铁路的开始。因滦河河床沙层很深，在修建长 670 米的滦河大桥时，詹天佑提出用气压沉箱法修建桥墩基础，崭露头角。截至 1894 年，山海关内外铁路西起天津，东到山海关，一共筑成 348 公里。1895 年 12 月，清政府同意修建天津至卢沟桥的铁路，可改善首都与外港之间的交通运输，里程共计 128 公里。

后经陆续修建，关内外铁路西至北京正阳门东车站，东至奉天城（沈阳）站，干线全长 842 公里，另建支线数条。1907 年 8 月改称京奉铁路，1912 年全线通车。该铁路根据起始点的不同，先后称为京榆铁路[1]、关内外铁路、京奉铁路。京奉铁路运营获利颇丰，为修建京张铁路提供了资金。

---

[1] 山海关古称榆关，又称渝关、临榆关等。京榆铁路指从北京至山海关段的铁路。

（二）京汉铁路（1898~1906）

1895年7月，湖广总督张之洞上书申请修建卢汉铁路[2]，从卢沟桥至汉口。几经谈判，1898年6月，清政府与比利时签订《卢汉铁路比国借款续订详细合同》和《卢汉铁路行车合同》。合同约定：清政府向比利时公司借款450万英镑，年息5厘，9折付款，期限30年；在借款期限内，一切行车管理权均归比利时公司。这不仅使中国完全丧失了铁路主权，还遭受了巨大的财政损失。自此，帝国主义利用债权关系掠夺中国铁路主权拉开了序幕。

1898年底，卢汉铁路从南北两端同时开工，1905年11月郑州黄河大桥建成。1906年4月，卢汉铁路全线通车，从北京正阳门西车站到汉口车站，途经卢沟桥、正定府、郑州、汉口等站，全长1214公里，改名为京汉铁路。国民政府时期，北京称北平，所以又叫平汉铁路。其中，汉口大智门车站被称为亚洲当时最豪华的车站，入选第五批全国重点文物保护单位。

京汉铁路是中国早期建成的第一条南北向铁路大动脉，带动了大冶铁矿、汉阳铁厂等民族工业的兴盛，使得汉口等内陆城市商业繁荣，带动了沿线城市的发展，如石家庄、郑州都是"火车拉来的城市"。同时它也是中国工人运动的摇篮。长辛店铁路工人俱乐部是中国近代第一个工人俱乐部，"二七大罢工"是最有影响的一次罢工。

[2]卢沟桥，亦称芦沟桥，因而也称芦汉铁路，本文为行文方便，统一用"卢"字代替。

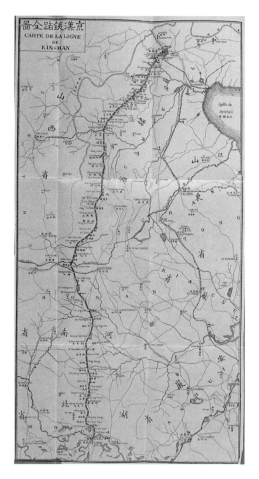

京汉铁路

（三）京张铁路（1905~1909年）

京张铁路是中国独立出资修建的第一条自行设计、自行建设、自行运营的铁路。詹天佑主持设计并负责施工建设。它连接北京丰台，经西直门、沙河镇、南口、八达岭、青龙桥、康庄、沙城、怀来、鸡鸣驿、宣化等地至河北张家口，全长约200公里，1905年9月开工修建，1909年建成。

张家口是北京通往西北的要塞，也是清末

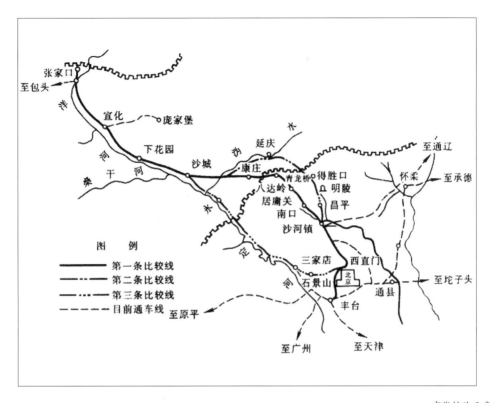

京张铁路示意图

著名的陆路口岸和商埠。继通往东北的京奉铁路和通往中南的京汉铁路建成后，急需建设一条通往西北的铁路，于是京张铁路被提上建设议程。由于英、俄两国互不相让，争夺筑路权，清政府最终决定任命詹天佑为京张铁路局总工程师，由我国自行修建。

京张铁路沿途地形极为复杂，经多方调查，詹天佑提出当时条件下的最优设计方案。他因地制宜，根据铁路沿线多山、坡度大、地势险要等技术难点，创造性地设计出"人"字形线路。京张铁路不仅造价低、工期短，而且质量好，被欧美各国视为奇迹。

京张铁路通车后逐段向西延伸，先后经过

阳高、大同、丰镇、绥远，最终到达包头，1923 年 1 月全线通车，全长 817.9 公里。

京张铁路的修建不仅唤起了大众的民族自信心和自豪感，同时开创了中国独立发展铁路事业的先河，并培养出詹天佑等杰出的铁路技术人才。

在清政府统治时期，中国铁路经历了从抵制修建到主动兴建的发展过程。最初，清政府及国民把从西方引进的铁路视为奇技淫巧，不合"祖宗成法"，采用完全抵制的态度，从吴淞铁路修建仅一年就被拆除便可以看出当时中国民众的抵制态度。直至甲午战争以后，清政府开始兴办铁路。清朝总共建成铁路 9100 公

表 1　北京周边铁路建设情况

线路名称		建造年份	投资方	起讫站	轨距	干线里程
京奉铁路	唐胥铁路	1881 年	中国	唐山 – 胥各庄	1.435 米	9.7 公里
	唐芦铁路	1886 年	中国	唐山 – 芦台	1.435 米	45 公里
	津沽铁路	1887~1888 年	中国	芦台 – 天津	1.435 米	86 公里
	唐山古冶段	1889 年	中国	唐山 – 古冶	1.435 米	24 公里
	关内铁路	1891~1894 年	中国	天津 – 山海关	1.435 米	348 公里
	关内外铁路	1896~1907 年	中国	山海关 – 奉天	1.435 米	494 公里
	营口支线	1900 年	中国	奉天 – 营口	1.435 米	92 公里
	京奉铁路	1907~1912 年	中国	北京 – 奉天	1.435 米	842 公里
京汉铁路	卢汉铁路	1897~1899 年	比利时	卢沟桥 – 保定	1.435 米	132.7 公里
	津卢铁路	1895 年	中国	天津 – 卢沟桥	1.435 米	128 公里
	新易支线	1903 年	中国	高碑店 – 梁各庄	1.435 米	42.5 公里
	京汉铁路	1906 年	中国	北京 – 汉口	1.435 米	1214.5 公里
京张铁路	京张铁路	1905~1909 年	中国	丰台 – 张家口	1.435 米	201.2 公里
		1911 年	中国	张家口 – 阳高	1.435 米	56.6 公里
		1912~1914 年	中国	阳高 – 大同	1.435 米	56.6 公里
		1914~1915 年	中国	大同 – 丰镇	1.435 米	44.8 公里
		1919~1921 年	中国	丰镇 – 绥远	1.435 米	240.3 公里
		1921~1923 年	中国	绥远 – 包头	1.435 米	149.6 公里
	平绥铁路	1905~1923 年	中国	丰台 – 包头	1.435 米	817.9 公里
	京门支线	1907~1908 年	中国	北京 – 门头沟	1.435 米	26 公里
	环城支线	1915 年	中国	西直门 – 东便门	1.435 米	12.1 公里
	口泉支线	1918 年	中国	大同 – 口泉	1.435 米	20.6 公里

资料来源：根据《中国铁路发展史》等整理。

里，其中清政府具有路权的仅有京张铁路、京汉铁路和各省商办铁路，共1800公里，其余均为帝国主义列强直接投资或贷款修建。帝国主义国家采用直接出资的方式修建了中东铁路、胶济铁路、滇越铁路等，以此获得完全的铁路主权。他们还利用贷款的方式资助修建了京汉铁路、正太铁路等，攫取了大量利益。

三、铁路遗产保护内容

经历了100多年的发展，很多铁路线路已经停运，变成了遗产。它们或者被废弃，或者被闲置，失去了往日的喧嚣与热闹。如何处理这些铁路遗产呢？保护必不可少，在保护的基础上合理利用，将使这些铁路遗产重新焕发生机。

铁路遗产主要包括车站建筑、铁路桥梁、铁路线路、机车和车厢等。

（一）车站建筑

车站建筑是铁路遗产中最为珍贵的部分，具有极高的历史价值和艺术价值，往往成为城市地标，承载着丰富的历史记忆。随着铁路的发展，尤其是高铁时代的到来，很多车站失去了原有的使用功能，可以通过保护和改造，使其重新发挥作用，发掘出新的使用价值。

（二）铁路桥梁

铁路桥梁是铁路遗产中比较重要的部分，它们结构独特、造型优美、技术先进，是时代的技术体现。经过岁月的风吹雨打，铁路桥梁依然屹立在铁路线上，像是跳动的音符，谱写出优美的旋律。

（三）铁路线路

铁路线路是铁路遗产中数量最多，面积最大的部分，全面保护线路难度较大，较少采用。常采用的保护方法是：保留一段有代表性的线路，满足景观和人们追忆的需求。铁路路线或平行，或蜿蜒，或交叉，展现了特有的魅力，留给人很多遐想的空间。

（四）机车和车厢

机车是铁路遗产中最吸引人的元素，作为工业文明标志的蒸汽机车蕴含着大众的深厚感情，加之可以移动，成为最能引起情感共鸣的记忆。车厢空间有特色，可以加以利用，成为容纳多种新功能的空间。

对全国重点文物保护单位中的铁路遗产进行梳理发现，22项铁路遗产中，有14项是车站旧址，有6项是铁路桥梁，还有2项是综合的铁路线路。这说明，目前铁路遗产保护的重点是车站建筑，铁路桥梁也是保护的重要内容，而对于整体线路的保护还不足，只有两处被列入了保护名单。

四、保护与利用方法

（一）车站建筑

随着城市和铁路的发展，原有的火车站不能满足使用要求，城市纷纷新建火车站，原有车站或保留，或拆除，给改造利用带来了契机。但是，由于改造经验不足或者决策者缺乏长远考虑，经常犯一些历史性的错误，如济南老火车站原本是20世纪初由德国人设计的风貌独特的建筑，但是在铁路发展过程中，决策者制定了错误的方案，使得这座经典的车站被拆除，取而代之的是没有特色的新建筑，让城市失去了一张精美的名片。

1. 完整保护

法国巴黎的奥赛美术馆是历史建筑完整保护改造再利用的典范。1989年，为迎接巴黎万国博览会（1900年），修建了奥赛火车站。1939年，火车站被废弃。之后曾做过野战医院、大会堂、戏场等。1986年改造为奥赛美术馆，主要收藏19世纪中到20世纪初的艺术作品，现为巴黎三大艺术宝库之一。

奥赛美术馆改造时遵循原真性的保护原则，完整保护外立面，保留了原有建筑风貌，

表 2　全国重点文物保护单位中的铁路遗产

序号	项目名称	建造时间	资金来源	所属铁路	跨越省份	入选时间
1	大智门火车站	1903 年	比利时	芦汉铁路	北京、河北、河南、湖北	2001 年
2	五家寨铁路桥	1907 年	法国	滇越铁路	云南、越南	2006 年
3	鸡街火车站	1918~1921 年	中国	个碧石铁路	云南	2006 年
4	中东铁路建筑群	1897 年	俄国	中东铁路	内蒙古、黑龙江、吉林、辽宁	2006 年
5	京张铁路南口段至八达岭段	清~民国	中国	京张铁路	北京、河北	2013 年
6	塘沽火车站旧址	1888 年	中国	唐胥铁路津唐铁路	河北、天津	2013 年
7	天津西站主楼	1908~1910 年	英、德	津浦铁路	天津、河北、山东、安徽、江苏	2013 年
8	滦河铁桥	1892 年	英、俄	京奉铁路	北京、天津、河北、辽宁	2013 年
9	辽宁总站旧址	1927~1930 年	英、俄	京奉铁路	北京、天津、河北、辽宁	2013 年
10	奉海铁路局旧址	1931 年	中国	奉海铁路	辽宁、吉林	2013 年
11	吉海铁路总站旧址	1929 年	中国	吉海铁路	吉林	2013 年
12	浦口火车站旧址	1908~1914 年	英、德	津浦铁路	天津、河北、山东、安徽、江苏	2013 年
13	原胶济铁路济南站近现代建筑群	1904~1915 年	德国	胶济铁路	山东	2013 年
14	济南泺口黄河铁路大桥	1912 年	英、德	津浦铁路	天津、河北、山东、安徽、江苏	2013 年
15	广九铁路石龙南桥	1911 年	英国	广九铁路	广东	2013 年
16	碧色寨车站	1909~1910 年	法国	滇越铁路	云南、越南	2013 年
17	北京站车站大楼	1959 年	英国	京奉铁路	北京、天津、河北、辽宁	2019 年
18	新开河火车站旧址	1903 年	俄国	津浦铁路	天津、河北、山东、安徽、江苏	2019 年
19	白塔火车站旧址	1923 年	中国	平绥铁路	北京、河北、山西、内蒙古	2019 年
20	津浦铁路淮河大铁桥	1909 年	英、德	津浦铁路	天津、河北、山东、安徽、江苏	2019 年
21	兴隆庄火车站站舍旧址	1913~1916 年	比利时	陇海铁路	甘肃、河南、安徽、陕西、江苏	2019 年
22	滇缅铁路禄丰炼象关桥隧群	1942 年	中国	滇越铁路	云南、越南	2019 年

奥赛美术馆

北京铁路博物馆

京奉铁路正阳门东车站

天津水晶城住宅区的火车头

体现了对历史的尊重。内部空间的改造则遵循可识别性的原则，仅做满足新使用功能的改造，并做到新旧分明。

2. 局部保留

北京铁路博物馆是完整保护的代表作品。其前身是京奉铁路正阳门东车站，俗称前门火车站，1906 年建成并启用，由英国人修建，是当时全国最大的火车站，1959 年停用，之后经过多次改建，现为北京铁路博物馆。车站建筑为欧式风格，地下两层，地上三层，建筑面积9485 平方米。

正阳门东站先后改建为铁道部科技馆、北京铁路职工俱乐部、北京铁路文化宫、前门老火车站商城、北京铁路博物馆。20 世纪 70 年代，为修建地铁，正阳门东站进行过一次重大改建，保留车站钟楼，并以钟楼为中心做45度镜像对称，将原北侧立面复原建造在西侧，建筑立面保留了历史原貌。

（二）机车与车厢

机车具有移动灵活、符号性强的特点，可标示出一个场所的特性，能很好地再现工业场景，因而被广泛地摆放在各处，作为一种标志。车厢则主要利用其内部空间进行新的功能开发，如有作为客房使用的，有作为餐厅使用的，赋予新功能是常用的改造方法。

1. 符号化展示

机车是一个工业时代的符号，分为蒸汽机车、内燃机车和电力机车等。蒸汽机车外形复杂，设备零件裸露在外，与内燃机车和电力机车相比，更具工业感，成为工业时代的典型符号。如我国最早的"龙号"机车，原车失踪后，制作了等比或缩小版的模型存放在博物馆中，用来展示并纪念我国的铁路历史。

为了表达场地的历史文脉，机车常常作为一种记忆符号被展示，寄托大众情感。天津万科水晶城是在原天津玻璃厂厂址上建设的一个住宅区。小区会所和核心景观是依托一座保留的老厂房和一段铁路建设的，铁轨上放置了一台蒸汽机车，成为室外景观的重要场景，也为居民认识地段的工业历史文脉提供了的平台。武汉复地东湖国际是建设在武汉重型机床厂厂址上的住宅区，通过保留老厂房、烟囱、机车、铁轨等来表达对场地历史的尊重。

2. 赋予新功能

车厢还可以有新用途，如作为餐厅、旅舍等。澳大利亚悉尼的一家青年旅舍是在一座旧车站的基础上改建而来的。旅舍保留了站台及一段铁路和几节车厢。站台上搭建了棚顶，作为前台接待和休息大厅。停留在铁轨上的车厢改造为客房，每段车厢分成几个房间，分别设置床、桌子等家具，舒适而方便，并且给人带来一种别样的居住体验。

铁路遗产包含了大众对于工业时代的历史记忆，体现出场地的历史文脉和特性。希望通过对铁路遗产项目的案例分析，总结出典型的保护与利用方法，为相似项目提供经验借鉴，进而解决城市发展、工业文化传承等方面的问题。

慎重对待铁路遗产，能保留就保留。铁路遗产包含了城市的记忆，车站是城市的地标，铁路桥梁连接起人们的记忆。人们对于铁路的感情就像浓浓的酒，醇厚而悠长。要用正确的方法，保护好这种记忆。

积极利用铁路遗产，功能更新多元化。铁路是城市发展的缩影。随着城市的扩张，原有的火车站不能满足运力要求，原有交通枢纽功能丧失。但是，它们是时代的记忆，可以赋予其新的功能加以利用，如博物馆、展览厅、餐厅、剧场等。

胡燕，北方工业大学建筑与艺术学院，博士，副教授，长期从事工业遗产、历史街区的保护与利用相关研究。

贺润，北方工业大学建筑与艺术学院，硕士生。

参考文献：

1 金士宣，徐文述编著.中国铁路发展史：1876~1949 年 [M].北京：中国铁道出版社，1986.11.

2 胡燕，张勃.铁路遗产的改造原则与设计方法 [J].工业建筑，2015（05）：14-18.

3 董一平，侯斌超.工业遗产价值认知拓展——铁路遗产保护回顾 [J].新建筑，2012（02）:22-27.

4 简圣贤.都市新景观 纽约高线公园 [J].风景园林，2011（04）:97-102.

5 高勇，赵秀艳.工业遗产保护利用规划设计原则研究——以唐山城市展览馆为例 [J].产业与科技论坛，2013（08）:130+170.

6 西阳.京奉铁路正阳门东车站变迁始末 [J].北京档案，2014（02）:54-55.

7 成少华.永远消失的济南老火车站 [J].人民交通，2018（04）:43-45.

8 慕启鹏，王天雪.历史名城背景下铁路工业遗产价值研究——以胶济铁路济南段为例 [J].中国名城，2018（10）:66-71.

第八讲：
红色建筑遗产"高地"的价值

李海霞

　　党的十八大以来，党中央一直高度重视红色文化遗产的工作，对革命文物为代表的红色遗产的保护利用先后做出二十多次重要的指示批示，为加强新时代革命文物保护利用工作提供了重要遵循。近年来，国家先后出台《关于实施革命文物保护利用工程（2018-2022年）的意见》《关于加强文物保护利用改革的若干意见》《革命旧址保护利用导则》等文件。2019年，中央正式批准国家文物局成立革命文物司，省（市）文物局相继成立革命文物处室，这一系列政策动态标志着对革命文物为代表的红色遗产保护管理的日趋完善，国家对红色文化表现出前所未有的重视。

一、释题：概念、内涵与价值

（一）基本概念范畴

1. 红色文化遗产

　　红色文化遗产的概念于2004年正式出现在《2004-2010年全国红色旅游发展规划纲要》上。文件将中国共产党领导人民在革命和战争时期建树丰功伟绩所形成的纪念地、标志物，遍布全国各地的纪念馆、革命遗址、烈士陵园统称为"红色文化遗产"。主要包括中央革命根据地、红军长征、抗日战争、解放战争时期，从1921年中国共产党成立到1949年建立新中国这一历史进程中，中国共产党在发展、斗争、壮大过程中所经历、使用的具有独特性、多样性、稀缺性和文化性的物品、场所、建筑等遗存及其所承载的红色革命精神等物质性和非物质性文化遗产。

2. 革命文物

1950年，中央人民政府在《征集革命文物令》中指出，"一切有关革命的文献和实物"就是革命文物，包括各类与革命运动、重大革命历史事件或者英烈人物有关的重要史迹、实物、代表性建筑等。

关于革命文物的时间界定更为宽泛。一般认为包括从新民主主义革命到1949年新中国诞生这一历史阶段形成并保存下来的重要实物见证，也有的研究拓宽了革命文物的时限，将上限定于1840年第一次鸦片战争，中心是从1919年的五四运动到1949年中华人民共和国成立（新民主主义革命完成），而时间下限则进一步扩大到1956年三大改造完成（社会主义革命完成）。[1]

3. 红色遗址遗迹

与不可移动革命文物内涵一致，时间起点为1921年中国共产党成立，区别在于包括了未纳入文物级别的其他革命史迹、代表性建筑等，但不包括国民政府相关的革命遗址遗迹（如纪念国民党抗战英雄的南岳忠烈祠、孙中山陵墓等）。

4. 时间界定的拓展

传统研究一般将红色遗产时间界定在1921~1949年这个时间段。近年来，文化遗产的保护从重视"古代文物""近代史迹"向重视"20世纪遗产""当代遗产"的保护方向发展。相应地，红色遗产的时间下限也在不断延伸，有的研究将时间界定到1956年社会主义革命完成，有很多新进研究更是将20世纪的"三线"遗产、改革开放遗产等遗产类型纳入红色遗产的研究体系中。

广义而言，红色文化遗产的概念体系更宏大，打破了形态的束缚，包含各种物质及非物质的与特定意义相关的遗产，是中国共产党带领广大中国人民走向新中国这一特定历史时期内遗留的物质及非物质遗存，是传统中国向现代中国过渡的历史见证物。

（二）红色文化遗产的特点

1. 数量庞大，内涵多元

红色文化遗产存留数量大、地域分布广、时间跨度大、品质高。根据第三次全国文物普查，革命文物有33315处。全国重点文物保护单位中革命文物有615处，占全国重点文物保护单位总数的12.2%。从类型上看，革命旧址类红色遗产既有传统建筑类型（如名人故居类），也有近代纪念建（构）筑物、战争遗址、工业建筑等，可谓形态多元。

2. 主题鲜明，叙事性强

红色遗产多具备鲜明的主题，每个红色遗产点都有红色的人与事，一个红色人物可能就是一段红色传奇，其历史叙事性强，埋藏着精神的文化的富矿，容易梳理出富有吸引力的故事线索。红色景点与红色故事就是一个极富市场价值的旅游产品。

---

[1] 夏颖.革命类文物保护的发展探索 [J].文物鉴定与鉴赏，2020（2）:110-111.

3.贴近时代，感召力强

红色文化作为中国共产党带领中国人民创造的特有的一类文化遗产，包含着最丰富、最精华的中华优秀文化因子，是中华民族精神的宝贵缩影。红色遗产见证了国家民族复兴的伟大历程，承载了生动鲜活的国家记忆，并与集体和个人的成长经历直接相连，拥有强大的时代感召力。

4.形制现代，便于利用

相比古代文物，红色建筑遗产的建筑空间、结构等更现代，与现代功能的契合度更高，可利用的方式更多元，另外许多建筑仍在使用中，保存情况也相对较好。

（三）红色文化遗产的价值

红色文化遗产是在特殊年代和特殊背景下产生的特殊物质、精神文化产品，是一种重要的历史文化遗产资源。红色文化遗产具有很强的政治性，是集多种功能价值于一体的特殊的、珍贵的当代历史文化遗产。具有以下几方面突显的价值：

1.教育价值

红色文化遗产最重要的，第一位的价值是爱国主义教育价值。红色遗产凝结着中国共产党的光荣历史，展现了近代以来中国人民英勇奋斗的壮丽篇章，是革命文化的物质载体，是激发爱国热情、振奋民族精神的滋养沃土，是"瞻仰一次圣地、净化一次灵魂"的政治工程，是进行思政教育的鲜活教材。革命文物中承载的红色精神文化激励着新一代中国人民顽强不息、继续努力，是中国共产党团结带领中国人民不忘初心、继续前进的力量源泉，蕴含着中华民族和中国共产党人的崇高精神与优良革命传统，是红色基因的发源地。保护好红色文化遗产，有利于发扬红色传统、传承红色基因，具有极其重要的精神教育价值。

2.历史价值

红色文化遗产记载着重大革命事件和历史故事，凝结着近代以来中国人民抵抗侵略、自强不息、不屈不挠的民族气节，承载着中华民族近现代艰辛的奋斗史，也见证了中国共产党重要的发展历程。革命文物中蕴含着我国革命时期的制度、文化及精神等内容，尤其是革命时期领袖创建的革命理论、纲领、路线、方针、政策等，是我国新时期建设社会主义国家理论和实践的源泉与动力。红色文化遗产是血雨腥风年代的参与者和见证者，无论是抗战纪念地、纪念馆，还是领袖故居，都具有重要的历史见证价值。

3.文化价值

红色文化遗产蕴含着宝贵的文化价值和文化精神，会给年轻一代的成长带来隐形的精神鼓励，同时也是一个城市、一个遗产地精神文化的体现。保护和充分利用红色遗址遗迹是"挖掘一种内涵、铸就一种精神"的文化工程；对近现代红色文化的传承非常重要，是对老一辈革命家的缅怀，也是对他们革命精神的继承和发扬。

4.经济价值

保护、开发和利用好红色史迹，处理好红色史迹保护和开发二者之间的关系，是

"开发一方红土、致富一方人民"的经济工程。游客对红色旅游的关注稳步上升，2007 年到 2017 年，全国红色旅游区接待人数从 2 亿多人次增长到 12 亿多人次。2018 年全国红色旅游人数达 13.24 亿人次，平均每个中国人去过一次红色旅游点。整个红色旅游占国内旅游人次比达到 25% 左右。将红色文化与乡村振兴、扶贫结合起来，增加就业机会，是推动地方优质文旅经济快速发展的潜力点。"以保护开发红色史迹为依托，大力推进红色旅游事业，进一步立体化、活性化地展现红色文化，推出红色旅游精品产品与线路，既有利于传播先进文化，寓思想教育于文化娱乐和观光旅游之中，又有利于把红色文化资源转变为经济能量。"[2]

此外，红色文化遗产对于城市文化精神的凝练以及国家文化安全的强化还具有重要的意义。红色文化遗产是中华民族百折不挠、自强不息、坚忍不拔的精神风貌的集中体现，是民族精神传承的重要载体，也是国家形象的直接来源。红色遗址遗迹的价值除了阐释载体本身的历史文化价值以外，更重要的是展示中国共产党经历的历史事件与载体本身的关系，肩负着传播中国共产党发展史、提升共产党人党性教育的重要职责与使命，也是我国文化软实力增强过程中不可或缺的一部分，是文化自信和制度建设的基石。

二、红色文化遗产的现状研究述评

国内学术界对红色文化遗产的研究逐步展开，渐成一热点研究领域。关于红色文化遗产的研究，主要集中在红色文化遗产的理论建构、红色文化遗产保护与利用的问题、保护与利用的策略（方法、路径），以及不同学科视角的阐释四个方面。

（一）理论层面：概念、价值、史学研究

关于红色文化遗产的概念界定，学界存在一定局限性。刘建平和韩燕平在《红色文化遗产相关概念辨析》中提出，"红色文化遗产和革命历史文化遗产、红色旅游资源以及红色文物等概念之间存在界定不清，甚至使用混乱的情况。"[3] 不同学者从价值属性、类型特征、政治分期等角度对红色文化遗产进行了定义，虽不尽相同，但大都认为红色遗产是与中国共产党发展直接相关，具有明确的时间界限，带有强烈的政治色彩，由物质和非物质两种遗产形态组成。"从革命的角度来讲，革命文物应属于近现代重要史迹及代表性建筑，但就其建筑本身的建造历史来讲，多数革命文物又属于古建筑范畴，如何界定这一时间范畴，是红色文化遗产保护及利用的关键内容。"[4] 学界对于红色文化遗产的形态和类型，有不同的划分标准，较多见的是按时间分为长征时

[2] 黄滢. 红色历史遗迹的保护和开发刍议——以广州市为例 [J]. 世纪桥，2018（12）：75-76.

[3] 刘建平，韩燕平. 红色文化遗产相关概念辨析 [J]. 宁波职业技术学院学报，2006（4）：64-66.

[4] 吴海洋. 皖南革命文物保护与利用基本策略研究 [J]. 山西建筑，2020（12）：189-190.

期红色遗产、抗日战争时期红色遗产和解放战争时期红色遗产。魏子元按照存在形态将红色文化遗产分为红色遗址、红色遗存及红色文化景观三大类,以几何形态为标准划分为点状、线状和面状三种形态。[5]

从理论层面纵观研究脉络,对红色遗产的构成、内涵和外延,红色遗产与其他历史资源、文化资源的关系等基本问题还没有进行充分的研讨和阐述,对红色遗产的价值认识也比较狭窄,不够充分、细化,没有从具体化的个案中提炼出价值的独特性。关于革命史、抗日战争史等史学领域对红色遗产的关注,主要聚焦于史学价值及战争事件、档案记录上,有对文献史料的研究、各类战役的专门史料研究以及对战争亲历者、幸存者等回忆性史料挖掘工作,口述史整理研究,这部分成果属于基础研究,同时具有相当的研究前景。

(二)实践层面:保护、利用的问题与策略

通过综合整理、对比分析,红色文化遗产的保护与利用方面的基础性研究薄弱,缺乏系统性;红色遗产的保护实践涉及不同区域、不同时段以及具体个案。不少学者从建筑学、景观学、旅游学、人类学、社会学等方面对红色文化遗产的保护现状、方法对策进行了论述。例如,陆卫以广西为例,提出了革命文物保护工作中存在的主要问题有家底不清、基础数据不准、文物构成含糊、保存状况不平衡、保护利用力度不够,同时针对普查、组织、领导等提出了革命文物的保护路径和工作建议。[6]张莉平指出了红色文化资源目前存在的问题,"大部分红色景点整合与宣传不够、周边配套设施弱、优质精品红色旅游线路少、后续发展乏力等,这些都严重制约着红色文化遗产在传承、保护和开发利用方面的广度和深度。"[7]贵州则表现出"红色文化遗产明珠闪耀且呈走廊串联空间态势,革命老区普遍面临遗产保护与脱贫攻坚的双重压力",大量散落在贵州乡村地区的红色文化遗产的保护较为滞后,遗产之间的联系度较差,影响着遗产地的经济社会文化价值的综合发挥。[8]刘建军指出,河北红色遗产的主要的问题在于开发广度不够、挖掘深度不够,要在具体工作中切实把"保护"放在突出地位,进一步加强对河北省各种各类红色遗产的深入研究和科学论证。[9]另外,还有学者致力于红色遗产档案数据库建设,有学者从法律体制层面上探讨了红色文化遗产的法律式保护,指出目前尚未出台有关红色文化遗产保护的相关管理规定,导致红色遗产保护无法可循。这一系列关于红色文化遗产的方法、规范与对策的调查研究都属于应用研究。

---

[5]魏子元.红色文化遗产的相关概念与类型[J].中国文物科学研究,2020(1):12-16.

[6]陆卫.广西革命文物保护路径与建议[J].文物天地,2020(3):47-51.

[7]张莉平.甘肃红色文化遗产的保护与旅游开发研究[J].生产力研究,2018.(12):94-96.

[8]赵玉奇,谢雨岑.贵州红色文化遗产保护利用现状及研究进展[J].教育文化论坛,2019(5):40-43.

[9]刘建军.河北省域红色遗产的传承、保护和利用研究.领导之友[J].2016,2(213):67-71.

（三）其他研究：不同学科视角的研究

除了上述研究外，红色遗产研究也运用不同学科的研究方法，从不同视角阐释遗产价值，提出保护利用新思路。例如，庞倩华以非遗保护为视角，对红色文化产品的创新开发提出观点，"专业人员要通过反复的沟通和交流，把红色文化产品的开发理念及红色文化产品所涵盖的内在精神充分、完整、有效地传达给'非遗'传承人，使制作出来的产品能够完美体现红色主题。"[10] 郭晓莉从传播视角论述新媒体视域下革命文物的传播策略及发展研究，提出加速革命文物分众式内涵传播、开启革命文物 IP 化传播、拓展创意传播。[11] 任伟结合国际文化遗产展示与阐释理论，对上海红色遗址遗迹展示与阐释进行理论借鉴和实践探索。[12] 有的学者基于数字化平台提出红色文化遗产的设计与实现，[13] 还有的研究将红色文化遗产与乡村振兴相结合，革命文物与革命老区结合，以整体观视野进行资源整合研究，这些都是红色遗产研究的新视角和新领域。

（四）现状研究不足

以上是学者们对红色文化遗产的构成、价值、保护现状、保护方法、区域资源等开展的相关研究概况，按照不同区域、城市、类型、学科对红色文化遗产的研究已经如火如荼地展开，且初见成效。然而，对红色遗产的研究尚存在如下问题：

第一，在价值基础研究方面，如对具体路线、重要事件发生地、历史评价等问题学界尚未达成共识，有些革命事件缺乏清晰系统的表述，为后续遗产价值的解读与展示利用工作的开展带来一定困难。

第二，现有研究着重于宏大叙事（重大历史事件，重要历史人物）的视野，对于历史故事、历史信息与细节的挖掘与研究不足（微观视角和个案），导致后续保护工作中对保护对象的认定不全面，也限制了后续展陈内容的全面与丰富。

第三，缺乏针对红色文物保护技术、保护利用方法的研究，导致部分类型（红军标语、战场遗址等）的革命文物保护工作开展困难。

第四，对红色文化遗产与地方城乡发展的区域化协同关系尚缺乏系统研究，部分领域的研究至今仍欠缺。视野、理论和方法进一步拓展、深化是推进红色文化遗产研究的关键问题。

[10] 庞倩华.非遗保护视角下红色文化产品的创新与开发——以郑州二七纪念馆为例 [J].遗产与保护研究，2019，4（20）：83-85.

[11] 郭晓莉.新媒体视域下革命文物的传播策略及发展研究 [J].文物世界，2020（6）：74-76.

[12] 任伟.基于国际文化遗产展示与阐释理论对上海红色遗址遗迹展示与阐释现状的思考 [J].建筑与文化，2020.（12）：12-19.

[13] 曹东辉.中央苏区红色文化遗产数字化保护平台的设计与实现 [J].赣南师范学院学报，2015：74-77.

三、红色文化遗产的保护利用现状

红色遗产中的革命文物（遗址遗迹类）的保存现状总体较好。国保、省保的保存状况明显优于市县保及一般不可移动文物。国有产权的文物保存状况明显优于私有产权的文物。其中，在本体保护方面，低级别文物保护不到位。红军标语、战场遗址等非建筑类文物保护不到位。会址、旧居等建筑类文物对历史信息的保护不到位，导致在修缮过程中历史信息的湮灭。部分文物存在消防安全隐患。在环境保护方面，对历史环境的重视程度不够，导致在基础设施建设、环境整治、周边开发建设过程中对历史环境的破坏。部分环境存在脏乱差问题。总体上，文化价值高、影响大的核心资源都得到了重视，保护利用措施到位，并与红色文化旅游相结合，带动了地区整体发展。

红色文化遗产资源富集广泛，除了列级保护的革命文物建筑外，整体而言红色文化遗产的利用呈现明显的破碎化、低效化、无方向的特点。主要表现在以下几个方面：

（一）发展方向不明：特色、主题、定位

红色文化遗产缺乏城市、区域层面的整体思考。各地缺乏明确的发展定位和特色主题，对当地的遗产资源分布情况、资源特色未梳理清楚，缺乏红色资源综合利用与区域发展战略规划。对国家相关政策缺乏解读，没有明晰的特色和方向，定位不清，历史线索未挖掘。政府仅对个别价值高的红色遗产资源进行重点展示保护，却忽视了遗产的系统性保护，各遗产点之间并未形成联动，未能发挥红色文化遗产的集群效应。

当代红色文化影响力有限，品牌效应不高。当代红色文化遗产的定位与功能出现偏旅游、重经济、各自为战的现象。红色文化旅游的政策依赖性高。当代红色文化旅游开发一般依靠宏观政策的推动和各级政府的支持，缺乏市场机制运作，急功近利，盲目建设，硬件设施趋同，政府效力一旦撤离，红色旅游难以维系，缺乏内生力量。

（二）缺乏整合思路：单点、分散、偏远

红色遗产具有很强的分散性，大多分散在边远贫困的农村地区，呈现小、散、偏的特点。保护方式基本属于单点保护，除了典型、重要的革命旧址，如遵义会议会址、西柏坡等革命旧址的保护利用具有突出效果之外，大量散落在乡村地区的红色文化遗产的保护较为滞后，资源灭失现象严重。某些区域各种类型的红色文化资源点在空间上的分布特征与时代事件存在密切关系，显示出城区与乡村协同作战、明战与暗战结合的红色历史，但各个遗产之间的联系度较差，遗产点的开发多由各管辖政府自主规划主导，封闭、单点、碎片式保护模式成为提升保护发展绩效的主要瓶颈，在价值利用中缺乏有效整合和线性联动。

（三）活化利用困难：闲置、滥用、单一

红色文化遗产的红色内涵挖掘不足、利用方式单一。一方面，不少原有的开发项目闲置、破坏、滥用的现象不同程度地存在着，造成开发利用率低下，很多文物保护建筑虽然在保护体制下修缮好了，却一直没

有好的利用方式，长期处于闲置中；另一方面，大量的革命旧址未得到开发，整合力度不够，没有形成基地集群，品牌效应不够明显。还有不少资源长期处于无人管理，甚至是无人知晓的状态。地方上的文物保护经费几乎全部来自财政拨款，经费非常有限，限制了文物保护和利用领域的大胆创新。在挖掘地方特色资源内涵、文创产品和书籍刊物出版上开发利用不足，方式单一。而有些文物保护单位虽然花钱花力气建造了文化遗址公园，但是由于没有好的运营，使得文化公园也少有人游览，毫无生机，浪费了大量的建设资源。

（四）价值转化低效：引力、参与、影响

红色文化遗产大多数以抗战遗址纪念馆、名人故居纪念馆、组织机构旧址纪念馆等形式存在，开发利用方式主要以场景复原展示、博物馆陈列展示为主，针对的游览方式以集体参观为主，展示利用模式、功能过于单一。现有的红色文化展览和纪念设施利用层次不高，形式单一，参与性较弱，缺乏影响力和吸引力。目标人群过窄，也缺少相关的文化产业。展示内容重复度高，特点不突出，甚至存在一些表述内容互相冲突的现象。部分文物的展示内容陈旧，展示方式落后。相对偏远或规模较小的文物点，特别是战场遗址、交通设施、红军标语等的展示利用，缺乏与当地自然文化资源相结合，无法全面展现革命遗址的历史地理背景，限制了对地方经济社会发展的贡献。地方

上无相关支持政策，不了解资金渠道以及未利用好政策，也是红色文化遗产价值低效转化的主要原因。

由于利用途径单一造成了部分文物资源长期闲置，没有得到利用和效益转化，降低了文物资源的影响力和吸引力，参观者体验感差。大部分省份采取了以政府为主导的红色文化保护开发模式，在一定程度上彰显了官方资源利用的优势，但在具体的操作实践中，社会群体参与度低，群众反映不强烈，红色文化保护与传承的群众基础薄弱。

四、红色文化遗产资源的整合与利用

（一）加强价值挖掘，夯实研究基础

首先要加强对各种类型红色遗产的深入研究和价值挖掘。不仅要研究红色遗产产生形成的历史、承载的感人事迹，还要研究、揭示、提炼这些红色遗产背后所蕴含的深层价值、意义、方法和启示。加强对红色史迹的研究阐释工作，在历史溯源和现实追问中挖掘这些精神资源的历史与现实价值，拓展和延伸其承载的丰富而深刻的遗产价值。研究不能局限在以地方志为主的文史资料记载中，也不能仅靠档案局、党史办等相关单位的研究者，应和高校历史系合作，以"口述史"为新的研究突破口，走访革命前辈、烈士遗属、专家学者、民间收藏人士等，挖掘和征集红色文物史料。针对一些重大革命事件的参与者、亲历者、幸存者和

见证者，要及早做好采访、口述资料、视屏等征集、整理、备份工作。在深入学术研究的基础上，梳理出地方红色文化的特色与深度。

（二）找准特色定位，联动整合保护

对于一个区域或者一座城市来讲，红色遗产就是自己的品牌和个性，就是财富，就是其创造与建设现代特色的基础。"新时代党和国家事业的发展，迫切需要加强革命文物资源整合、统筹规划和整体保护，发挥革命文物服务和推动发展的独特作用；提倡革命文物保护利用与脱贫攻坚、乡村振兴、旅游发展、经济社会发展相结合；鼓励文物博物馆机构、高等学校、科研机构开展革命文物保护利用研究，实施革命文物集中连片保护利用工程、长征文化线路整体保护工程等。"[14] 各地都要立足全局宏观视野、公共政策思维，根据自身红色遗产禀赋，因地制宜，多措并举，通过党委引领、政府倡导与舆论宣传等方式，精心打造地域红色遗产品牌。结合地方资源和市场条件，通过策划、规划和精细设计，实现文化产业植入、区域功能更新、环境品质提升、地标亮点打造，为遗产注入活力，使之成为城市最具吸引力和发展带动力的部分，实现地方推进治理能力现代化。

加强红色资源联动整合。单体的历史文化资源点必须进行整合，才能获得较大的效应。打破单体遗产的简单利用和重复开发的旧思路，对整个区域红色文化遗产资源和周边地区的资源进行资源整合，串点成线，形成一个有系统有规划的集群，从而形成红色文化的合力，才能更好地对外传播。与城市总体发展相结合，将红色资源与地区发展功能及山水特色资源、历史文化资源进行整合，通过城市公共空间的组织和文化线路的串联，力求使红色旅游线路成为综合型、复合型的旅游产品，将发展本地旅游与乡村振兴、基础设施建设相结合，整体提升地区发展特色。

加强区域联动。深化与历史相似、地缘相近的周边城市合作，实现资源共享，客源互通。在红色史迹的利用上形成整体效应，空间结构进一步优化。避免红色旅游景点的简单叠加，让红色文化"活"起来。

（三）提升保护力度，拓展传承思路

针对革命史迹类的红色遗产，需要完善不同层次的保护体系。依据革命文物历史档案资料及保存现状，深刻挖掘其典型价值，形成"国保—省保—市县保"的完整层级保护体系。在具体工作中切实把"保护"放在突出地位，坚持科学保护与合理开发并重的原则。尊重历史、科学修复。严格遵循尊重历史原貌、修旧如旧、慎重重建的原则。特别是在开发中修建旅游配套设施时，必须保护红色遗产的原貌，防止"以假充真"[15]"修旧如新"等情况的出现。加强对红色史迹周边环境整治提升，对

---

[14] 中共中央办公厅、国务院办公厅，《关于实施革命文物保护利用工程（2018-2022年）的意见》，2018年。

[15] "以假充真"指的是在没有史料依据的情况下，肆意捏造修建革命景点，盲目重建或任意翻新，改变红色文化遗产的真实性环境。

周边环境中与红色文化不相协调的经营活动进行清理，逐步恢复红色史迹周边固有的历史环境风貌。

活化利用是红色史迹保护的重要内容，应根据古迹的价值、特征、保存状况、环境条件，综合考虑研究、展示，延续原有功能，或赋予文物古迹适宜的当代功能等各种利用方式。利用应强调公益性和可持续性。依据不同类型的红色文化遗产提出不同发展对策，丰富其功能和活力，改变仅红色旅游"一枝独秀"的状况。挖掘革命类文物更多的潜在价值，创新思维和方法。开发大量尚未开发的革命旧址，增添新内容、开辟新阵地。

拓展红色文化传承的方式、方法。依托红色文化资源对城市公共形象进行提升，结合街道、公园、广场等开敞空间的环境品质提升，整合周边城市公共空间，形成红色文化体验片区和路径。如上海在黄浦区最繁华路段的围墙上，将红色文化与城市公共文化对接，以"党的摇篮、光荣城市"为主题，通过油画、历史老照片、红色景点打造"红色记忆墙"，讲述上海在党的创建史上的诸多"第一"。[16]

（四）智能辅助保护，创新传播方式

红色文化面对新的话语语境与传播方式，迫切需要转型和创新。通过新技术保护、修复、传播红色文化，更好地展示和利用革命文物，真正让文物"活起来"。目前很多地方开始运用数字化保护手段并获得实质性好评，如借助相关智能技术，及时测试雨水中有害物质的含量，保护革命旧址建筑的墙体，提高建筑本体保护成效；依托三维激光扫描仪、正射投影、多光谱相机等测绘技术，对重要的红色建筑遗产进行测绘，将测绘的结果与3D建模、建筑信息模型相结合，建立完善的红色文化遗产信息库；运用现代科技手段，进行四维全景式、立体式、延伸式智能型的展示；运用虚拟现实、增强现实等智能化体验性程序，在一定程度上增强革命建筑及其承载信息的吸引力和感染力。[17]

借助人工智能三维可视化等先进的技术手段，探索革命文化与互联网科技深度融合的新方式。大数据可视化呈现；革命文化互动化传播；5G+AR云技术支撑下的现场沉浸化体验；运用5G+VR、AR等人工智能技术重现人民在革命时期的浴血奋战的历史事件，实现革命文物数据可视化，数据分类图形化展示，并结合APP实现目的地导航、景区导览。红色研学+5G互动直播，将研学教育与互联网充分结合，发挥联通优势，通过5G平台在主流媒体上推出互动直播。APP+AR数字再现，依托5G技术，实现快速高清影像传输，支撑遗产地现场AR体验；IA游记助力革命文化传播推广。通过大数据平台以及信息化的方式，清晰整合革命历史信息，有助于提升红色文化遗产展示

[16]王元.红色文化遗产的协同发展研究——以上海市为例[J].井冈山大学学报（社会科学版），2017（38），NO.2：11-17.

[17]潘明娟.陕西革命建筑保护开发现状与策略建议[J].新西部，2020（Z3）：103-110.

与阐释水平，整合并构建红色文化传承与发扬的完整体系，进一步提升传播效果。

求红色遗产的突破和发展，推动红色文化资源保护利用走向更高的发展阶段，对树立中华民族自豪感、凝聚民族力量、守护精神高地起到极大的促进作用。保护好、研究好、利用好红色文化遗产，充分激发红色文化遗产的带动作用，加强红色遗产保护与城乡共享融合发展，才能巩固和建设社会主义思想文化阵地，传承红色基因。

五、结语

红色遗产保护传承是一项关系民生、政治与文化的20世纪遗产的文化工程。在新时代新发展的背景下，如何挖掘红色遗产资源，寻

李海霞，清华大学建筑学院建筑历史与理论专业博士，高级工程师，主要从事建筑遗产的研究与保护。美国加州大学伯克利分校，东亚研究中心访问学者；昆明理工大学校外硕士导师；2014年在清华大学城乡规划流动站从事博士后工作，研究方向为历史名城保护。近年来投身立足于文化遗产保护实践领域，现就职于北方工业大学建筑与艺术学院。

参考文献：

1 夏颖.革命类文物保护的发展探索[J].文物鉴定与鉴赏，2020（2）:110-111.

2 黄滢.红色历史遗迹的保护和开发刍议——以广州市为例[J].世纪桥，2018（12）：75-76.

3 刘建平，韩燕平.红色文化遗产相关概念辨析[J].宁波职业技术学院学报，2006（4）：64-66.

4 吴海洋.皖南革命文物保护与利用基本策略研究[J].山西建筑，2020（12）：189-190.

5 魏子元.红色文化遗产的相关概念与类型[J].中国文物科学研究，2020（1）：12-16.

6 陆卫.广西革命文物保护路径与建议[J].文物天地，2020（3）：47-51.

7 张莉平.甘肃红色文化遗产的保护与旅游开发研究[J].生产力研究，2018.（12）：94-96.

8 赵玉奇，谢雨岑.贵州红色文化遗产保护利用现状及研究进展[J].教育文化论坛，2019（5）：40-43.

9 刘建军.河北省域红色遗产的传承、保护和利用研究[J].领导之友，2016，2（213）：67-71.

10 庞倩华.非遗保护视角下红色文化产品的创新与开发——以郑州二七纪念馆为例[J].遗产与保护研究，2019，4（20）：83-85.

11 郭晓莉.新媒体视域下革命文物的传播策略及发展研究[J].文物世界，2020（6）：74-76.

12 任伟.基于国际文化遗产展示与阐释理论对上海红色遗址遗迹展示与阐释现状的思考［J］.建筑与文化，2020（12）12-19.

13 曹东辉.中央苏区红色文化遗产数字化保护平台的设计与实现［J］.赣南师范学院学报，2015：74-77.

14 王元.红色文化遗产的协同发展研究——以上海市为例［J］.井冈山大学学报（社会科学版），2017（38），NO.2：11-17.

15 潘明娟.陕西革命建筑保护开发现状与策略建议［J］.新西部，2020（Z3）：103-110.

16 刘晶.上海、广州、赣州红色革命遗址资源利用的经验启示［J］.贵阳市委党校学报，2019（6）：51-54.

第九讲：
20 世纪经典建筑的结构技术分析

永昕群

　　20世纪建筑遗产应是在20世纪这一百年内建成的，且距今已具有一定时间（如英国有一个"三十年标准"），经历史积淀、已完成遗产化历程的建筑。工业革命的成果在19世纪后期导致对大量新建筑物和新建筑形式的需求。正是在这一时期开始了制造业的现代化，发明了汽车和飞机，第三产业以及公共事业如（教育、医疗等）大幅增长，催生出大量全新的建筑功能，包括作为解决社会问题对策的大量住宅、各种工业建筑以及其他新兴类型建筑，如大型火车站、飞机场、体育场馆、医院等。与之相适应，19世纪开始的折中主义建筑在20世纪初期盛极一时，同时孕育出20世纪全新的以现代主义为代表的跨越地理、文化、种族的建筑理念与形式风格，凝结了物质及精神上的巨大财富。无论是折中主义、现代主义，还是两者之间的各种过渡风格，这些建筑经典传承于今，构成了20世纪建筑遗产。而这一时期里大部分科学与技术的进步成果主要通过建筑结构的创新，达成对建筑物自由形体的表达，以及对建筑高度、跨度和建造速度更高、更大、更快的不断追求。可以说，正是现代结构托举起了20世纪建筑遗产，不但在实体层面上，也在美学层面上。例如，柯布西耶提出的现代建筑五点（简言之，为底层架空，屋顶花园，自由平面与立面，水平连续长窗），集中展现于萨伏伊别墅。而这样小规模的建筑尚全需依赖于新结构钢筋混凝土框架而达成，更遑论20世纪动辄数百米高的巨厦、上百米跨的屋盖，以及其他宏伟的交通、水利及工业设施。

一、现代结构托举起20世纪建筑遗产

仅以狭义的"建筑"遗产为例：芝加哥是现代高层建筑的发源地，建成于1904年的卡森百货公司大楼，由芝加哥学派中坚沙利文（Louis H.Sullivan）设计，采用钢框架结构体系，并且由建筑设计在立面清晰表现结构框架，创造了20世纪全新的建筑审美，这座12层高街角大厦的风格样式与其结构形式早已遍及世界各地。折中主义的纽约帝国大厦高381米，共102层，采用钢框架及剪力墙结构，竣工于1931年4月，是保持世界最高建筑地位最久的摩天大楼（1931~1972年共42年），也是各国高层建筑追踪的标程。1952年建成的利华大厦（Lever House）是世界上第一座全玻璃幕墙高层建筑（由SOM的戈登·本舍夫特设计），共24层。密斯·范·德·罗在1920年设想的玻璃摩天大楼方案得到实现，并广泛传布于世界各地，成为20世纪最具代表性的建筑符号。芝加哥西尔斯大厦（现称威利斯大厦）总高442米，1974年建成，至1998年是世界最高建筑，采取钢结构束筒体系，九宫格的筒体分别达到不同高度。

现浇混凝土结构中，名声籍甚的如1936年建成的流水别墅，那凌空于熊跑溪之上的钢筋混凝土大悬挑楼面，甚至建筑师赖特要亲自站立于其下，以坚定拆模板工人的安全信心。钢筋混凝土梁板体系的早期代表是1925年建成的意大利都灵的菲亚特汽车工厂（当时欧洲实际尺度和生产能力最大的工厂）以其未来主义的特色鲜明的屋顶试车道闻名。而1931年完

芝加哥卡森百货楼

纽约利华大厦

芝加哥威利斯大厦

成的鹿特丹的凡尼尔工厂则代表了（钢筋混凝土）板柱结构体系（无梁楼板）的水平。二战之后，探索混凝土雕塑性及其表面质感的设计与混凝土结构技术结合一，时成为风尚，著名作品如1955年落成的柯布西耶的朗香教堂，以及1962年建成的由小沙里宁设计的纽约肯尼迪机场TWA航站楼。奈尔维设计的罗马小体育宫（1957年完成）采用钢筋混凝土网状扁球壳结构，装配式整体叠合施工，是建筑艺术与结构技术完美结合的典范。芝加哥的马里纳城于1964年竣工，是当时世界上最高的住宅项目，采用预制钢筋混凝土结构技术。二战后，预制装配建造在欧洲、苏联、美国及中国都积极推广，早期的例子如1947年法国勒阿弗尔的城市重建，由佩雷主持，全市建筑用6.21米模数，工程标准化预制化，短时间内同时开展，其已被列入世界遗产名录。19世纪末已推广的钢结构大桥在新世纪继续开创奇迹，而钢筋混凝土拱桥则是20世纪的专美，1930年建成的由工程师罗伯特·马亚尔（R.Maillart）设计的瑞士萨尔基那山谷桥（Salginatobel）结构简洁线条优美，被赞为20世纪最美丽的桥梁。

20世纪建筑遗产的结构形式主要可分为以下几大类：一是钢结构，兴起于19世纪晚期，广泛用于各种类型建筑，尤其是超高层与大跨度结构，是20世纪建筑结构的先声与主流之一；二是钢筋混凝土结构，广泛用于多层与高层结构及单层厂房，是20世纪大放异彩的新结构，占据主流；三是应用于大量单层和多层建筑的，基于传统砌体技术与现代混凝土梁板结合的砖混结构。其他类型，如索、膜可列入钢

意大利都灵菲亚特汽车工厂内景

芝加哥马里纳城

结构，薄壳可列入钢筋混凝土结构，另外还有少量的层压木结构。由于历史进程落后，对于中国的20世纪建筑遗产而言，主要结构类型还需加上更为传统的西式砖木结构。在鉴赏20世纪建筑遗产时，那些现在广泛使用的建筑结构可能看似平淡无奇，但其发生、发展的历程承载着一个世纪的科技与生产力的进步和社会变迁的历史，稍做探研，对遗产的理解，对价值的认识可能就会更加丰富。

二、中国 20 世纪建筑遗产结构体系的嬗变

近代以来，由于中国社会发展相对滞后，各地发展又极不平衡，共时性与历时性的内在矛盾使得中国现代建筑遗产呈现出特别的复杂性。一个显著的特点是西方砖木结构在20世纪初期的中国还是作为先进的结构类型推广开来，钢结构、钢筋混凝土结构，包括高层结构技术也很快纷至沓来，平稳发展几千年的中国建筑，在建筑材料与结构上，几十年内经历了一个断裂、弥合与开新历程。以典型的纪念性建筑陵墓为例：光绪皇帝与隆裕太后合葬的崇陵于1915年建成，是纯粹的中国古建筑木结构与砖石结构；袁世凯的陵寝袁陵建于1916~1918年，殿宇承袭传统建筑规制，墓冢又参照西洋建筑形式采用钢筋混凝土结构，属于传统营造与现代建筑结合；中山陵建于1926~1929年，外观为传统风格，但全部采用现代钢筋混凝土建筑结构。

中国传统建筑的主体是木构梁柱体系，建房要"四梁八柱"，墙体的主要功能是围合空间，而非承重（普通民居中硬山搁檩式的砖墙承重建筑大体上自清代中期才逐渐发展，终非主流）。1840年鸦片战争以来，西方建筑随坚船利炮进入中国，最先为中国人所熟悉的是外廊式的砖木建筑：砖墙承重，采用木楼板及三角木屋架，这形成了最初的洋房概念。随着沿海通商口岸、租界地，渐至北京与内地商埠的民房、教堂、学校的广泛建设，以及工厂、铁路和站房等的兴建，到19世纪末，以西方建筑为代表的现代化建筑已经比较广泛地在中国传播；同时，以"样式雷"宫廷大工为代表的中国传统营造体系在现代化新兴建筑类型的冲击下已经式微，出现了断裂。但是，数千年的营造传统影响犹在，新旧结构之间的弥合经常既展现于同一座建筑之中，也展现在一组建筑群之内。20世纪初期燕京大学等建筑的结构就展现了这种徘徊与犹疑。又如北京中山公园内1915年建成的传统风格的来今雨轩，采用红砖砌筑墙体承重，明间两缝用无内柱的中国风的西式三角屋架，次间两缝则采用带后金柱的中

来今雨轩正立面

来今雨轩内景梁架

贵州江界河桥

邮票上的长春第一汽车制造厂厂房（"156项工程"
之一，1956年建成）

国传统抬梁式屋架，山墙为硬山搁檩。

直到20世纪30年代，全新的建筑结构才大体上占据建筑业主流，开启了新天地，标志性的高层建筑以钢结构为主，一般性建筑大多数是砖混结构，多层或高层重要建筑使用钢筋混凝土框架结构。后面将分别以北京与上海为例，描述20世纪初期到1949年新中国成立之前中国主要城市建筑结构的发展概况。

新中国成立后，中国开启大规模工业化，由于混凝土结构设计理论的长足进步，并且受限于我国钢材的严重不足（1957年中国钢产量535万吨，同期美国超1亿吨，直到1996年中国钢产量才刚刚超过1亿吨），一直到改革开放20年后的20世纪末，钢结构的应用还局限于大跨屋顶以及少量超高建筑。绝大部分厂房、公建，包括一般的高层建筑都采用钢筋混凝土结构。多层住宅则是砖混结构的天下。砖木结构在20世纪50年代工业化时期使用较多，之后急剧减少。20世纪70年代末改革开放之后，中国的城市化突飞猛进，成为全球最大的工地，建成了一大批具有世界范围标杆性的建筑结构，而这其中的部分建筑因此具备了遗产化的潜质。桥梁主要以其结构的出类拔萃而作为建筑遗产留存，如1937年建成的钱塘江大桥，1957年建成的武汉长江大桥及1968年建成的南京长江大桥都采用连续钢桁架，后两者是双层的公铁两用桥。新中国成立后，国内建设的大量钢筋混凝土公路拱桥很有特色，结构之美与桥梁功能、自然环境紧密结合。1995年建成的贵州江界河桥跨度为330米，桥面至最低水面263米，预制构件拼装，是我国首创的一种新型桥——桁式组合拱桥。20世纪工业遗产包括1949年之前的京张铁路、汉冶萍矿冶遗址、中兴煤矿等，以及第一个五年计划时期苏联援建的"156项工程"。随后的快速全面工业化建设，60年代的"三线建设"等，都是中国20世纪建筑遗产的重要组成部分，包含着众多现代结构暨土木工程技术的运用案例。自2017年起，工信部已公布五批197处获得认定的国家工业遗产名单，此处不再赘述。

清陆军部主楼外观

三、断裂、移植与弥合：20 世纪初北京建筑对现代结构的适应性接受

承袭19世纪晚期的成果，进入20世纪初，中国建筑结构体系的嬗变渐次完成。当然，由于各地现代化进程差距很大，上海、广州、天津、青岛、武汉、哈尔滨、沈阳等口岸或中心城市发展较快，内地城市则瞠乎其后。北京虽然在建筑技术总体上落后于上海等地，但由于是北洋时期的首都所在，仍具有相当吸引力，在此五朝宫阙传统营建氛围浓厚之地，在接受现代建筑结构的过程中，展示出具有广泛代表性的适应性特点：从外力作用下营造传统的断裂，不得已的移植与试探性的弥合，归结到与现代建筑结构同步发展。

首先经历的是营造传统的断裂与结构体系的移植。1906年3月（清光绪三十二年），在"新政"的浪潮下，清廷拆除和亲王府和承公府，兴建西洋式建筑群——陆军部衙署，由陆军部军需司营造科沈琪（1893年毕业于北

陆军部主楼大跨度桁架楼板做法

洋武备学堂）负责设计监造。工程于1907年8月竣工，主楼二层，外纵墙承重为主，三角木屋架并设钢筋拉杆，大厅跨度10.9米的楼板下设木桁架，并采用张弦式圆钢增强拉力。这是第一座由确知名姓的且是中国学堂培养的中国建筑师自行设计，由本土工匠自主建造的中国第一座西式建筑群，体现了营造传统的断裂，完全是对西方砖木结构的移植。1909年3月，紧邻陆军部东侧的陆军贵胄学堂新址（南楼）竣工，总体外观及结构与陆军部相似。在此之后，1911年建成的大理院（砖墙承重，三角屋架、楼面使用钢梁），直到1918年建成的北京

大学红楼（地下一层，地上四层），仍是类似的砖木结构体系（北大红楼为纵墙承重，木搁栅楼板，三角木屋架）。可见，由于社会发展的不同步，20世纪在中国首先引进并广泛推广的砖木结构技术其实是西方的传统结构，而非其同时代的先进结构。清朝覆亡前设计而未建成的德国文艺复兴式的资政院大厦（德国建筑师罗克格设计），采用砖墙承重，钢结构穹顶，也是移植典型的西方传统结构。

与此同时，现代与传统结构的弥合也在诸多建筑中展开。20世纪初以来，钢筋混凝土结构的使用逐渐广泛，这在西方也是一种全新的结构。在中国对其引进的早期，还存在现代混凝土梁柱结构、墙体承重结构、西式木屋架与传统梁架体系的混用，燕京大学教学楼是一典型案例。1920年，该建筑群由以推动"中国建筑文艺复兴"著称的美国建筑师亨利·K.墨菲主持设计。以俄文楼为例，其原名适楼，又称圣人楼（Sage Hall），原是燕京大学女校的主要教学办公建筑，1924年建成。建筑主体为钢筋混凝土现浇梁、板、柱，混凝土梁柱与砖砌体混合承重，以内、外纵墙承重为主，部分横墙承重为辅。俄文楼屋架的结构处理很有特色，除端部为整榀屋架外，屋顶结构沿纵轴中线两侧布置钢筋混凝土梁柱，类似中国木结构古建筑的抬梁式屋架，并在纵向用钢筋混凝土梁连接成整体。其两侧分别搭设半榀三角形木屋架，另一侧搁置于外纵墙顶部的钢筋混凝土圈梁上的木质梁垫之上。钢筋混凝土屋架有意仿木构，纵向混凝土梁被放置在横梁顶面之上，其节点与一般混凝土梁柱节点做法不同，

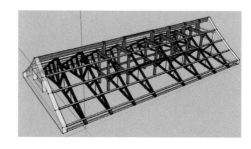

俄文楼屋架结构布局

俄文楼屋架内景

类似于木结构古建筑的枋与梁的关系。钢筋混凝土屋架最上层立承脊檩的"脊瓜柱"，其四角抹角的讲究做法彰显屋架结构，类似"彻上露明造"。

查看北京大学档案馆所藏的加盖纽约上海茂费马起韩林建筑事务所（MURPHY McGILL & HAMLIN ARCHITRCTS）与北京伦葛工程公司（LUND，GERNOW & CO.CONSULTING ENGNIEERS PEIKING）图纸章的"北京燕京女学讲堂"的设计图纸，原屋架设计图为纯正的钢木结构三角形豪式屋架，下弦杆水平，是在施工中改为前述混合式屋架。这种中外古今结构的混搭使用展现了特定转型时期现代结构与传统结构体系的弥合。而这种弥合最终也仅

是一种阶段性的现象，存留在中、西传统共有的砖、木结构层面。

1919年墨菲设计的清华大学礼堂穹顶采用了钢筋混凝土薄壳结构，1931年落成的钢筋混凝土框架结构的北平图书馆（莫律兰设计）与交通银行北京分行（杨廷宝设计），以及1935年落成的砖混结构的北京大学地质馆、女生宿舍（梁思成、林徽因设计）显示，当现代科技引领下的钢结构与钢筋混凝土结构全面铺开之际，中国建筑就自然地转化为追踪与同步了。

这一阶段现代与传统结构的弥合也体现在中外建筑家的交流之中。如在燕京大学建筑群设计施工中，曾负责清朝廷陵寝大工的大木匠师路鉴堂担任木科头目。1917年开工的北京协和医院校舍建设中，建筑师何士（Harry H. Hussey）的方案蓝图中对屋顶具体细部的处理颇为简略。他到北京后在朱启钤帮助下完善了设计，并由朱启钤推荐了两家营造厂，使用的现场施工的劳力"经常维持在 2500 人以上"。何士提道："（朱启钤）向我解释中国屋顶的举折，而我和他分享最新的钢筋混凝土结构知识。"

四、追踪与同步：1949 年前上海建筑的现代结构水平

经清末、民国以来的现代化努力，尤其是在南京政府完成中国形式上的统一后到抗日战争之前的"黄金十年"，前述各大城市及部分地方重要城市建设长足进步，特别是以上海、南京为代表的中国沿海政治与经济中心城市建设活跃繁荣；东北的长春、大连等地在日本殖民掠夺下畸形发展。对全国主要城市而言，现代建筑结构体系可以说已经占据了工业与民用建筑的主流。以上海为例，虽然建筑风格繁杂，从折中的古典主义、装饰艺术、中国传统复兴到纯正的现代主义，竞相争艳，但都建立在现代结构的同步及广泛运用之上。

中国第一座全钢筋混凝土框架结构是1906年建成的上海电话公司大楼，高六层，建筑师为新瑞和洋行，由协泰洋行负责结构计算，外观作竖向三段集仿式划分，新结构与旧形式共存。1933年建成的上海工部局宰牲场曾是远东地区最大的屠宰场，采用现浇钢筋混凝土结构，因工艺要求连续的楼层联络而显示出混凝土的可塑性。1923年，公和洋行设计的汇丰银

上海电话（德律风）公司大楼图

原上海市政府外观

上海工部局宰牲场

天洋洋行

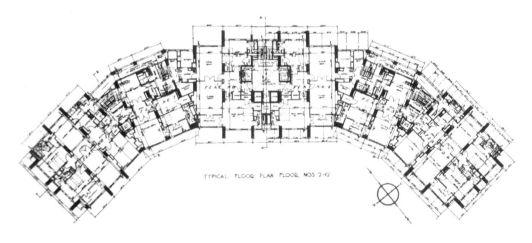

峻岭公寓标准层结构平面图

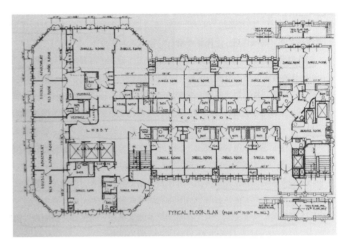

四行储蓄会大厦标准层结构平面图

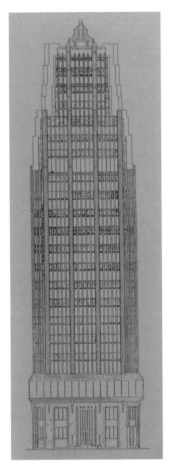

四行储蓄会大厦（今国际饭店）
正立面图

四行储蓄会大厦旧照

上海大新公司

行上海分行落成，采用钢筋混凝土框架主体结构及钢构穹顶，虽然运用最先进的现代结构技术，但外立面却都是按照折中主义的古典风格用石材包裹，现代结构逻辑没能在建筑设计中凸显出来。1935年建成的上海峻岭公寓（公和洋行设计），地上19层，有着介于现代主义与装饰艺术之间的建筑风格，是近代中国最高的钢筋混凝土框架结构公寓建筑，采用钢筋混凝土箱型基础，小柱网，矩形扁柱，近似于剪力墙结构，各交通设备管井均采用钢筋混凝土结构以加强刚度。1933年落成的上海市政府办公大楼在中国宫殿式的宏伟外观之下也是标准的钢筋混凝土框架结构。

1917年，公和洋行（巴马丹拿事务所）设计的天洋洋行落成，是上海第一座采用钢框架结构的建筑，主体六层。1934年，邬达克设计的四行储蓄会大厦（国际饭店）落成，共22层，高达83.8米，保持中国最高建筑记录一直到1968年（是年广州宾馆建成，高86.5米）。此楼采用钢框架结构，钢筋混凝土楼板与外墙，外观完全按照纽约摩天楼样式，采用装饰艺术派（Art Deco）标志性的深褐色面砖及竖线条处理，在一定程度上显示了内在的现代结构逻辑。为解决上海软土地基的沉陷问题，四行储蓄会大厦打下了400根33米长的木桩并采用钢筋混凝土筏基，使其沉降量在同时兴建的上海高层建筑中最小。

1936年，由最有影响力的中国事务所基泰工程司设计的大新公司（今上海第一百货）建成，结构工程师为杨宽麟，地上高10层，采用钢筋混凝土框架结构，因功能需要，柱跨达到7米，并开中国建筑使用自动扶梯之首例。大新公司施工由金福林代表馥记营造厂主持（金福林也代表馥记营造厂主持了国际饭店的施工）。业主同时另聘王毓蕃担任顾问工程师，是重大项目中少有的聘用中国结构工程师的。1935年建成的上海市体育馆采用8榀三铰拱钢门架，跨度达42.7米，是近代中国建筑结构的最大单跨，结构设计师为上海市工务局技正俞楚白。

1937年建成的中国银行大厦（钢框架结构，17层，76米）最初方案为34层，超过100米。可见，上海的高层建筑水准已追上美国的纽约、芝加哥。上海工部局宰牲场的钢筋混凝土结构与同期都灵菲亚特汽车工厂也很接近。可以说，在中国的中心城市上海，建筑结构发展已经与世界先进水平基本同步。但除了施工大部分本地化外，结构设计理论、规范，以及结构工程师、主要建筑材料（如钢材）等，尚大都依赖于发达国家及外籍工程师。

五、开新：1949年新中国成立以来中国建筑结构技术的自主探索

1949年新中国成立后，经过百余年的学习追赶，适逢新中国迅猛工业化及大规模建设的时代背景，到20世纪70年代中晚期，虽然其间国家的经济文化包括建设受到"文化大革命"的严重干扰，但建筑结构领域在材料、规范、设计、施工等方面全方位立足于本土，基本形成了完整的体系，改变了仰仗外人的局

面。受限于当时的经济与科技条件，无论是民族形式还是现代风格，反映到建筑结构选型上，多为受力布局均衡有节制的设计，时代特点鲜明。同时，部分重点工程还对现代建筑结构开展了理论与实践探索。

大跨度公共建筑是结构技术进步的指标之一，这一时期具有代表性的钢结构有 1954 年建成的重庆人民大礼堂（建筑师张嘉德设计）具有宫殿式的外观，内部由直径 46.3 米半球形钢网壳承重，其上附加木屋架构成仿天坛式三重檐攒尖圆顶。1959 年国庆十大工程之一的人民大会堂钢结构设计由建筑工程部金属结构室留美归国的李瑞骅负责，包括大会堂 60 米跨度的屋盖，二层宴会厅 48 米跨度的钢结构桁架，大会堂二楼出挑 16.5 米的悬臂看台，全部采用鞍钢国产钢材。北京工人体育馆（北京市建筑设计院设计）建成于 1961 年，直径 96 米，采用车辐式双层悬索结构，屋盖结构包括外环圈梁配筋用钢量共 380 吨。浙江人民体育馆（浙江省建筑设计院，建工部建筑科学研究院张维岳负责结构计算），建成于 1967 年，椭圆形平面，长轴 80 米，短轴 60 米，采用双曲抛物面预应力鞍形索网体系，该结构体系屋盖结构包括外环梁配筋，其耗钢量仅 17.3 千克/平方米。按当时的国力，在确保安全的前提下节省用材，尤其是节约钢材，也是追求技术水平的显著特点之一。我国第一个平板网架是上海师范学院球类房，跨度 31.5 米 × 40.5 米，于 1964 年建成。紧接着首都体育馆（董石麟负责计算）建成于 1968 年，跨度为 99 米 × 112 米，为两向正交斜放网架。该网架在当时中科院计算

重庆人民大礼堂外景

重庆大礼堂穹顶内景

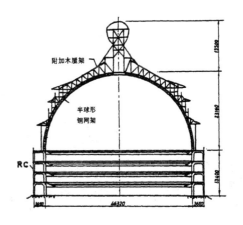

重庆大礼堂穹顶剖面

北京工人体育馆屋架内景

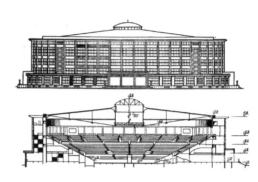

北京工人体育馆立面图及剖面图

浙江人民体育馆屋面索网施工

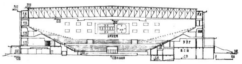

首都体育馆平板网架屋盖施工及剖面图

北京火车站候车大厅外景

同济大学会堂（原饭厅）内景

中心完成了国内网架结构的第一次电算，为当时国内最大跨度，至今仍是最大跨度网架结构之一，用钢指标65千克/平方米。1974年建成的上海万人体育馆（上海市民用建筑设计院设计）采用圆形平面的三向网架，直径110米，采用圆钢管构件和焊接空心球结点，用钢指标47千克/平方米。大跨混凝土结构主要有北京火车站（1959年建成）候车大厅是钢筋混凝土双曲扁壳屋盖结构，其跨度为35米×35米。1962年，同济大学饭厅屋盖为跨度40米的钢筋混凝土联方网架，跨度为同类结构亚洲之最，建筑造型与结构密切结合，与奈尔维小体育宫有异曲同工之妙。

预制钢筋混凝土结构体系的高效率前景在工业化初期的中国很受重视。中国建筑积极学习苏联经验，并在20世纪70年代经历了繁荣时期。1958~1959年，北京首次采用预制装配钢筋混凝土框架—剪力墙体系建成民族饭店（12层）、民航大楼（15层）等。1973年建国门外外交公寓建成，双矩形错叠平面方案，采用装配整体式框架，以现浇钢筋混凝土电梯间作为剪力筒和四片钢筋混凝土剪力墙共同抗震。预制钢筋混凝土迭合梁、柱及抗震墙板，现浇节点；双向预应力大型楼板以及悬挂式的预制外墙板。1976~1978年，崇文门、前门和宣武门（前三门）全长5千米的街道两边盖起了34栋住宅楼，有板式、塔式，一般10~12层，少数为14~16层，是1949年后兴建的第一批高层住宅楼群。其内墙为大模板现浇钢筋混凝土，厚16厘米，预制混凝土外墙板。

由于经济和技术的原因，20世纪中国的

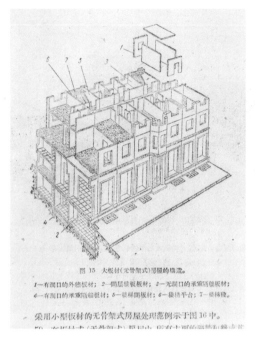

图15 大板材（无骨架式）房屋的构造。
1—有洞口的外墙板材；2—间层楼板板材；3—无洞口的承重隔墙板材；4—有洞口的承重隔墙板材；5—楼梯间板材；6—楼梯平台；7—楼梯段。

采用小型板材的无骨架式房屋处理范例示于图16中。

苏联大板材（无骨架式）房屋的构造

高层建筑主要以钢筋混凝土结构为主，20世纪80年代前我国没有兴建一幢高层钢结构建筑。1952年北京和平宾馆落成（其建筑师为杨廷宝，结构工程师为杨宽麟），因工期紧张，采取一字型方盒子的体型，是一幢简约标准的现代钢筋混凝土框架结构8层建筑，丰俭适中，空间顺畅，契合国家经济发展水平。可惜此后多年间建筑设计指针在民族形式与反浪费之间摇摆，此水准佳作难觅。广州在1918年前就建成了12层的钢筋混凝土框架结构——大新公司，具备现代结构设计施工基础。20世纪50年代之后，由于当地相对宽松的政策氛围以及作为国家外贸窗口的需要，广州建筑代表了当时国内的水准。1968年建成的高88米（27层）剪力墙结构的广州

自崇文门路口向西拍摄的刚刚建成不久的前三门住宅区

广州宾馆

宾馆是20世纪60年代我国最高的建筑，超过了上海国际饭店。1977年，广州白云宾馆建成。是20世纪70年代我国最高的建筑。该建筑采用现浇剪力墙结构，33层，高112米。1978年开启改革开放，1980年成立深圳等经济特区，极大焕发了中国社会的活力，各项建设日新月异。广州白天鹅宾馆是1979年初引进外资兴建的现代化宾馆，1983年建成。建筑物总高为90.35米，主楼选用梭形建筑平面，现浇剪力墙和大板楼盖的结构方案；基础采用钢筋混凝土防渗墙，冲孔桩和整片钢筋混凝土底板相联结的方案。白天鹅宾馆功能完善，建筑优雅得体，结构与之配合紧密且安全得当。由于其艺术价值、科学价值，以及作为改革开放标志的突出历史价值，白天鹅宾馆于2010年被认定为登记文物，2016年入选首批中国20世纪建筑遗产名录，是迄今为止最快具有文物身份的20世纪建筑。

同样，在改革开放的最前沿，1985年建成深圳国际贸易中心大厦，方形塔楼主体高53层（地下3层）160米，采用现浇钢筋混凝土结构，铝合金玻璃幕墙。塔楼外筒结构每边由6根排列较密的矩形截面柱子与每层的矩形截面裙梁联结。同时，结合建筑立面造型的需要，在外筒四角布置了刚度很大的"L"型角柱，以及外筒顶部布置了高达6.9米的圈梁，这两部分实际上构成了外筒结构的强大边框，提高了结构的抗侧移刚度。塔楼内筒结构的墙体布置形成17.3米×19.1米的矩形井格式筒体。塔楼内、外筒之间采用整浇宽梁、连续板楼面，这些水平构件作为隔板将内、外筒组合成整

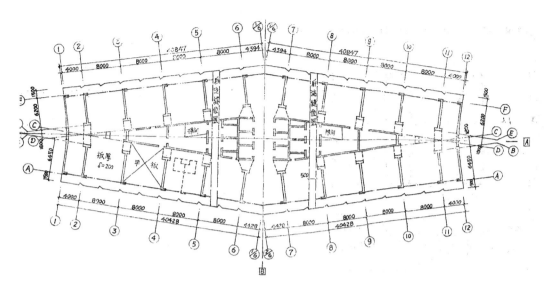

白天鹅宾馆标准层结构平面图

广州白云宾馆

深圳国贸大厦封顶中

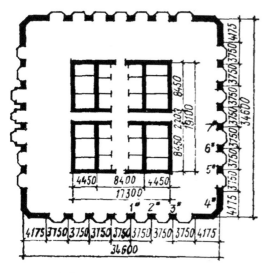

深圳国贸中心塔楼标准层结构平面图

香港中银大厦

体，构成典型的筒中筒结构体系。大厦由湖北工业建筑设计院黄耀莘等进行结构设计，中建三局一公司采用滑模施工，最快达到三天一个结构层的速度，远超当时国内一般施工水平，居世界领先地位，被举国誉为"深圳速度"。1989年建成的香港中国银行大厦（贝聿铭建筑设计），地上70层，楼高315米，建成时是全亚洲最高的建筑物，也是美国以外最高的摩天大楼。该建筑采用巨型桁架及束筒的钢结构体系，完美解决了结构安全问题，更创造出"节节高升"的美好意向，所耗用的钢材也几乎比相应高度的一般钢结构节省一半左右，是对首个采用巨型桁架结构的芝加哥约翰·汉考克大厦（1969年建成，地上100层）与首个束筒结构希尔斯大厦多年后的知音回响。

六、结论

清末民初，虽然建筑学专业与土木工程专业在中国现代教育章程中同时出现，但土木工程科系的出现比建筑科系超前30余年，北洋大学1895年始办时就设立了土木科，而建筑系要等到1927年才在"国立第四中山大学"开办。相应地，土木工程办学分布广泛，毕业生众多，很多土木工程学术背景的工程师都承担过建筑设计工作，著名者如沈琪、张瑛绪、华南圭、过养默、杨锡镠、杨宽麟、闫子亨等。同时，建筑学背景的建筑师也颇重视结构设计，如刘敦桢、梁思成先生都曾做过构件的分析计算或与结构专家密切合作。这在相当大的程度上影响了中国 20 世纪建筑遗产的面貌，结构要素的考虑在建筑设计中所占权重较大。

中国在 1949 年前没有自己的结构设计标准规范体系，主要依据欧美标准规范。1949 年新中国成立后启动大规模经济建设，20 世纪 50 年代深受苏联影响，大量翻译苏联结构标准用于工程设计，属于定值的极限状态设计法。1959年，中国建筑科学研究院建成了当时国内一流的大型结构试验室，开始自主组织科研，编制规范。以国标《混凝土结构设计规范》为例，在 20 世纪后半叶，从学仿苏联采用安全系数表达的定值极限状态设计方法的"74 规范"到基于可靠度理论的"89 规范"，自主研发，逐步建立起比较完善的中国建筑结构设计标准与规范体系，有力地支持了建筑结构设计实践。

对 20 世纪建筑遗产的保护，相比传统建筑，通常更突出对设计理念，以及建筑师、初始客户及随后的使用者的理想和哲学这些层面

的保护，功能落伍后的合理利用与整治，在保护中把握这些因素比传统遗产要复杂得多。由于现代建筑广泛使用新材料、新设备与新的施工方法，相关的修复技术具有明显特点，对遗产本体的干预程度可能会较传统建筑更大。但这不代表 20 世纪建筑遗产可以忽略对实体结构的保护。1963 年纽约拆除宏伟的宾夕法尼亚车站（建成于 1910 年）是遗产保护领域重要事件。我国也有拆除业已进入遗产化进程的标志性建筑实施"保护性改造复建"的案例。建筑遗产的主体结构就是遗产价值的自身依托。与日常使用的普通建筑不同，一旦遗产化，被公众认可为文物或遗产，按照常识与逻辑，作为物质遗产的价值就凝结在此"物"上。即便是20 世纪建筑遗产，也不能依靠毁灭其原始主体结构而以全新的复制结构替代，以此来保护其所谓的"精神"实质与"文化"价值。

永昕群，中国文化遗产研究院研究馆员，国家一级注册结构工程师，国家文物局全国重点文物保护工程方案审核专家库成员，主要从事文物建筑保护修缮、规划及遗址保护设施设计的研究，以及中国建筑史与保护史研究。

参考文献：

1 童寯.新建筑与流派 [M]. 北京：中国建筑工业出版社，1984.

2 Chicago Historical Society，The Saint Louis Art Museum. LOUIS SULLIVAN，The Function of Ornament[M]. W.W.Norton & Company. New York &London，1986.

3　[美]Theodore H.Prudon 著 . 永昕群，崔屏译 . 现代建筑保护 [M]. 北京：电子工业出版社，2015.

4　永昕群 . 中国现代建筑遗产定义刍论 [C] //2013 西安建筑遗产保护国际会议论文集，2013:113-116.

5　丁大钧 . 混凝土结构发展新阶段 [J]. 苏州城建环保学院学报，1999（03）:1-16.

6　张复合 . 北京近代建筑史 [M]. 北京：清华大学出版社，2004.

7　马尧 . 清陆军部衙署南楼建筑营造做法研究 [D]. 北方工业大学，2017.

8　中国文化遗产研究院，永昕群 . 北京大学俄文楼修缮工程设计方案 [R]，2016.

9　刘亦师 . 中国近代建筑史概论 [M]. 北京：商务印书馆，2019.

10　刘亦师 . 美国进步主义思想之滥觞与北京协和医学校校园规划及建设新探 [J]. 建筑学报，2020（09）:95-103.

11　伍江 . 上海百年建筑史 1840-1949（第二版）[M]. 上海：同济大学出版社，2008.

12　陈从周，章明 . 上海近代史稿 [M]. 上海：上海三联书店，1998.

13　华霞虹，乔争月，[匈] 齐斐然，[匈] 卢恺琪 . 上海邬达克建筑地图 [M]. 上海：同济大学出版社，2013.

14　钱宗灏等 . 百年回望——上海外滩建筑与景观的历史变迁 [M]. 上海：上海科学技术出版社，2005.

15　于梦涵 . 近代工程学背景建筑师群体研究初探 [D]. 东南大学，2021.

16　李海清，王晓茜 . 建筑技术的再发展，赖德霖，伍江，徐苏斌主编 . 中国近代建筑史（第四卷）：摩登时代——世界现代建筑影响下的中国城市与建筑 [M]. 北京：中国建筑工业出版社，2016.

17　李瑞骅 . 人民大会堂的钢结构设计 [J]. 建筑创作，2014（Z1）:370-371.

18　王俊，赵基达，蓝天，钱基宏，宋涛 . 大跨度空间结构发展历程与展望 [J]. 建筑科学，2013,29(11):2-10. 沈世钊 . 大跨空间结构的发展——回顾与展望 [J]. 土木工程学报，1998（03）:5-14.

19　蔡绍怀 . 大跨空间结构与民族形式建筑的结合——重庆人民大礼堂穹顶钢网壳设计与施工简介 [C]. 第六届空间结构学术会议论文集，1996:763-768.

20　奥运场馆巡礼——北京工人体育馆 [EB/OL]. 新华社，2008-07-14.

21　北京工人体育馆的设计 [J]. 建筑学报，1961（04）:2-10+38-2.

22　采用鞍形悬索屋盖结构的浙江人民体育馆 [J]. 建筑学报，1974（03）:38-43+30-46.

23　首都体育馆 [J]. 建筑学报，1973（01）:5-13.

24　十六层装配整体式公寓设计 [J]. 建筑技术，1974（Z1）:4-16.

25　前三门大模板高层居住建筑技术经济效果初步分析 [J]. 建筑技术，1979（01）:20-28.

26　[苏]库兹涅佐夫等著 . 丁大钧，林挺泉，甘柽，陈荣钧合译 . 板式及骨架 - 板材式结构的民用房屋设计指南[M]. 上海：科技卫生出版社，1958.

27　【改革开放 40 年专题】当年他对前三门住宅楼的期望影响了整个建筑业 [N]. 北京晨报，2018-11-12.

28 李国强，张洁.我国高层建筑钢结构的发展状况 [C]// 第七届全国结构工程学术会议论文集（第Ⅱ卷），1998:705-710.

29 黄汉炎，朱秉恒，叶富康.广州白天鹅宾馆结构设计 [J]. 工程力学，1985（01）:150-173.

30 广州宾馆 [J]. 建筑学报，1973（02）:18-22.

31 黄耀莘，刘文楚，朱希周.深圳国际贸易中心大厦的结构设计 [J]. 建筑结构学报，1984（05）:6-12.

32 越众历史影像馆、深圳美术馆、艺象满京华美术馆主办的"叩响——首届深圳城市国际影像展"，2018 年 .

33 贝聿铭全集 [M]. 北京：电子工业出版社，2015.

34 宋昆，张晟，赖德霖.中国现代土木工程教育的发展与建筑技术学科的现代化 // 赖德霖，伍江，徐苏斌主编.中国近代建筑史（第二卷）：多元探索——民国早期的现代化及中国筑科学的发展 [M]. 北京：中国建筑工业出版社，2016.

35 赵基达，徐有邻，白生翔，黄小坤，朱爱萍.我国《混凝土结构设计规范》的技术进步与展望 [J]. 建筑科学，2013，29（11）:126-134.

36 方鄂华.多层及高层建筑结构设计 [M]. 北京：地震出版社，1992.

37 邹德侬.中国现代建筑二十讲 [M]. 北京：商务印书馆，2015.

第十讲：
瞬间记录百年的建筑遗产图片表现

李沉   朱有恒

自1839年法国画家达盖尔发明摄影术至今，摄影已经成为人类社会交往活动中的一种重要的表现载体和交流手段。它以"直观、形象的表现手法"促进了人类文明的进步，推动了社会的繁荣发展。人们关注摄影所记录的情节，并影响其未来状况，这也表现出摄影强大的社会推动力。

摄影经过初期的发展探索，成为为绘画服务的工具，这是摄影术发明后的重要应用之一，甚至改变了人们对摄影的评判标准。社会的不断发展，科学技术的不断进步，摄影器材的不断创新、完善，摄影也逐步走进科学研究之中，显微摄影成为医疗技术不可或缺的助手，工业摄影记录工业发展的整个过程，航空摄影被用在航空航天的探索之上，体育摄影成为比赛裁判的得力助手……摄影在不同领域发挥着不同的作用，摄影带给人们以无尽享受和向往。

而随着信息网络技术的飞速发展和不断进步，图片表现成为全新的传播方式，读图时代的出现更让人们通过图片能够在第一时间了解社会最新的状况及变化，感受图片所带来的相关信息，这已成为继文字表现、口头语言之后的第三种语言。它不仅存在于传统的报纸杂志当中，还存在于人们的社交网络、社会交往之中，包括各种形式的广告传播之中。

鸭绿江断桥

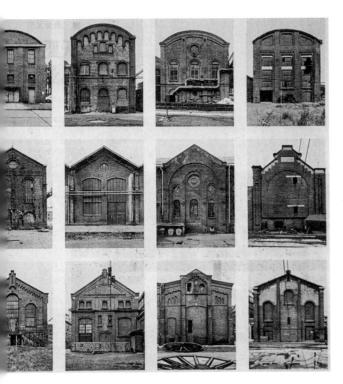

工业建筑外观

义县老火车站

母亲之家

一、摄影术与建筑

摄影术出现后，与建筑产生了密切的关系，同时也是对城市建设、社会发展、技术进步的忠实表现。相对于文字，影像的记载更加直观、真实，令人一目了然。法国摄影家尤金·阿杰特从19世纪末开始，用30年的时间，拍摄了巴黎城市建设、发展以及人文历史的大量照片。美国摄影师沃克·埃文斯在20世纪30年代拍摄了许多美国城市、街道的影像。德国的贝歇夫妇自第二次世界大战结束后，用大画幅相机拍摄德国大工业时代所遗留下来的冷却塔、气炉、住宅、矿井井架等工业设施和建筑……摄影师用相机记录了城市、乡村等多个方面的建设和发展，同时也给我们留下了非常珍贵的历史遗产。

20世纪是人类文明进程中变化最快的时期，伴随着20世纪的发展进步，特别是工业文明的飞速发展，城市建设和建筑业的发展，促使摄影对象有了新的无比广阔的发展空间。相对于文字、绘画等表现形式，影像表现虽是后来者，但其以新颖的形式、真实的再现，成为

过去与当今主流的艺术表现形式，更加赢得人们的关注。

二、摄影与城市历史

1842年，中国出现了第一次表现城市、人文的拍摄活动，然而这次活动仅限于文字记载，现今能够看到表现中国的照片拍摄于1844年。这一年的10月24日，在位于广州黄埔港的法国阿基米德号战舰上签署了中法《黄埔条约》，法国贸易谈判代表于勒·埃及尔拍摄了此次签约的场景。此外，于勒·埃及尔拍摄了广州、珠海、澳门等充满南粤风情的城市、建筑、人文、市井等方面的照片。其中有37幅现在是法国埃松省的法国摄影博物馆的镇馆之宝。这是迄今发现的最早的中国照片，其奠定了中国摄影的基础，成为非常珍贵的遗产。

与其他带来现代文明的外国人一样，用摄影术记录并表现中国建筑的人也是一些来自异国他乡的摄影师。从19世纪末到20世纪初，一些外国摄影师来到中国，西德尼·甘博、威

澳门氹仔口岸

南京中山陵

廉·埃德加·盖洛、青木文教、约翰·詹布鲁恩、喜仁龙、小川一真……他们将照相机的镜头对准中国的普通民众和社会生活，真实记录了中国的宫殿、园林、城墙、建筑以及那个年代特有的日常生活、城市景观，为我们留下了不可多得的历史照片，也使得今天的我们能够了解百年前中国城市、建筑真实的状况和模样。这些珍贵的照片无疑已经成为不可多得的文化遗产。事实证明，摄影图片是历史发展变迁中最有力、最直观、最能够说明问题的证据。

日本摄影师小川一真拍摄的北京故宫，真实记录了昔日皇家宫殿没落年代时的凄惨瞬间，与人们平日所见的华丽气派的皇宫有着天壤之别，将神秘的紫禁城宫殿呈现给世人，其历史文化价值非常难得。美国摄影师约翰·詹布鲁恩在北京"开设照相馆19年，他的作品蜚声海内外，曾用镜头记录下了这期间在北京的几乎所有重大事件"。

建筑照片带给人们的不只是对建筑的记录和记载，更反映了不同时代的历史、文化、环境、经济、技术的发展变化，是一种特殊的延续优秀文化传承的载体。若干年前，照相机还很稀有，再加上建筑专业所限，那时的建筑照片大多由建筑师完成，或委托照相馆的人拍摄。倘若还能有当年的真迹，今日恐已成为博物馆或是档案馆的馆藏级别文物。

之后的几十年中，建筑经历了种种磨难，建设、战争、重建、发展、毁坏、进步、繁荣、重建……甚至面临被毁掉的局面。即便是《文物保护法》已经颁布若干年，种种原因曾经的辉煌远离了人们的视线，那曾经记载了人

青岛圣·米埃尔教堂

们欢笑、痛苦、振奋、呐喊，寄托着人们向往的建筑或在一夜之间，或在极短的时间之内离人们而去。

但这时，反映建筑真实状况的照片还在。

三、摄影与建筑遗产

1972年11月，联合国教科文组织第17届大会在法国巴黎通过了《保护世界文化和自然遗产公约》，先后确定了文化遗产、自然遗产、文化与自然双重遗产（1987年）的三种类型，扩大了历史文化遗产的范围。从此，历史文化遗产保护受到全世界各国政府的普遍关注和重视。

人们最早关注的是中世纪之前的历史建

孙中山临时大总统及国民政府旧址

蒋氏故居

四川大学历史建筑

筑，包括文艺复兴时期的文化遗产的保护。之后，保护对象逐步扩大到20世纪的遗产。国际古迹遗址理事会将20世纪遗产保护作为一项全球战略加以逐步推动。在国际社会的带动下，一些国家也纷纷做出积极反应。20世纪遗产的概念逐步得到人们的关注和重视。

德国的包豪斯学校建筑于1996年入选《世界文化遗产名录》。著名的悉尼歌剧院于2007年入选《世界文化遗产名录》。分布于7个国家的17栋以"勒·柯布西耶现代建筑系列作品"为名，于2016年被纳入世界遗产名录。以20世纪著名建筑师个人系列作品跨国联合申遗，尚属首例。著名建筑师赖特建于美国的八栋建筑，包括流水别墅、古根海姆博物馆等，2019年入选世界文化遗产……越来越多的20世纪建筑遗产得到世界各国越来越多人的瞩目。

中国的20世纪建筑遗产在几十年前就得到了重视，但那时是以保护红色文化为基础开展的全国重点文物保护工作，真正得到重视是近20年的事。2014年，中国文物学会20世纪建筑遗产委员会成立。2016年，第一批中国20世纪建筑遗产名录正式发布。之后，每年都举行中国20世纪建筑遗产推介活动，学术研讨、出版专著、举办展览、实地考察……

在实际工作中，建筑图片在建筑遗产保护与传播中起到了非常重要的作用。

优秀的建筑照片，为人们提供了观察20世纪中国建筑的新视角，照片审视和记录了中国20世纪社会发展进步的文明轨迹，以建筑遗产为载体，发掘并确立中华民族百年艰辛探索的历史坐标，对于理解中国现当代建筑的发展脉

南岳忠烈祠

络，对从城市与建筑视角审视中华民族百年建筑经典的历史价值和文化传承，对鼓舞当代建筑师的创作发展都有非凡意义。同时，建筑照片可以提升业内外对中国20世纪建筑遗产的认知，更具备历史、文化、艺术、科学、人文等视野。人们可以从20世纪的诸多事件中感悟事件与建筑背后的人和事，对20世纪建筑遗产有更加全面的理解。

人民大会堂的雄伟宏大、重庆人民大礼堂的巍峨壮丽、南岳忠烈祠的庄严肃穆、西泠印社的恬静优雅……人们为中国拥有如此优秀的建筑而赞叹、而自豪。

建筑照片可以做到建筑与时代、建筑与文博、建筑与艺术、职业与公众诸方面相结合，还能够使20世纪建筑遗产不仅成为文献档案，更成为集结丰富建筑文化、服务当代城市生活、繁荣建筑创作的符号与标志。

做好中国20世纪建筑遗产的图片收集和展示工作，对唤起人们加强对20世纪建筑遗产的保护意识，传承20世纪建筑遗产的历史文献，与同行交流20世纪建筑遗产的保护措施，利用人们共同关注的相关话题，搭建起保护建筑遗产的交流平台，更具有重要的现实价值。

四、摄影与 20 世纪遗产

要拍出真正能够使建筑遗产得以传承的摄影作品，需要为之努力付出。著名摄影师安塞尔·亚当斯曾说："我们不是用相机在拍照，我们带到摄影中去的是曾经读过的书，看过的电影，听过的音乐，走过的路，爱过的人。"

建筑遗产摄影不是一蹴而就的工作，需要摄影师长期不断的努力、坚持、积累，并

基泰大楼

深圳国贸大厦

武汉长江大桥

深圳南海酒店

广州花园宾馆

北京昆仑饭店

建立自己的档案，系统地、分门别类地加以整理，实际上就是对遗产"原真性""完整性"的再表现。同时因涉及城市、人物、景观等多种题材，也使建筑遗产摄影在加完善中愈发厚重。20世纪三四十年代，摄影家庄学本对四川、云南、甘肃、青海四省的少数民族进行了考察，他用田野调查的方式，记录了少数民族的生活状况。在几十年后的今天，其所记录的场景已经发生了翻天覆地的变化，当年的照片已成为珍贵的历史记忆。徐勇拍摄北京胡同若干年，他走遍了北京城的大街小巷，建筑、人文、环境、文化和北京人的生活在他的照片中得以体现。随着城市建设的加快，他早年间拍摄的不少胡同已经不在，人们要想回忆以前的北京胡同，只能从摄影作品里查找。

还有许许多多知名的、不知名的、职业的、业余的摄影师，用手中的相机记录下身边的建筑。从北上广深的一线城市到云南丽江的寻常街巷，人们愈发关注生活的地方，关注居住的环境，关注身边的街道，关注建设发展中的城市生活。

实践证明，图片是让人们认识建筑遗产，保护传统文化，促进社会繁荣发展的重要手段。用照片表现中国20世纪建筑遗产，就是为遗产造像，为文明留影，为文化立言，为传播再开拓。

有资料显示，人类的语言大概出现于3万年前，文字形成于公元前5000年前后，而摄影术出现至今不到200年的时间。从口头语言、文字表达、图像说明到电子传播、网络文化，这是人类文化的发展，更是人类文明的塑造。当今社会早已进入信息时代，特别是手机性能的提升，加之许多摄影发烧友也置装了价格不菲的"全套设备""全民摄影"，使得建筑遗产愈发受人喜爱。

可以想象，当记录遗产的城市画卷徐徐打开，展现在人们眼前的是浓缩的、有着独特个性的文化世界，精美意境的照片，优美流畅的文字，对每一处遗产的历史、背景、特色、文化有恰到好处的介绍，读者一定会目不暇接，不肯释卷。希望有更多的职业人、爱好者用相机拍摄你身边的20世纪建筑遗产。

李沉，中国文物学会20世纪建筑遗产委员会副秘书长，长期从事建筑媒体工作，发表多篇论文，编辑建筑类图书数十部，拍摄建筑类题材照片数万张，参与组织多次建筑文博界的学术交流活动。现主要从事中国20世纪建筑遗产保护宣传及普及工作。

朱有恒，《中国建筑文化遗产》编辑部主任、中国文物学会20世纪建筑遗产委员会办公室副主任。近十年担任了十多部建筑设计与建筑文博研究著作的设计总监。

参考文献：

1 （英）理查德·韦斯顿.100个改变建筑的伟大观念［M］.北京：中国摄影出版社，2013年9月.

2 中国文物学会20世纪建筑遗产委员会编著.中国20世纪建筑遗产名录.第一卷［M］.天津：天津大学出版社，2016年10月.

3 （日）高井洁.建筑摄影技法［M］.北京：机械工业出版社，2003.

4 金磊.用思想之眼构图［J］.建筑摄影创刊号，北京：中国建筑工业出版社，2014.11.

BUILDING

篇二

20 世纪
建筑遗产地域与特征

第十一讲：
江苏20世纪建筑遗产的保护与传承

周岚　　　崔曙平　　　何伶俊

　　20世纪是人类文明进程中剧烈变革的时代，也是"中国苦难而辉煌"[1]的百年。

　　1840年鸦片战争以后，中国沦为半殖民地半封建社会，战乱频仍、山河破碎[2]，中华民族遭受了前所未有的劫难。在救亡图存的道路上，中国人民抗争和求索不止，最终在中国共产党领导下赢得了新民主主义革命的胜利，创造了社会主义革命和建设、改革开放和社会主义现代化建设的伟大成就。[3]在此进程中，我国历经了全方位的根本变革，实现了从传统农业文明到现代工业文明，[4]从君权帝国到人民当家作主的社会主义国家，[5]从封闭半封闭到

［1］习近平.把老一辈开创的伟大事业推向前进 [EB/OL]. http://m.cnr.cn/news/20150612/t20150612_518838258.htm，2015-6-12/2022-6-16.

［2］习近平.决胜全面建成小康社会 夺取新时代中国特色社会主义伟大胜利——在中国共产党第十九次全国代表大会上的报告 [EB/OL].http://www.moe.gov.cn/jyb_xwfb/xw_zt/moe_357/jyzt_2017nztzl/2017_zt11/17zt11_yw/201710/t20171031_317 898.html，2017-10-18/2022-6-16.

［3］习近平.在庆祝中国共产党成立100周年大会上的讲话 [EB/OL]. http://www.gov.cn/xinwen/2021~ 07/15/content_5625254.htm，2017-7-7/2022-6-16.

［4］中国社会科学网.中国文物学会会长单霁翔：文化遗产有生命 [EB/OL]. http://www.cssn.cn/zx/xshshj/xsnew/201405/t20140520_1178691.shtml?COLLCC=1812622360&COLLCC=1175088152&COLLCC=1678404632&，2014-5-20/2022-6-16.

［5］赖德霖，伍江，徐苏斌.中国近代建筑史 第一卷 [M].北京：中国建筑工业出版社，2016.

20世纪江苏部分代表性建筑师，从左至右、从上至下依次为：柳士英（1893~1973年）、刘福泰（1893~1952年）、卢树森（1900~1955年）、张镛森（1909~1983年）、虞炳烈（1895~1945年）、吕彦直（1894~1929年）、陈植（1899~1989年）、陈占祥（1916~2001年）、潘谷西（1928~）

全面开放的历史性跨越，实现了从一穷二白、生产力低下到经济总量跃居世界第二的历史性突破。

江苏地处中国东南，历史上就是物产丰富、财力充沛的富饶之地，也是人才辈出、艺文昌盛的人文渊薮。农耕文明时期，江苏孕育了璀璨的地域建筑文化，以香山帮为代表的传统营造技艺成为世界非物质文化遗产——"中国传统木结构营造技艺"不可或缺的重要组成，也由此推动江苏建成了一大批传承至今的建筑文化遗产，支撑江苏成为拥有全国最多的国家历史文化名城、中国历史文化名镇和享誉世界的传统园林文化。

近代的江苏率先遭遇西方异质文明的冲击，随之发生了一系列的社会嬗变：1842年，中国近代史上的第一个不平等条约《南京条约》在下关江面的英舰上签订，加深了资本主义列强对中国的侵略和掠夺；发生在1851~1864年间的太平天国运动，后来虽然失败了，但动摇了清王朝的封建统治；1911年10月10日，辛亥革命爆发，1912年1月1日，中华民国临时政府在南京成立；1927年4月18日，南京国民政府建立，定南京为首都。1921年，中国产生了共产党，这是开天辟地的大事变，深刻改变了近代以后中华民族发展的方向和进程，深刻改变了中国人民和中华民族的前途和命运，深刻改变了世

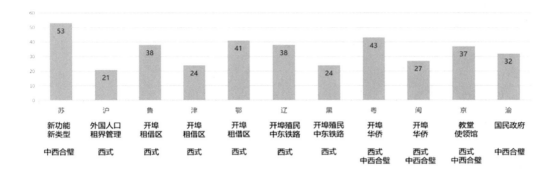

图1　11个沿海沿江省级行政单位近代国保数量

界发展的趋势和格局。(《中共中央关于党的百年奋斗重大成就和历史经验的决议》）江苏是中国共产党最早建立组织并开展革命活动的地区之一。新中国成立以后，特别是改革开放以来，江苏经济社会发展和城镇化建设一直保持高速增长。截至2021年，江苏一省的经济总量就已经超过了世界上面积最大的国家俄罗斯的经济总量。江苏在20世纪的巨变既是近现代中国图强变革的缩影，更是党领导人民创造出奇迹的重要体现。

作为开风气之先之地，江苏是中国近代第一批职业建筑师和承包商的诞生地，是中国近现代新型建筑活动最为活跃的地区之一。据陈薇对11个沿海沿江省市近代国宝级建筑的研究分析，江苏共有近代国宝级建筑53个，数量位居各省份第一，[6]超出第二位的广东省10个；在赖德霖撰写的《近代哲匠录：中国近代重要建筑师、建筑事务所名录》中，中国近代254名建筑师中江苏籍的约占三分之一，达84名之多。[7]"中国建筑四杰"梁思成、杨廷宝、童寯、刘敦桢都在江苏留下了经典作品，杨廷宝、童寯、刘敦桢三位大师更是长期在江苏从事建筑创作、研究和教学。有中国建筑界泰斗"南杨北梁"美誉的杨廷宝，毕生建成的建筑设计作品近60%集中在省会南京。

正如梁思成所言："建筑之规模、形体、工程、艺术之嬗递演变，乃其民

［6］陈薇.江南文化源流及建筑学派研究[R].南京.

［7］赖德霖.近代哲匠录：中国近代重要建筑师、建筑事务所名录[M].水利水电出版社，2006.

中国"建筑四杰"，刘敦桢（1897~1968）、童寯（1900~1983）、梁思成（1901~1972）、杨廷宝（1901~1982）

族特殊文化兴衰潮汐之映影；一国一族之建筑适反鉴其物质精神，继往开来之面貌"[8]。江苏20世纪建筑遗产的演变，承载着发生在江苏大地的百年历史剧变，从中也可以清晰地看到传统建筑营造方式的近代变革以及中国建筑近现代职业化的努力，体现出中国建筑在中西交汇、新旧交替的语境中对现代化目标路径的理解与追求。

[8] 梁思成.中国建筑史 [M].天津：百花文艺出版社，2005.

一、清末近代化探索的建筑见证

江苏是近代通商口岸和"洋务运动"最先辐射到的地区，也是中国近代民族工商业的重要发祥地之一。[9] 受此影响，清末江苏出现了西式以及中西合璧的新式建筑，反映出外国资本主义的持续渗入和中国资本主义的日益活跃。[10]

"洋务运动"时期建设的官办工业和公共建筑，以"师夷长技以自强"的理念，引入了西式的建筑方式和建造技术。建于1864年的金陵制造局，作为洋务运动的四大军工企业之一，其厂房格局和式样参照了英国工业建筑，以砖木混合结构替代传统的木结构体系，并采用钢木组合屋架，[11] 在大空间建筑结构技术上突破了传统，粗大的用料在支撑大空间的同时，也使建筑整体雄浑、稳重而不失工艺美感。

建于1909年的江苏省谘议局见证了中国

[9] 郑颖慧.论近代江苏工商业运营的南北差异——以南通和无锡为例 [J].江苏商论，2012（11）:19-25.

[10] 潘谷西.中国建筑史.第7版 [M].中国建筑工业出版社，2015.

[11] 刘先觉，王昕.江苏近代建筑 [M].江苏科学技术出版社，2008.15

清末金陵制造局厂房现状

金陵制造局门楼原貌

厂房内部及钢木组合屋架

清末江苏省谘议局现状

近代史上众多历史事件：辛亥革命时十七省的独立代表在这里选举孙中山为临时大总统，中国历史上第一部体现资产阶级民主的《中华民国临时约法》在这里通过。它是中国近代建筑史上最早由本土建筑师设计建造的新型建筑之一，[12] 由时议长张謇委派的孙支厦[13] 负责设计，采用砖木结构、法国宫殿式建筑风格，对称布局，中间两层钟楼高耸，两侧布置四坡顶，屋顶上设有小型的尖塔、烟囱及装饰物，形成变化的轮廓线。该建筑的新式造型也契合了当时清政府推行的"新政"和"预备立宪"等政治变革的时代背景。

由民族工商业资本建造的建筑则体现出新旧交织、华洋混合的特征。如张謇从 1895 年到 1926 年在南通开展的"近代第一城"建设与自治实践，体现了其"中学为体，西学为用"的观点以及通过"实业救国，教育救国"的理想和抱负。他先后推动南通建设了中国第一个民营资本集团——大生纱厂、中国第一所师范学校——通州民立师范学校、中国第一座公共博物馆——南通博物苑等。建于 1895 年的大生纱厂是当时中国面积最大的单层厂房，厂房采用英式砖木混合结构，并在厂区中规划建设了标志性的钟楼；建于 1919 年的敬儒中学整体采用了中国传统四合院院落式的平面布局和建筑形制，但在入口处使用西洋柱式门楼，形成了西式风格与传统内核的赤裸碰撞。

---

[12] 东南大学建筑学院教师遗产保护作品选编写组. 东南大学建筑学院教师遗产保护作品选 1927~2017 [M]. 中国建筑工业出版社，2017.

[13] 孙支厦，中国近代最早的建筑师之一，是实现中国传统建筑工匠向现代建筑师过渡的代表性人物，设计建造了江苏省谘议局。

南通大生纱厂钟楼历史与现状

南通敬儒中学门楼现状

保兴面粉厂设计效果图与现状

无锡作为我国最早一批民族工业的发源地，当时建成了一批缫丝、棉纺、面粉等行业的新式厂房和仓库，其中1900年由荣氏兄弟创办的保兴面粉厂（后改称茂新面粉厂），由华盖建筑师事务所[14]的赵深、陈植和童寯设计，主体建筑为砖混结构，采用红砖立面，开有细长窗户，具有典型现代主义建筑风格。

---

[14] 华盖建筑事务所（the Allied Architects Shanghai），由赵深、陈植、童寯等成立，是中国近代建筑史上一家重要的事务所，其建成作品的品质数量、分布地域，事务所的运营机制及业界影响在民国时期都极具代表性。

二、民国首都计划及代表性建筑

1911年辛亥革命后，革命代表在江苏省谘议局推选孙中山先生为中华民国临时政府大总统。1912年1月1日，孙中山先生在南京宣誓就职，标志着中国封建帝制的结束。

1927年南京国民政府定都南京后，邀请美国设计师亨利·墨菲参与编制了中国最早的现代城市规划——《首都计划》，开启了"民国十年建设时期"。在《首都计划》中，建筑艺术被摆在了重要的位置，第六章"建筑形式之选择"提出"要以采用中国固有之形式为最宜，而公署及公共建筑物，尤当尽量采用"。具体而言，"政治区之建筑物，宜尽量采用中国固有之形式，凡古代宫殿之有点，务当一一施用"，"至于商店之建筑，因需用上之必要，不妨采用外国形式，惟其外部仍需有中国之点缀"。[15]

此时，在南京修建的首都建筑包括原南京国民政府的"五院八部"，以及"中央研究院""中央体育场""中央医院""中央博物院"等，其等级和规模均属当时全国（甚至东亚）之最。前民国首都的大量建设需求汇聚了当时中外著名的建筑师，如中国第一代建筑大师吕彦直、梁思成、杨廷宝、童寯、赵深、范文照、卢树森，以及美国的墨菲、英国的帕斯卡等设计师；也集聚了一批高水准的专业建筑营造厂，如"陈明记""新金记""陶馥记""陆根记"等。

---

[15] 赖德霖，伍江，徐苏斌. 中国近代建筑史 第三卷 [M].北京：中国建筑工业出版社，2016.

孙中山临时大总统办公室现状

孙中山在总统府宣誓就职合影

南京新街口鸟瞰图

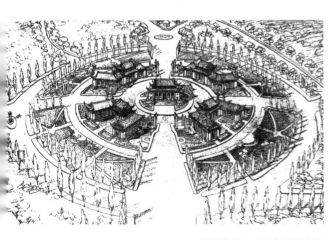

傅厚岗市行政区鸟瞰设计图

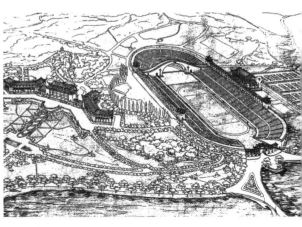

五台山体育馆鸟瞰设计图

南京中山陵鸟瞰图

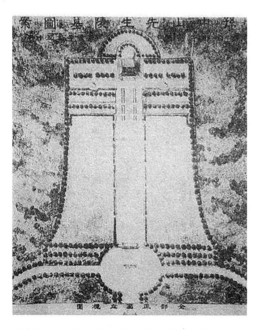
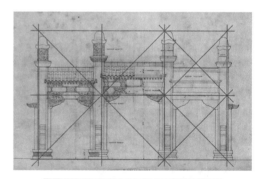
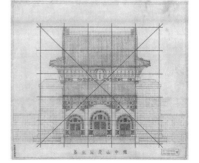

吕彦直手绘"自由钟"构图、中山陵祭堂、门楼

这一时期的建筑风格多元并置，包括西方古典、文艺复兴，中国传统宫殿式，西方现代派以及新民族形式等。建筑创作中既有"墨菲、吕彦直等建筑师提倡实践的'中体西用'的'适应性建筑'"，也有"以杨廷宝等为代表的第一代中国建筑师借用学院派设计原则对中国传统建筑所做的'理性化'努力"，还有"以梁思成和营造学社同仁为代表，试图对中国传统建筑及其设计方法进行的'现代化'努力"。[16]

作为国家纪念性建筑物的中山陵，被认为是中国近代最优秀的建筑作品之一，它的设计方案也是从中国首次举办的国际性建筑设计竞赛中胜出的。设计师吕彦直将传统美学和现代功能、建造技术有机融为一体，在空间布局上继承了中国古代陵墓建筑中轴线对称特点，以"自由钟"形构图，寓意警钟长鸣、激励世人。其全部建筑采用白色花岗石和钢筋水泥构筑，装饰元素则采用卷草、花团和祥云图案，"精美雄劲、合乎传统、朴实坚固"，是用现代建筑材料和结构探索创造中国建筑的成功实践，也为中国古典建筑形式的现代转型提供了有益的参考。

童寯设计的原南京国民政府外交部大楼，当时被称为"首都之最合现代化建筑物之一"，采用西式平顶和三段式构图，檐口下则以褐色琉璃砖砌出浮雕和简化斗栱装饰[17]，

原南京国民政府外交部大楼旧貌

原南京国民政府外交部大楼现状，简化斗栱装饰及栏杆装饰细部

原中央博物院旧貌与手绘图纸（梁思成担任顾问，兴业建筑师事务所设计）

[16] 彼得罗，关晟编，成砚译. 承传与交融——探讨中国近现代建筑的本质和形式 [M]. 北京：中国建筑工业出版社. 2004.

[17] 汪晓茜. 现代建筑＋中国元素：南京引领民国建筑新风尚 .https://mp.weixin.qq.com/s/bNGX2~OvWOIdsYNJPVYxJw.

　　南京博物院，右为民国建筑，左为程泰宁设计的新馆，其设计秉持"补白、整合、新构"的理念，将新馆创作视为历史传统的延续。新馆建筑风貌质朴、庄重与典雅，与"老大殿"相得益彰

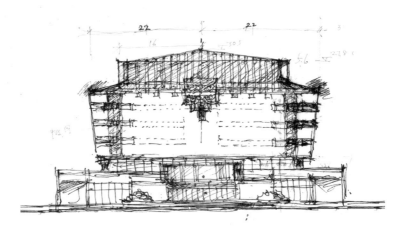

南京博物院新馆设计手稿

南京博物院新馆

原中央体育场旧貌鸟瞰图

中国传统纹样装饰

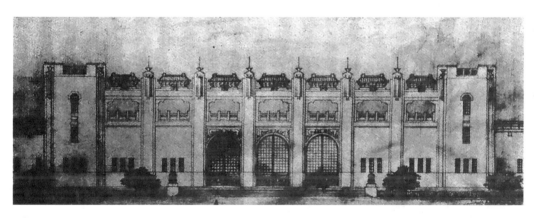

原中央体育场田径赛场立面设计图

原中央体育场田径赛场立面实景

呈现民族式样和洗练的仿古设计手法，建筑入口门廊柱梁交接简洁，但在梁出头处做传统的卷云装饰，以"经济、实用又具有中国固有形式"的特点，"将吾国固有之建筑美术发挥无遗，且能使其切于实际，而于时代所要各点，无不处处具备，毫无各种不必需要之文饰等"[18]。

原中央博物院是民国时期的代表性官式建

筑，被视为当时的文化地标，其设计邀标书发给了当时13位顶级的建筑师，评委会由梁思成、刘敦桢等人组成。对此，梁思成评价道："至若徐敬直、李惠伯之中央博物院，乃能以辽、宋形式，托身于现代架构，颇为简单合理，亦中国现代化建筑中之重要实例也。"建成的民国中央博物院采用了钢筋混凝土现代结构，但同时完美诠释了中国古典建筑的形象，三层石台基上耸立着九开间的庑殿顶棕色琉璃瓦大殿。屋面出檐深远，斗栱雄大有力，大屋顶"如翚斯飞"[19]，对民族风格的实践水平达到了当时的高峰。

原中央体育场是当时远东最大的体育场，主要建筑包括田径场、游泳池、国术场、篮球场、棒球场、网球场、跑马场，由杨廷宝和关颂声设计。主体建筑采用钢筋混凝土结构，外部用水泥粉饰，选用中国传统纹样装饰，并拥有中国式牌楼风格的进出口主看台。

原中央医院是当时南京规模最大、设备最完善的国立医院，由杨廷宝设计，建华营造厂建造，是民国时期新民族形式建筑的代表作之一，采用砖混结构，其造型在西方古典建筑对称构图基础上融入了中国传统的装饰性细部与花纹，并用中式华表、门廊等来突出重点，营造出简洁大方而富有传统特色的风格。[20]

民国时期的南京大华大戏院是现代派风格

[18]同济大学出版社.中国建筑学人|华盖建筑事务所[EB/OL]. https://baike.baidu.com/item/%E5%8D%97%E4%BA%AC%E6%B0%91%E5%9B%BD%E5%BB%BA%E7%AD%91/6581538，2022-5-5/2022-6-16.

原中央医院旧貌

[19]汪晓茜.悦的读书.中央博物院的流年碎影[EB/OL]. https://www.sohu.com/a/428232038_279363.

[20]卢海鸣，杨新华主编.南京民国建筑图集[M].南京：南京大学出版社，2001.

大华大戏院现外观

大华大戏院现内部

大华大戏院外立面传统装饰性细部与花纹

的中西合璧建筑，结构为钢筋混凝土，外立面采用西式风格，门厅装饰则遵循中国传统，天花、墙壁、梁枋彩绘以及栏杆扶手雕饰等具有浓郁的民族特色，兼具北方的端庄大方和南方的灵巧秀丽。

三、抗日战争和革命战争的建筑记忆

江苏是中国共产党最早建立组织并开展活动的地区之一，是抗日战争时期华中抗日斗争的主战场、新四军的主要根据地，也是解放战争时期"三大战役"之淮海战役和渡江战役的主战场，为解放全中国、建立新中国做出了重

拉贝故居现状

马林医院现状

金陵女子大学师生合影

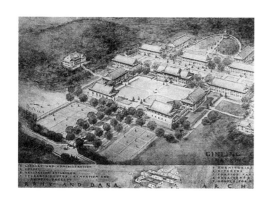

金陵女子大学手绘鸟瞰图

金陵女子大学（现南京师范大学）现状

1920年代建成后的金陵女子大学

要贡献。这一时期江苏与全国其他地区一样，建筑发展进程基本停滞，大量建筑被战火摧毁，留存至今的建筑见证了中国人民不屈的精神以及艰苦奋斗的革命历程。

侵华日军南京大屠杀期间，以德国人拉贝为首的国际安全区委员会将金陵女子大学、江南水泥厂等一批近现代建筑设为避难所，这些建筑见证了黑暗历史中的人性之光。由加拿大籍传教士马林创建于 1892 年的南京马林医院（现鼓楼医院），是南京第一座西式医院，采用美国殖民式建筑风格，清水砖墙砌筑，配之以圆拱形门窗和起伏的屋面。[21] 侵华日军南京大屠杀期间，该建筑是城内唯一向平民开放的医院，医疗救治了许多难民，挽救了不少被日本军伤害的无辜百姓的生命。[22] 坐落于金陵大学校园内的拉贝故居始建于 1930 年，是一幢三层砖木结构、德式风格的小洋楼，[23] 在侵华日军南京大屠杀期间，成为南京市内 25 个难民收容所之一，有超过 600 名难民在这里获得拉贝先生的庇护。[24] 金陵女子大学是美国教会在南京创办的一所女子大学，由美国建筑师亨利·墨菲设计，以混凝土模仿中国传统斗拱的设计元素，是其"适应性建筑"折中建筑风格的体现。在魏特琳女士的努力下，这里在南京大屠杀期间成为专门收容妇女的难民所，既记录了魏特琳救护许多中国难民和妇女的义举，更见证了侵华日军的残酷暴行。魏特琳女士因此严重抑郁，四年后自杀身亡。

在解放战争时期，江苏是国民党统治的心脏地带，也是中国共产党人开展革命活动的重要地区，当时的一批建筑遗产记载了中国共产党人和爱国志士在此开展的革命斗争。保存完好的梅园新村民国历史文化街区生动记载了 1946 年 5 月至 1947 年 3 月以周恩来为首的中共代表团在此开展的国共南京谈判以及爱国主义运动等历史记忆。为纪念这一重要历史事件，1988 年筹建的中共代表团梅园新村纪念馆，由齐康领衔设计，与中共代表团原办公旧址融合共生，书写传承着鲜活的红色革命文化。如今的中国共产党代表团办事处旧址（梅园新村）已成为"20 世纪建筑遗产"，中共代表团梅园新村纪念馆则是与之交相辉映的 20 世纪建筑精品。

1949 年 4 月 23 日上午 11 点，"红旗插上总统府"，标志着南京解放，宣告了南京国民党反动政府的灭亡。原南京国民政府总统府曾先后作为清两江总督府、太平天国天王府、原中华民国临时大总统府，既记录了近代中国百余年变迁和政权更迭，更是党领导人民从胜利走向胜利的重要历史见证。而记录了渡江战役胜利史的江阴要塞地处由海入江的咽喉，清代就在此设置了要塞，洋务运动期间又加强了防御工程。国民党更是把它作为长江防线的重中之重，部署重兵。经中共地下党的成功发动，驻守官兵调转炮口，帮助解放军过江登陆，是中国共产党赢得人心、获得支持、走向胜利的见证。

除此之外，江苏还拥有周恩来、张太雷、瞿秋白、蔡旭等众多中国共产党领导人的故居；有淮安盱眙黄花塘新四军军部旧址、盐城亭湖新四军重建军部旧址、泰州泰兴黄桥战斗旧址、盐城阜宁新四军盐阜区抗日阵亡将士纪念塔、泰州高港中国人民解放军海军诞生地，以及苏南抗战的指挥地南京溧水李巷村、中共溧高县委和抗日民主政府所在地南京高淳西舍村等一大批红色文化遗产。

［21］徐海清 . 南京近代医疗建筑研究 [D]. 南京：东南大学，2020.DOI:10.27014/d.cnki.gdnau.2020.004507.

［22］张慧卿 . 困境中的坚守：南京沦陷初期金陵大学医院的维持及应对 [J]. 日本侵华南京大屠杀研究，2021（4）:18.

［23］张群 . 南京民国建筑 [J]. 档案与建设，2011（04）:54~58.

［24］南大拉贝纪念馆 . 拉贝故居的故事 [EB/OL]. https://rabe.nju.edu.cn/zxdt/zxbd/20210301/i188691.html，2021-3-1/2022-6-16.

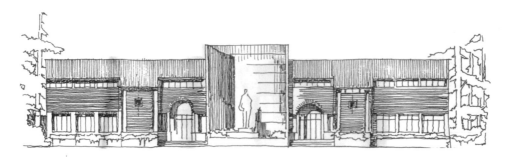

中共代表团梅园新村纪念馆设计手稿

南京原国民政府总统府

江阴要塞原国民党司令部旧址

周恩来故居

南京溧水李巷村陈毅旧居

张太雷故居

溧高县抗日民主政府财经局和税务局旧址

瞿秋白故居

四、自力更生的新中国建筑实践

1949 年 10 月 1 日，新中国成立。面对百业待举的局面，人们满怀热情，投入"收拾旧山河"，建设新中国的滚滚洪流之中。[25] 江苏贯彻落实新民主主义建国纲领，迅速医治战争创伤，加快恢复国民经济，顺利完成社会主义改革，建立起比较完整的国民经济体系，呈现出万象更新的局面。[26]

盐城亭湖新四军重建军部旧址现状

［25］江苏省住房和城乡建设厅. 建筑，记录时代进步——中华人民共和国成立 70 周年江苏代表性建筑集 1949~2019[M]. 北京：中国建筑工业出版社，2020.

［26］扬子晚报. 百年恰是风华正茂，奋斗彰显永恒初心 | 中国共产党在江苏的百年征程 [EB/OL]. https://www.yangtse.com/zncontent/1444598.html，2021-7-1/2022-6-16.

　　这一时期，一批新的建设活动承载了人们对新国家、新家园的热切期盼，支撑了国民经济恢复、民生改善和城市发展，也向世界展示出新中国自力更生、排除万难的精神追求。为迎接国庆十周年，徐州淮海战役革命烈士纪念塔、无锡太湖工人疗养院等江苏"十大建筑"相继落成，体现了新中国成立后建筑师的理想和追求。为弘扬英雄的革命精神和丰功伟绩，徐州淮海战役革命烈士纪念塔由国务院于1959年批准建设，杨廷宝、童寯主持设计。纪念塔塔高38.15米，宽12米，三面围以廊子和角亭，塔身钢筋混凝土结构，正中镶嵌着毛泽东主席亲笔题写的"淮海战役烈士纪念塔"，塔顶由五角星照耀下的两支相交步枪和松子绸带组成的塔徽，象征着华东、中原两大野战军协同作

徐州淮海战役革命烈士纪念塔

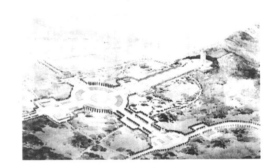

徐州淮海战役革命烈士纪念塔设计鸟瞰图

江苏省无锡太湖工人疗养院

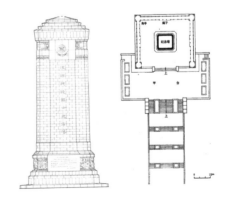

徐州淮海战役革命烈士纪念塔立面与平面设计图

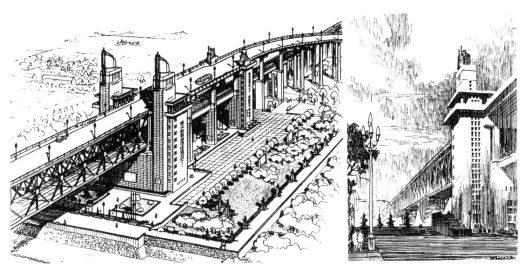

南京长江大桥设计手绘图

今天的南京长江大桥

战取得胜利，塔座南北两侧浮雕再现了会师淮海、决战中原和人民支前场景。[27]江苏省无锡太湖工人疗养院是由中华全国总工会投资建设的为广大工人阶级服务的疗休养机构，坐落于太湖的中犊山岛上，采用绿色琉璃瓦的大屋顶，具有鲜明的传统建筑特色。绿瓦灰墙的建筑与周围的秀美风光融为一幅美丽的画图。

这一阶段，一批体现独立自主精神、事关国民经济发展的重大工程和重要建筑相继建成，书写了中国人的奋斗史。1968年建成通车的南京长江大桥是长江上第一座完全由中国人自行设计和建造的双层式铁路、公路两用桥梁，是当时中国最长、桥梁技术最复杂的铁路、公路两用桥，被誉为中国人的"争气桥"。其中，由钟训正设计的"三面红旗"桥头堡方案在近两百个征集方案中脱颖而出，被周恩来总理亲自选定，体现出社会主义建设的特征及时代的精神风貌。

建成于1975年的五台山体育馆的建筑设计实现了当时的诸多创新，率先突破矩形平面，最早采用接近视觉质量分区的八角形图形，运用了当时较为先进的四角锥形空间钢管网架结构屋盖，是当时公共建筑的典型代表。

建成于1977年的江都水利枢纽响应毛泽东主席"一定要把淮河修好"的号召，是治淮工程的关键项目，也是我国第一座自行设计、制造、安装和管理的大型泵站群，是亚洲规模最大的电力排灌工程，被誉为"江淮明珠"。

这一时期，值得记录的还有传统园林的修

缮和营建。20世纪50年代初，根据周恩来总理的指示，苏州市园林管理处组织民间的香山帮工匠，先后修复破败的留园、拙政园、虎丘、怡园、沧浪亭、狮子林等传统园林，[28]通过修缮活动，既保护传承了物质文化遗产——古典园林，也保护传承了非物质文化遗产——"香山帮"传统营造技艺。南京瞻园原为明朝开国功臣徐达的王府，太平天国定都南京后，瞻园先后成为东王杨秀清府及幼西王萧有和府，1956年被设为太平天国历史博物馆。1958年，刘敦桢受委托主持瞻园修缮工程，将其对古典园林的研究成果进行了系统实践，保持原园林布局特点，以石取胜、山为主、水为辅，建筑点缀其间，在创造社会主义新园林和实现"古为今用"方面进行了有益的探索。[29]1963年2月，周恩来和邓颖超来到江苏，对传统园林保护修缮工作给予了高度评价。[30]鉴真纪念堂于1963年为纪念鉴真逝世1200周年而兴建，是梁思成生前主持的最后一项方案设计。为此梁思成专门写下"扬州鉴真大和尚纪念堂设计方案"一文，分析了其选址的得当适宜，详述了建筑如何妥善处理与平山堂、蜀岗等的环境关系，建筑布局由纪念堂两侧起，用步廊一周与前面碑亭相连，构成一个庄重的庭院。在建筑处理上，汲取鉴真在日本留下的最主要遗

[27] 张五可，孟炳华. 传承革命历史弘扬红色文化——记淮海战役烈士纪念塔景区 [J]. 民主，2012.

[28] 物道君. 苏州藏了个香山帮 [EB/OL]. https://baike.baidu.com/tashuo/browse/content?id=446bcbc97af99ceec244b287，2021-9-5/2022-6-16.

[29] 刘敦桢. 南京瞻园的整治与修建 [C]// 刘敦桢全集（第五卷）. 北京：中国建筑工业出版社，2007.

[30] 苏哲. 周恩来1963年苏州行 [EB/OL]. https://www.fx361.com/page/2021/0803/8658475.shtml，2021-8-3/2022-6-16.

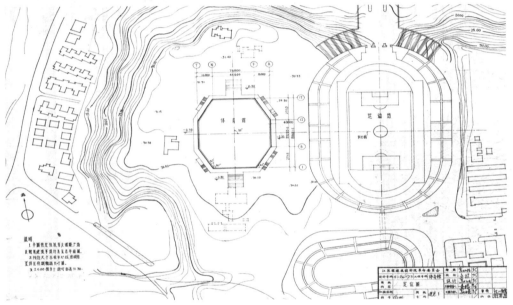

五台山体育馆实景与平面图

江都水利枢纽工程

鉴真纪念堂手绘与实景

鉴真纪念堂

1955年园林修建队维修西园假山

南京瞻园现状

物——唐招提寺金堂原型精髓，并结合场地空间环境巧妙组织再创造，营造出一种唐代佛寺的庄重清幽气氛，并与扬州当地寺院风格相协调。[31]

五、改革开放历程的建筑记录

1978年，党的十一届三中全会胜利召开，拉开了中国对内改革、对外开放的大幕。江苏敢为人先、先行先试，推动了经济社会的快速发展，以及快速工业化、城镇化、现代化的建设需求，建筑创作百花齐放、空前繁荣，反映改革开放城市新形象、新面貌、新精神的建筑不断涌现。[32]

1983年建成的金陵饭店是当时我国高层建筑的最新尝试，被童寯称赞为"第一流设计"。设计追求传统文化和现代技术的完美融合，以简洁、庄重、现代的建筑形式表达时代特征，建筑质量和装饰水平均达一流水准，建成后以37层、110米的高度成为当时的"中国第一高楼"，被誉为中国改革开放的窗口，载入《世界建筑史》。1998年开工建设的南京国际展览中心运用高技派建筑风格，主体建筑采用现代钢结构形式，由大跨度的钢桁架承托流线型的弧形屋面，形成了一个宽75米、长245米的无柱大空间，承载2068个国际标准展位（3米×3米）。现代流线型的空间形式与内部展览空间有机结合，实现了形式与功能的完美协同。

在追求城市现代化建设面貌的同时，社会对城市文化精神和地域特色的需求也在日益上升。20世纪80年代，由叶菊华主持，潘谷西、钟训正、丁沃沃等参与修复重建的南京夫子庙

[31] 清华校史馆. 梁思成与鉴真纪念堂 [EB/OL]. https://mp.weixin.qq.com/s/qiLvMDLpDxXMGvVGufQDaQ，2021-8-13/2022-6-28.

[32] 陈薇. 问渠哪得清如许为有源头活水来——东南四学 [J]. 世界建筑，2015（5）:70.

今南京金陵饭店一期、二期和三期

南京国际博览中心

传统建筑群充分尊重地块"庙市合一"的历史格局和历史环境，再现了明清时期南京的城市肌理与建筑风貌，成为当时国内历史文化风貌区的典型代表。1997年，杜顺宝主持了南京阅江楼的设计，以明初文学家宋濂所撰写的《阅江楼记》为创作原型，巧妙利用狮子山原有山势地形，使主体建筑与山体环境及明城墙等融为一体。建筑采用明代官式建筑形制，两翼以歇山顶层次递减，屋顶高低起伏，跌宕多变，碧瓦朱楹、彤扉彩盈，在现代城市中营造出气势恢宏的楼阁景象，结束了明阅江楼"有记无楼"的历史。1999年，苏州市邀请世界建筑大师贝聿铭设计苏州博物馆新馆，成为贝聿铭的"封山之作"。新馆北临拙政园，东接忠王府（原苏州博物馆所在地），以"中而新，苏而新"为设计理念，从挖掘吴文化的精神符号和典型元素入手，继承和创新了江南古典园林的元素，并通过现代技术方法和空间营造形成传统园林意境，实现了传统与现代的转换，与苏州古城的历史文脉和建筑的历史环境融合共生。

随着社会的日益发展，人们更加缅怀那些为今天的美好生活付出生命的革命先烈。1984年，南京雨花台革命烈士纪念馆破土兴建，这是杨廷宝生前设计的最后一座建筑，齐康、钟训正具体负责设计建造，采用重檐屋顶民族风格，经简化处理轮廓简洁而庄重。纪念馆建筑群沿南北中轴线而展开，倒影池、纪念碑顺山就势巧妙布局，把建筑群与四周的山冈围合成一个富有情感表达的纪念空间，达到空间序列的高潮，让人们沉浸在对革命先烈的深深缅怀中。1986 年，淮安周恩来纪念馆由中宣部批准兴建，由齐康主持设计。馆区由一组纪念性建筑群、一个纪念岛、三个人工湖和环湖绿地组成，在纪念馆南北长达 800 米的纪念轴上，依次建有瞻台、主馆、陈列馆、周恩来铜像广场和仿西花厅纪念性建筑，整体建筑群气势恢宏、造型庄严肃穆、形式朴实典雅，通过白色和蔚蓝色的基调创造出纯洁、神圣、清秀、宁静的环境气氛，以此体现周恩来总理高贵的人格精神。在缅怀革命先烈的同时，人们也没有忘记因侵华日军大屠杀而受难的平民百姓。1985 年，侵华日军南京大屠杀遇难同胞纪念馆一期工程在日军大屠杀江东门集体屠杀遗址上动工建设，由齐康主持设计，保留了"万人坑"遗址，采用深沉的建筑语言，以灰白色大理石为主要基调，综合运用空间环境要素，营造了"劫难""悲愤""压抑"的沉重氛围，再现了历史的劫难。2005 年，二期扩建工程正式奠基，由何镜堂主持设计，二期工程和一期无缝衔接，自东向西依次表现战争、杀戮、和平三个主题。2015 年完工的三期建筑则凸显抗战胜利的主题，以表达胜利和圆满。如今，侵华日军南京大屠杀遇难同胞纪念馆已成为国家公祭日主办地。2017 年，习近平总书记出席了在此举行的首次国家公祭日仪式。2018 年，中国南京大屠杀档案入选世界记忆遗产名录。人民热爱和平，而历史不能忘记。

夫子庙传统建筑群

阅江楼

苏州博物馆新馆

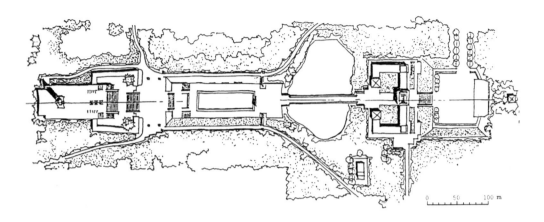

南京雨花台革命烈士纪念建筑群平面与实景图

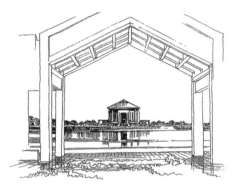

六、结语：如何看待和对待20世纪建筑遗产

20世纪建筑遗产具有独特的历史和文化价值：20世纪是中国从传统社会向现代社会的关键转轨阶段，建筑的营造方式也从传统的"匠人营造"向西方现代设计、现代建造的体系转变。

江苏的20世纪遗产尤为丰厚，在中国20世纪建筑历史中具有相当的独特地位，[33]以杨廷宝、童寯、刘敦桢为代表的中国第一代建筑大师"学贯中西、荟萃古今，学洋而未洋化、

淮安周恩来纪念馆设计手稿与实景

---

[33]王昕.江苏近代建筑文化研究[D].南京：东南大学，2006.

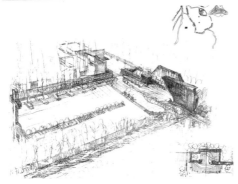

侵华日军南京大屠杀遇难同胞纪念馆二期实景与
设计手稿

习古而未泥古"，潜心研究新民族形式与现代
派风格的融合运用，推动了传统建筑的现代化
发展，在江苏大地上建造了一批引领建筑创作
"之先"的代表性建筑作品。这些类型丰富、风
格多元的建筑既是江苏建筑发展史中的精彩华
章，也是中国20世纪建筑发展史中的宝贵财富。

20世纪建筑遗产保护是江苏系统推进城乡
历史文化遗产保护的重要部分。近年来，江苏

积极开展各类历史文化遗产资源调查，重视对
近现代，特别是对中国共产党成立、新中国成
立、社会主义建设和改革开放等重大历史事件
载体的遗产资源调查认定，科学评估资源的历
史、文化、艺术、科学等多重价值，积极推荐
将具有代表意义的20世纪建筑遗产纳入中国
20世纪建筑遗产名录。在自2016年以来先后
公布的五批"中国20世纪建筑遗产"中，江苏
有46处遗产进入名录，占全国总数的近10%。

为保护近现代建筑遗产，江苏相关各市在
国内较早推动开展了积极的探索实践。南京市
在20世纪80年代和90年代两次组织系统调查
近代优秀建筑的基础上，于21世纪初再次推动
系统研究和保护工作，在2006年率先由省人大
通过了《南京市重要近现代建筑和近现代建筑
风貌区保护条例》，清晰界定了重要近现代建
筑及其风貌区的内涵，明确规定建筑所有人、
使用人有修缮、保养责任，为近现代重要建筑
和风貌区保护奠定了坚定的法规基础。无锡作
为中国民族工商业发祥地，2006年通过了工
业遗产保护《无锡建议》，随后发布了《无锡
市工业遗产普查及认定办法》，成为国内较早
开展普查和保护工业遗产的城市之一。同样是
在2006年，吴良镛的《张謇与南通"近代第一
城"》出版发行。吴良镛团队的研究表明：张
謇从1895年到1926年在南通的系统建设及所
创造的"南通模式"，可与同期的国际城市规
划先驱霍华德的"田园城市"理论相并论，更
重要的是，它是一种"源自中国本土的传统，
采纳先进文化的城市现代化道路"。吴良镛团
队的系统研究推动了南通"近代第一城"的系
统保护。2020年，习近平总书记参观了张謇建

设的南通博物苑（新馆由吴良镛设计），称赞张謇在兴办实业同时兴办教育和社会公益事业，造福乡梓，是中国民营企业家的先贤和楷模。

在积极推动近现代建筑遗产保护的同时，江苏也在努力探索多元利用传承之道。一是推动具备条件的20世纪建筑遗产通过精心修缮、维护，保持其原始设计功能，如中山陵音乐台、原民国国立美术陈列馆、南京长江大桥、金陵饭店等。二是对功能已无法延续的20世纪建筑遗产，结合时代变化的需求，通过业态更新升级，为遗产赋能，激发空间活力，让闲置遗产发挥当代文化价值。例如，无锡市积极探索工业遗产的活化路径，改建后的中国民族工商业博物馆（原保兴面粉厂）、中国丝业博物馆（原永泰丝厂）、运河外滩美术馆（原无锡机床厂）、北仓门生活艺术中心（原蚕丝仓库）、无锡国家数字电影产业园（原无锡雪浪轧钢厂）已成为当代城市文化生活的重要

中山陵音乐台由杨廷宝、关颂声设计，于1932至1933年建成，是中国传统风格与西方古典建筑相结合的一个典范，被列为"中国20世纪建筑遗产"。音乐台以其独特的建筑结构、宜人的比例尺度，让人感受到音乐的节奏与韵律，至今仍是南京举办户外音乐会的场所之一。由中共江苏省委宣传部、江苏省住房和城乡建设厅、中国建筑学会主办的"江苏·建筑文化讲堂"第八讲暨"对话"第二期活动在此举行，吸引了408.69万的在线观看，反映出20世纪建筑遗产的时代魅力。

国立美术陈列馆（今江苏省美术馆前身）作为20世纪建筑遗产，至今仍保持美术馆功能。2022年在此举办的近代建筑大师"杨廷宝：一位建筑师和他的世纪"吸引了众多的专业人士和社会各界作品展和江苏首届"丹青妙笔绘田园乡村"作品展均在此举办。

南京长江大桥与亲水圆环景观桥

无锡茂新面粉厂（原名保兴面粉厂）被原样保留和修复，并依托原有的厂房、大麦仓库、制粉车间及办公楼等老建筑，更新建设为无锡中国民族工商业博物馆。

无锡雪浪轧钢厂建于1980年代，后通过把工业遗产的构成要素与现代影视制作的科技性相融合，建成国家级数字电影产业园区，进驻各类电影企业400多家，2018年营收超50亿。

空间，"遗存正在活起来""遗产让城市生活更美好"。三是加强20世纪建筑历史研究。江苏历来崇文重教，建筑历史研究源远流长，20世纪以刘敦桢、童寯为代表的老一辈建筑学家先后编著出版了《中国古代建筑史》《中国住宅概说》《苏州古典园林》《东南园墅》等一批经典著作，也为建筑遗产阐释和保护研究培养了一批优秀传人，包括潘谷西、刘先觉、杜顺宝、朱光亚、陈薇等，先后完成了《中国建筑史》《营造法式》《中国建筑艺术全集》《中国近代现代建筑和城市》《建筑遗产保护学》《江南理景艺术》《江苏建筑特色之住宅研究》等一系列研究，为保护传承建筑遗产奠定了坚定的研究基础。

2021年，中共中央办公厅、国务院办公厅印发《关于在城乡建设中加强历史文化保护传承的意见》，为我们下一步工作指明了方向。江苏的实施意见结合省情，进一步明确了"积极保护，构建城乡历史文化保护传承体系""活化利用，发挥历史文化遗产的时代价值""传承发展，建设历史文化底蕴深厚的美丽江苏"的重要原则和工作内涵。20世纪建筑遗产作为江苏城乡历史文化遗产的重要部分，要按照新时代的发展要求，积极探索在"城市更新行动"和"乡村建设行动"两大国家战略实施背景下的当代保护、利用和传承路径，并从更广的区域发展角度推动大运河、长江、淮河、故黄河、沿海、环太湖等历史文化廊道和线路构建，在推动提升区域和城乡空间文化特色和魅力的同时，让20世纪建筑遗产随时代发展焕发出新的文化光彩。

周岚，研究员级高级规划师，江苏省住房和城乡建设厅厅长。在城乡规划建设、历史文化保护等方面，既有理论专著，也有丰富实践。著有《历史文化名城的积极保护和整体创造》等20余部专著，在业内专业核心刊物发表文章60余篇。

崔曙平，研究员级高级工程师，江苏省城乡发展研究中心主任。长期从事区域与城乡规划、历史文化保护、城乡协调发展、美丽宜居城市和人居环境建设领域的科研和决策咨询工作，参与编撰专著10余部，发表专业核心期刊论文39篇。

何伶俊，研究员级高级工程师，江苏省住房和城乡建设厅设计处处长。从事城乡历史文化保护工作，参与起草江苏省《关于在城乡建设中加强历史文化保护传承的实施意见》《江苏省历史文化名城保护传承工作评价标准（试行）》等，组织开展名城名镇保护规划编制，以及历史文化街区和历史建筑保护修缮等工作。

第十二讲：
万国建筑缩影的百年津城烟云

戴路

　　20世纪风云变幻，西方世界以坚船利炮打开中国国门。毗邻渤海，地处首都门户，天津，这一重要港口不仅成为中国北方最早的开放城市，也成为近代西方文明进入中国的快速通道。20世纪前半段，天津的历史无疑饱含着屈辱，9个国家先后在此设立租界，殖民扩张的铁蹄踏上这片土地。血腥与战争、反抗与斗争、撕裂感与疼痛感总是与被迫开放相伴相生。东西方文明在这里不断碰撞与交融，见证中国建筑的现代化，见证城市和国家的自强。"近代中国看天津"，无数建筑被修建，静默注视天津的沧桑巨变，集历史文化、文明轨迹之大成，缩影万国建筑风格，追忆百年津城烟云。

　　时间的巨浪奔涌向前，城市变迁与灿烂文明被镌刻凝固。五批20世纪建筑遗产名单中，共32座天津建筑（群）位列其中，建筑功能多样，蕴含风格丰富，引领着中国建筑走上振兴之路，全面呈现开放、包容、多元的天津文化，更纵览百年中国近现代建筑史，凝结着一个世纪的挣扎与进取，一座城市的灵魂与傲骨，一段令人百感交集的记忆，以及一片当代历史文化遗产保护与再利用的赤诚匠心。

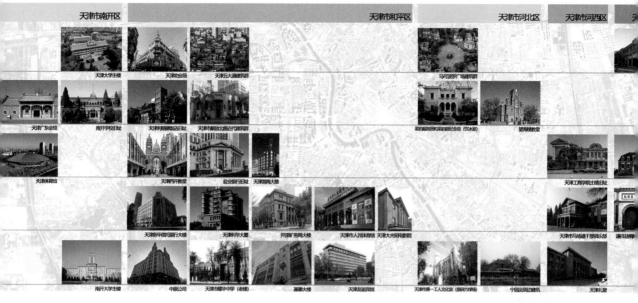

入选五批中国20世纪建筑遗产名录的天津建筑

一、建筑聚焦，西风渐进与本土内化

（一）材料结构的灵活选择

中国传统木构建筑与西方外来建筑之间本截然相异，却在20世纪之初相遇。被迫纳入世界市场的近代中国，不得不面对新形势下的新需求。天津建筑总是位于变革的最前沿，真切反映着时代变迁。在社会最为动荡之时，文化必然受到冲击，于是在不同时代背景下，建筑所呈现出的形态均不相同——它们真切地将时间和历史物化，反映着经济与社会的发展。天津原有的建筑体系排斥、吸收，但始终都应社会需求而变，为工业化发展和现代化建设提供物质保障与环境支持，这尤其反映在建筑技术与实现方式上，即材料性能、结构形式的变化，体现出建设手段的多样和社会生产力的进步。

南开学校伯苓楼建于1906年，为二层砖木结构，青瓦坡屋顶，外立面以青砖镶嵌红砖作为饰面。首层主入口为突出的拱券门洞，设方窗，二层设有连续罗马式拱券窗。南立面一层的窗户逐级上升，对应室内的阶梯教室，是功能与形式的统一设计。

西开教堂建于1916年，建筑高42米，两侧巨型穹顶内为木结构支撑，外包铜片，外墙面采用红、黄色砖相间清水砌筑，檐口下采用扶壁连列柱券作装饰带；立面以圆形窗和列柱券形窗组成的半圆形叠砌拱窗为要素，为华北地区最大的罗马风格教堂建筑。

天津劝业场于1926年开始筹建，钢筋混凝土框架结构，主体五层，转角局部七层，内天井式四层通高中庭以通风采光，并环以回廊，有天桥连通。屋顶层设"天外天"游乐场，具有综合性现代商业娱乐建筑的功能。沿街立面造型丰富，充分显示了商业建筑中高水准的折中形式。

盐业银行旧址建于1926年，是中国著名的"北四行"之一（与金城、大陆、中南三家私营银行合称为"北四行"），为四层砖混平顶建筑（设有地下室和中二层）。立面模仿希腊山门式样，由山花、壁柱、高台基组成门廊，突出了入口形象。

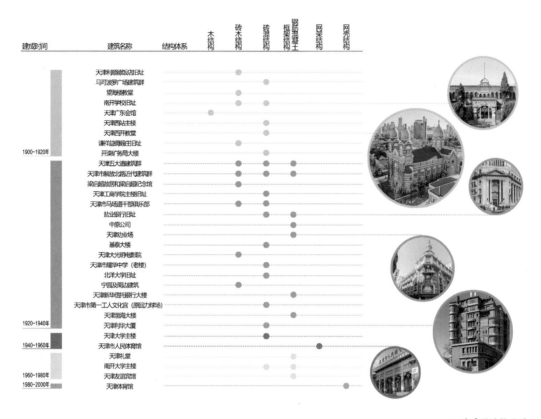

入选建筑结构体系

利华大楼建于1936~1938年，建筑主体九层，地下一层，为钢筋混凝土框架结构，楼板和屋顶大部分为现浇钢筋混凝土密肋板，小部分现浇梁板。主楼立面贴棕褐色麻面砖，二层以上东南、西南转角均做成圆弧形通高大玻璃窗。立面虚实对比强烈，顶部进退错落，是同时代高层建筑中"摩登"的代表。

天津人民体育馆于1956年竣工使用，建筑面积1.56万平方米，建成后被称为亚洲第二大体育馆。建筑采用砖石结构，比赛大厅屋盖为弧形角钢联仿网架。入口门廊遵循明间宽、次间窄的传统格局，建筑造型中采用简化的传统装饰构件，并用单一水刷石材质和色彩加以淡化、统一。

工业大生产的发展促进了建筑科学取得极大的进步。新材料、新技术、新设备、新施工方法逐渐出现，为建筑的多样化实现提供可能性。适用于各类建筑使用功能的建筑体系被灵活运用，无论是建筑高度还是跨度，建筑均在不断开辟更广阔的发展空间。

（二）风格形式的逐渐转变

西方世界建筑形式远渡而来，无论是天津本土建筑风格，还是西方古典风格，在经历了新兴时尚的风潮后，均呈现出崭新的面貌，共同指向现代建筑的思想和实践。建筑的平面布局、形态构成、艺术处理及手法运用上，都因风格的不同而体现出时代发展中社会背景及建筑设计观点的变化。在渐进的过程中，各类风格曾对建筑产生过或积极或消极的影响。但现代性逐渐发展即为20世纪中国建筑的核心内容，体现中国传统和外来思想、技术的尖锐对立与彼此融合，推动中国建筑不断向前。建筑因而以不同体型、灵活形式、多样装饰、流畅造型体现出风格的流变。

1. 西洋古典，舶来的异域风情

位于解放北路的近代建筑群曾是外国银行集中地，有"东方华尔街"之称，见证了天津乃至中国金融业在近现代历史上的发展历程。每一幢建筑都堪称西洋古典建筑设计的范本，

一招一式都做得中规中矩，内部空间设计得体到位。[1] 哥特式、罗马式、罗曼式、日耳曼式、俄罗斯古典式等各种风格，成就了这一建筑群体的异国风采与情趣，体现了大气端庄的姿态。无论是原横滨正金银行的八根柯林斯巨柱、原汇丰银行的12根巨大的爱奥尼克石柱，还是规整统一的石材饰面、拱券窗口，都体现出金融建筑的雄伟气势。

2. 民族形式，胜利的建设光辉

20世纪50年代，刚刚迈进社会主义国家阵营的共和国全面学习苏联经验，在政治运动的热情中，兴建了社会主义内容民族形式的各

[1] 刘景梁主编，《建筑创作》杂志社承编. 天津建筑图说20世纪以来的百余座天津建筑 [M]. 北京：中国城市出版社，2004.

解放北路　原华俄道胜银行　原汇丰银行　原中法工商银行

建筑风格变化

类建筑。在追求雄伟壮观和民族自豪感的理念指导下，人民体育馆、天津礼堂、天津市第二工人文化宫等优秀公共建筑产生，建筑造型庄重，民族风格浓厚，具有强烈的纪念性。建筑采用先进结构，在外观上虽在一定程度上模糊了建筑性格，但依旧是那个年代最具代表性的风格体现。那一时期的建筑尤其注重经济节约，简化建筑各部分装饰，有节制地进行建筑实践。

3. 现代风格，创新的繁荣创作

20世纪60~70年代，现代建筑进入大发展阶段，与此同时，全国城市建筑面貌逐渐苍白，失去个性的建筑越来越多，不过仍有不少优秀建筑脱颖而出，体现了中国本土建筑师对现代主义的新认知。天津友谊宾馆作为天津第一座高层宾馆建筑，以其规整的平面，经济适用的标准客房，简洁明快的横线条立面的设计手法，成为20世纪70年代建筑设计竞相效仿的对象。随着时间继续推进，在改革开放前后，中国现代建筑已不再是集仿主义风格，而是形成了既符合现代建筑原则，又有中国特色的新风格。这一时期的建筑通过简明真实的表达，努力践行现代建筑理念，体现技术和理念的结合。

在不断的建筑实践探索中，建筑思想迎来解放。在任何时期，优秀建筑始终体现时代特点，更应经济社会发展趋势而动，无论是华丽还是朴素，建筑风格的流变即为创作精神的反映，更是多元文化的直观体现。

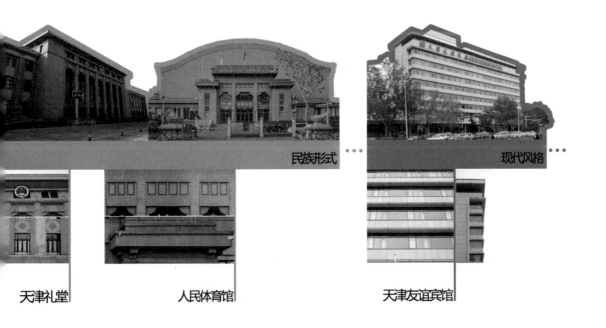

民族形式 ····   现代风格 ····

天津礼堂   人民体育馆   天津友谊宾馆

（三）功能类型的日趋丰富

新功能、新类型建筑在20世纪飞速发展，建筑功能与形式之争也曾不绝于耳。在实践创作中，各类建筑呈现争鸣的繁荣景象。物质水平的丰富，人本思想的巩固，逐渐成就多元的建筑空间。这始终与社会需求紧密相关，体现对生活品质、人居环境舒适及艺术美学的共同追求。同时，透过这些宝贵的建筑遗产，也能够看到天津这座城市在一个世纪中的发展定位变化，及其绵长不绝，历久弥新的文化精神。

1. 兴学

在中西文化的共同影响下，新式学堂广泛兴起，承托民族和家国未来命运，培养出一代代以救国兴民为使命的仁人志士。从南开中学旧址、天津工商学院旧址、天津耀华中学，到北洋大学旧址，再到天津大学主楼、南开大学主楼，从折中主义到民族形式，从引入西学到为我所用，青砖红墙，穹顶拱券，斗拱雕梁都铸就了教育建筑的严谨活泼，共同构成规模宏大、布局整齐、构思精巧的学校建筑，中国现代中学、大学教育也自此步入新阶段。

2. 办公

西方古典主义的开滦矿务局大楼记录着辉煌的业绩和天津工业的发展，基泰大楼是"中国固有之形式"气氛下的探新之作，渤海大楼、利华大厦则以清晰简练的线条完成高耸的体量。利华大厦内部布局合理，外部装饰逐渐简化，体现了新艺术运动风潮下，天津建筑艺术时尚的转变。

3. 事商

沿海城市，贸易便捷，商业发达，商业建筑自然数量众多，发展快速。谦祥益绸缎庄旧址与劝业场、中原公司建造时间不过相隔10年，但在建筑形式上却有着极大的变化，西洋风格注入中国建筑。劝业场中有以商业购物为中心的共享空间和七个"天"字号命名的娱乐场所，现代商业综合体的雏形初现。中原公司曾于天津旭街勃然崛起，把繁华推向了高潮，百姓对中国人自己设计的百货公司表现出极大的热情，"盛赞中国人自己设计建造的奇迹"，开幕前夕就纷纷前来观瞻大楼雄姿。[2]中原公司的五层设有电影院，七层设有"七重天"舞厅和屋顶花园，重建时又以33米高的塔楼，一时成为天津城市标志。

4. 传教

教堂建筑是出现最早的外来建筑类型，随着炮舰来到中国的传教活动曾带有征服者的心态，民族矛盾导致各地大大小小的教案不断发生，教堂也更加接近列强本土的面貌。[3]天津望海楼教堂，曾因"天津教案"和"义和团"被毁，又屡次重建，基本形体始终为巴西利卡式[4]，立面呈哥特式。西开教堂建筑平面呈拉丁十字式[5]，三个巨型穹顶错落排

---

[2] 高仲林主编. 天津近代建筑 [M]. 天津：天津科学技术出版社，1990:33.

[3] 邹德侬著. 中国现代建筑二十讲 [M]. 北京：商务印书馆，2015:50.

[4] 巴西利卡，古罗马的一种公共建筑形式，其特点是平面呈长方形，外侧有一圈柱廊，主入口在长边，短边有耳室，采用条形拱券作屋顶。

[5] 拉丁十字式，教堂形制的一种，东西向的本堂和南北向的轴廊垂直相交，状如十字架。

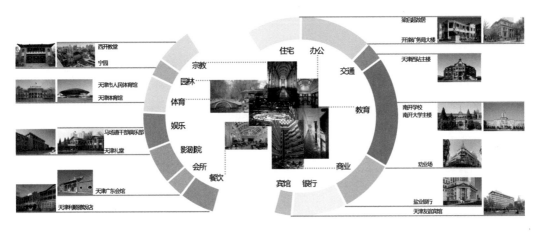

各类型建筑功能

列。其内部空间广阔，由多角柱组成的柱廊支撑着大小不同的半圆形券顶，在满堂发券柱林的起伏中层层推进。中央高大的穹隆顶通过八角筒壁形的鼓座与支撑拱架券的四根柱廊相连，宗教气息浓厚。

当生产生活需求发生重大变化之时，社会文化心理也逐渐开放，开始容纳一些外来的新生事物，全新建筑类型正是在这一阶段中频频出现，包括早期现代建筑在内的建筑功能与形式已基本齐备，并体现出相当高的水准。

二、匠魂挖掘，强势入侵与艰难求索

（一）外籍建筑师输入"小洋楼"

被迫辟为通商口岸后，天津出现外国租界，成为近代工商业港口和贸易之城，随之而来的各国各业人士在此定居。在建筑上同样反映出当时的情形，殖民之风极盛，西方世界建筑的新消息也同时被带来。

1. 诸国割据

大量迁移人口的到来使天津为诸国文化所侵占。天津最具特色的小洋楼便集中在五大道，其由平行的五条城市干道构成。清皇室流亡到天津，将外国租界作为庇佑的安全之岛。在局势动荡的社会背景下，人们祈求安逸、不事张扬，而这种心理状态也外化在了建筑的形式上，封闭的实墙遮挡着低矮的房屋，幽深街道透露着静谧神秘之感。所兴建的花园别墅和西式住宅形态各异，生活空间、城市空间尺度宜人。古典复兴式、罗曼式、哥特式、巴洛克风格、新艺术派、折中主义、摩登式等，风格复杂多样。

2. 各司角逐

各国租界大规模开发建设，近代建筑师事务所在天津获得了飞速发展的空间，众多西方建筑事务所来到天津发展业务，甚至在很长一段时间内，西方建筑事务所都处于垄断地位。

法商永和工程司由法国建筑师保罗·慕乐

（P.Muller）等创立。建筑师在设计时精确比例，讲究构图。天津工商学院教学大楼、中法工商银行、劝业场等建筑，其屋顶、券洞、柱式等多来自法国传统建筑，而在后期所设计的渤海大楼、利华大楼则显现代自由。其设计在技术上也实现了天津高层建筑的突破，贡献出极大的推动力量。

英商永固工程司由英国建筑师安德森（Anderson）等经营。于1929年完成的天津耀华中学、大光明电影院虽为不同建筑功能，但均充分利用地形特点，体现折中主义特征，设简化混水饰面的罗马柱式或山花进行装饰，成为天津当时颇具气派的建筑代表。

西方的建筑设计方法与形式被广泛运用，文化殖民的另一方面则是西方建筑思潮的逐渐深入。西方建筑师的强势入侵，使得建筑形式逐渐体现出多文化色彩的语汇表达，古典建筑的"法式"逐渐被攻破，也在逐渐本土化，预示着新建筑的产生。

（二）中国建筑师摸索新建筑

面对西方文化的攻占之势，中国建筑师始终未曾忘记自己的使命。几代建筑师通过个人之力、集体之力共同在现代建筑发展的道路上摸索前进，所完成的建筑各具时代特色，但始终在进步，反映包容而先进的新建筑之美。

1. 巨匠之作

将现代建筑学科引入中国的人都曾留学于海外，受到正统的学院派教育。归国后，他们一面须面对风雨飘摇的社会动荡，一面又要与外国建筑师同台竞争。他们为中国现代建筑奠基创业，也在用自身努力实现对中国现代建筑发展的追求。他们以广阔的视野和兼容中西的胸怀，引领中国建筑走上正确的发展道路。

沈理源（1890~1950年），1912年毕业于意大利拿坡里（那不勒斯）大学，攻读数学和建筑学科，1915年始回国，后创办华信工程司，在天津设计建筑百余处。其作品盐业银行、中央银行、新华信托银行、金城银行等，庄重大气，典雅细腻。盐业银行立面采用三段式构图，具有典型的古典主义特征，但柱头已演变成中国古典回形纹饰。厅内天花以黄金等材料构成"蓝天飞凤满天星"图案，楼梯间窗户用彩色玻璃拼成盐滩晒盐场面。作品体现出该时代下探索中国内容的努力。

关颂声（1892~1960年），1914年入美国麻省理工学院读建筑学专业。1920年在天津成立了国内最早由中国人创办的建筑事务所——基泰工程司。中原公司与基泰大楼相继建成，借鉴了西方古典商业建筑与现代建筑的优点，立面简洁大气，建筑整体挺拔高耸。基泰大楼在装饰中运用云子边雕刻栏柱和绘有金色花饰的椭圆形小孔，是中国传统建筑风格的体现。

徐中（1912~1985年），1937年获美国伊利诺伊大学建筑硕士学位，1952年始任天津大学建筑系主任。其作品天津大学主楼，在"大屋顶"的覆盖下，呈现对称形式，更显雄浑、古朴，具有典型的时代意义。建筑沿袭传统建筑设计手法，同时寻求个性特点，通过精心推敲比例、尺度和虚实关系，改进"门"形山顶和中央十字交叉的歇山屋脊，成就西洋结构与中国固有古典形式的完美结合。

紧张的外部环境与西方建筑师对市场的占领，刺激和推动着从国外留学归来的中国本土建筑师。他们曾在天津开设事务所，如天津基泰工程司、华信工程司、中国工程司等，或用心传播建筑新知识。从小尺度的住宅到各类公共建筑，逐步替代外国建筑师，成为主流设计队伍。

2. 集体成就

20世纪五六十年代的中国建筑师成长于计划经济的体制下，连绵的政治运动与较为短缺的经济条件使得他们必须考虑节约的问题。在"适用、经济，在可能条件下注意美观"的建筑方针指导下，建筑师们以集体创作的方式完成了值得称道的各类建筑。逐渐开阔的创作思路也为天津贡献出好的作品，促进着城市的建设。

临近世纪之交，由天津市建筑设计院完成的天津体育馆着眼于建筑与环境间的关系。体育馆临水而建，塑造出独具天津特色的"水中体育建筑"的城市景观，碟式造型以平滑柔和的曲线表现流动与飘逸。该建筑一举夺得1997年国家优秀工程设计金奖、建设部优秀设计一等奖、中国建筑学会（60年）建筑创作大奖，以及建国60年建筑创新设计大奖等一系列奖项。

如果说中国20世纪建筑遗产项目乃属于国家与人民集体记忆的皇皇巨作，代表了百年华夏民族现代化后的中国建筑的最高成就，那么从建筑作品身后的建筑师、工程师，我们可触摸到生生不息的中华文脉与精神。[6]这一知识

群体将高超的设计手法与被社会接受的审美习惯相结合，创造精美建筑，承载人文艺术。即便许多建筑师的姓名未曾留下，但他们在过去年代中所付出的努力却也同建筑融为一体，被载入史册。曾经的迷茫已不复存在，一代代本土建筑师将外来形式同地域特征逐渐结合，以此开辟出适合于本地发展特征的形式，完成持续的创新性探索。

三、时代回声，文化传承与活态利用

新时代浪潮中，本着对国家、民族、子孙后代负责的态度，天津对建筑历史遗产开展切实有效的保护利用实践。这些20世纪建筑遗产中，有多座建筑同时也拥有天津历史风貌建筑的身份。多项地方性法规全力保障其良性发展，专业化团队以技术革新守护文化底蕴，长效保护步入新阶段。

凝望这些建筑遗产，并不应只着眼于建筑本身，更应看到其所蕴含的丰富历史文化和艺术信息。一个个或屈辱，或光辉的天津故事正由这些建筑娓娓道来，回声跨越时空在耳畔响起：

解放北路金融街，各国所建银行建筑中，帝国主义列强向清政府和北洋政府提供借款，疯狂进行经济掠夺，大量黄金白银从这里源源不断地流出；

饮冰室，梁启超身处国家内忧外患之中，临危受命，即将变法维新。焦灼之际感慨："今吾朝受命而夕饮冰，我其内热与？"

南开学校，周恩来于即将毕业之时，与同

[6]金磊.中国20世纪建筑遗产与百年建筑巨匠[J].中国文物科学研究，2018（04）:7-11.

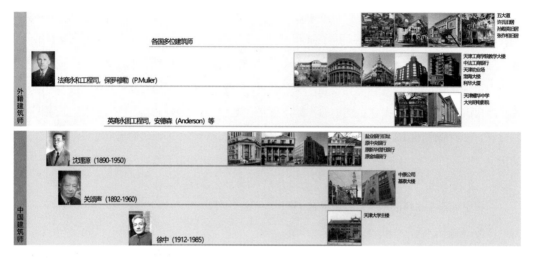

中外建筑师与其在天津的建筑作品

学们互道珍重，并互赠"愿相会于中华腾飞世界时"的真挚留言；

天津广东会馆，孙中山曾两次来此发表著名演讲，邓颖超与所在的天津爱国女界同志会为募捐难民在此演出话剧，声音经戏台正上方的藻井，传出戏园，传到中华大地的各个角落；

中国大戏院，梅兰芳剧团演出24天，场场客满。因缜密的声学计算，表演者不必费劲提高声音，坐在三楼最后一排的观众也能获得与前排无异的视听感受；

中原公司，国外游客于20世纪50年代来到天津，首先一定要登上这座当时天津最高建筑的塔楼俯瞰全城；

天津市人民体育馆，中国乒乓球队于1995年包揽七项世界冠军世乒赛冠军，掌声响彻云霄……

向史而新，20世纪建筑遗产距离现在并不遥远，它们所承托的意义并不仅限于过往，更是当代回望历史的重要途径。改变与创新需要智慧，对中国20世纪建筑遗产保护事业更要有敬畏之心，要有跨界思维，要有文化遗产服务当代社会的新策略。[7]

激发其当代生命力，力求让其"活"在当下，面向未来，才是今日所必须。通过为其注入新功能，使之焕发新活力。以五大道为例，其中的先农大院成为集餐饮娱乐、时尚购物、文博展览等于一体的体验式综合社区；民园西里文化创意街区则变身最具文艺范儿的创意生活街，并设多处爱国主义教育基地，成为最受关注的热门活态化案例。

民族与地区的血脉延续因文化的生生不息而永存。薪火相传，与时俱进，历史的回声才

[7] 单霁翔. 20世纪建筑遗产要服务当代社会 [N]. 中国建设报，2016-10-17（004）.

永不停止。天津 20 世纪建筑遗产风格多元，曾不拘一格地吸收、融合，西为中用。百年前的规划理念与设计思想在今天依旧熠熠生辉，这些记忆沿海河奔涌，于两岸驻足，同今日对话，并将为当代与未来生活留下无尽的启迪。

戴路，工学博士，天津大学建筑学院教授，中国文物学会 20 世纪建筑遗产委员会专家。研究方向为中国近现代建筑历史与理论、文化遗产保护与再利用等。曾获教育部自然科学奖一等奖，天津市科学技术进步奖二等奖，天津市教育系统教工示范岗。出版著作教材译著 5 部，发表论文 60 余篇。

参考文献：

1 刘景梁主编，《建筑创作》杂志社承编 . 天津建筑图说 20 世纪以来的百余座天津建筑 . 北京：中国城市出版社，2004.

2 高仲林主编 . 天津近代建筑 . 天津：天津科学技术出版社，1990:33.

3 邹德侬著 . 中国现代建筑二十讲 . 北京：商务印书馆，2015:50.

4 金磊 . 中国 20 世纪建筑遗产与百年建筑巨匠 [J]. 中国文物科学研究，2018（04）:7-11.

5 单霁翔 . 20 世纪建筑遗产要服务当代社会 [N]. 中国建设报，2016-10-17（004）.

第十三讲：
20世纪遗产尽显京城建筑变迁

刘军　　　　林娜

　　20世纪的中国是一个政治变革、经济创新和文化变迁的时代，在这个带有强烈的转折性的世纪中，建筑承载了社会思想的智识史和文化史。20世纪也是前所未有的建筑学大发展的时代，曾经通过了许多新的理论和"宣言"，建筑技术和艺术以及近代城市规划理论均得到了空前的发展。

　　北京是我国古老的历史文化名城之一。20世纪的北京发生了许多改变城市命运的历史事件，20世纪建筑遗产是北京城市发展的历史缩影，也承载了北京建筑的百年变迁路径。时代赋予这座城市历史的积淀，同时也给这座城市无限延伸的活力。1999年国际建协第20届世界建筑师大会上，由吴良镛院士起草的《北京宪章》中提到，"20世纪是一个大发展和大破坏的世纪，大规模的技术和艺术创新无疑极大地丰富了建筑史，但同时许多建筑又难尽人意"。恰恰就是在这种激荡之中，20世纪的中国建筑取得了前所未有的成绩，给20世纪的北京留下了许多优秀的建筑作品。

　　城市建筑、文博史论界专家在感悟20世纪建筑遗产时认同：它是中华人民共和国历史上第一次由中国文物学会、中国建筑学会联手，在推介创造卓越的"国家记忆"作品上迈出的一步；对中国20世纪建筑遗产成果脉络的梳理在展示中国建筑经典整体风貌的同时，还写就了20世纪中国建筑师集体与个人的建筑史；入选作品体现了时代背景下中国建筑学家坚守信念与创新的使命感，在业界内外竖起 20 世纪建筑遗产的丰碑。我们有理由说，中国建筑已经形成了 20 世纪世界建筑家族中的风格与流派，向世界打开以建筑名义看中国的"窗口"；20 世纪中国建筑与国家叙事有天然的联系，如果人类的文明需要新故事支撑，20 世纪中国建筑能使观者获得文化自尊与自信。

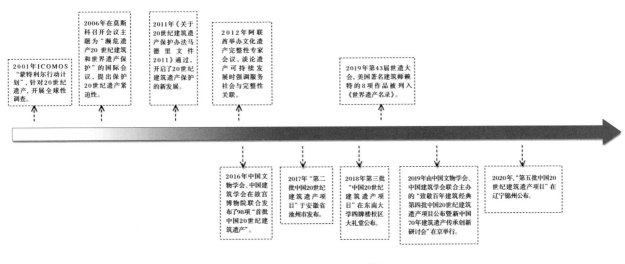

国际 20 世纪建筑遗产重要时间节点

一、建筑类型丰富且保存完整

　　大部分的 20 世纪建筑保存相当完整，充分地重视和积极的维护可以让这些建筑继续服务于社会。除了保存完整之外，北京 20 世纪建筑遗产建筑类型还非常丰富。2016~2020 年，五批中国文物学会、中国建筑学会推荐的"中国 20 世纪建筑遗产项目"中，北京的 20 世纪建筑遗产入围了 95 个，包括纪念类建筑九项，如毛主席纪念堂等；观演类建筑八项，如全国政协礼堂（旧楼）等；教科文建筑 37 项，如民族文化宫等；办公建筑 11 项，如"四部一会"办公楼等；体育建筑五项，如国家奥林匹克体育中心等；住区建筑五项，如北京菊儿胡同新四合

院等；医疗建筑三项，如北京儿童医院等；宾馆建筑 10 项，如北京友谊宾馆等；交通与工业建筑四项，如北京火车站等；商业建筑一项，北京百货大楼。这是对北京 20 世纪建筑发展的展示，更是对 20 世纪的北京城市建设的肯定。

　　毛主席纪念堂始建于 1976 年 11 月，1977 年 9 月 9 日举行落成典礼并对外开放。其主体建筑为柱廊型正方体，南北正面镶嵌着镌刻"毛主席纪念堂"六个金色大字的汉白玉匾额，44 根方形花岗岩石柱环抱外廊。2016 年入选"首批中国 20 世纪建筑遗产"名录。虽然全部工程仅用了六个月建成，但现今建筑保存完整，气势依然雄伟挺拔，庄严肃穆，具有独

特的民族风格。

全国政协礼堂（旧楼）于1954年经周恩来总理指示开始筹建，1955年由北京市建筑设计院赵冬日、姚丽生设计，1956年竣工，是全国政协的会议场所和常委会的办公场所。其建筑风格和外形庄严、典雅、大方，内部厅堂华丽，门额高悬中国人民政治协商会议会徽，是新中国时代最重要的标志性建筑之一，尽显庄严宏伟、朴素典雅的民族风格和现代化建筑的非凡气派。2019年入选"第四批中国20世纪建筑遗产"名录。

民族文化宫是一座具有博物馆性质的民族风情展览馆。1999年国际建筑师协会第二十届大会上，民族文化宫被推选为20世纪中国建筑艺术精品之一，2016年入选"首批中国20世纪建筑遗产"名录。

国家奥林匹克体育中心，建筑立面造型与结构设计紧密配合进行，屋盖部分结合建筑造型，采用了斜拉双曲面组合网壳，利用钢筋佐

塔筒斜拉索拉住屋脊处的立体行架，两侧网壳采用斜放四角锥，体育馆下部立面的处理手法简洁明快，用浅色的喷涂墙面和深色门窗框、蓝灰色反射玻璃形成大面积的虚实对比。国家奥林匹克体育中心1986年竣工，2007年改扩建工程完工，2016年入选"首批中国20世纪建筑遗产"名录。

北京菊儿胡同新四合院，工程分两期进行，采用建立在"有机更新"理论上的小规模改造原则，发动社区参与危改和组织居民住房合作社，是城市危房改造和居民住房体制改革的成功尝试。菊儿胡同新四合院住宅继承和发扬了北京传统文化中不可分割的住宅文化，得到国际学术界的重视，1992年获"亚洲建筑师协会设计金奖"，1993年"世界人居日"获得"1992年世界人居奖"，2016年入选"首批中国20世纪建筑遗产"名录。

95个北京20世纪建筑遗产项目占了总数的23%，这是对北京20世纪建筑发展的展现，更

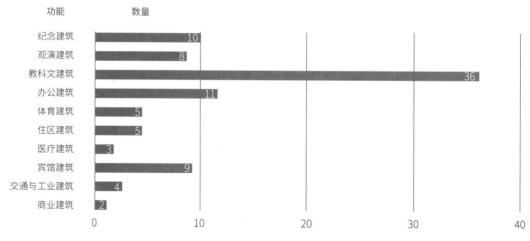

北京20世纪建筑遗产建筑功能数量分布

是对20世纪的北京城市建设的肯定。这95个项目作为20世纪建筑的代表，其创新性给这座有着悠久的历史文脉的城市发展的活力，而这种活力并未被定格在那个过去的时代，如今这些建筑早已成为未来建筑发展的基石。因此，保持北京城市生命力的最佳策略就是在建筑遗产创新性基础上来发展这个城市的创新活力。

二、城市文脉的情感寄托

西方建筑史学家尼古拉斯·佩夫斯纳在《欧洲建筑纲要》中写道："时代精神渗透了（一个时期）社会生活、它的宗教、它的学术成就和它的艺术。"[1] 而建筑则是"变化着的时代的变化的精神"的产物。20世纪的中国，恰逢西方文化强势进入，对中国本土文化带来的冲击与震荡让20世纪的建筑呈现出转折性的走向，从技术的创新、艺术的多元和中西方文化融合等多元化角度审视20世纪中国现代建筑，让我们越来越清晰地认识到20世纪建筑遗产所具有的保护价值与研究价值。

建筑所传达的历史信息是其首要价值，其中不仅包括重要历史事件、历史人物的信息与思想，同时也承载了城市发展的脉络。作为20世纪北京城市历史特征的主要组成部分，建筑在北京城市传统风貌延续中的文脉价值，只有置身于历史的脉络之中，才能真正理解。建筑并不是孤立的存在，而是处于某种环境之中，城市环境、自然环境都是建筑存在发展的重要影响因素。而对于建筑遗产的保护，不应仅仅局限于单体建筑，而是应该将目光放在建筑群体组合价值上。

新中国成立以后，教育事业蓬勃发展，原有校园规模大大扩张，旧的建筑焕发出新的活力，新的建筑又很好地融入进来。比如2016年"首批中国20世纪建筑遗产"名录中的清华大学早期建筑、未名湖燕园建筑群；2017年"第二批中国20世纪建筑遗产"名录中的东交民巷使馆建筑群、798近现代建筑群、首都国际机场航站楼群（20世纪50年代、80年代、90年代）；2018年"第三批中国20世纪建筑遗产"名录中的北京林业大学近现代建筑群、北京航空航天大学近现代建筑群、北京外国语大学近现代建筑群、中国农业大学近现代建筑群、北京科技大学近现代建筑群、中央民族大学近现代建筑群、北京理工大学近现代建筑群；2019年"第四批中国20世纪建筑遗产"名录中的故宫博物院延禧宫建筑群、中国石油大学（老校区）、中国地质大学（老校区）、北京医学院（现北京大学医学部）、中国政法大学（近现代建筑群）。

在北京的高校建筑群中，尤其是北京大学、清华大学等高校的校园里，有大量的新中国时期建设的建筑，有的体现了梁思成先生提倡的"社会主义内容、民族形式"的建筑理念，有的是"多、快、好、省"建设社会主义的时代产物，它们既记录了北京城市发展中取得的伟大成就，也见证了高教建筑曲折的探索之路。

其中，有的高校建筑注重将建筑的民族形式与地方的自然人文环境相结合，体现了丰富的地域文化特点，如未名湖燕园建筑群。未名

北京高校建筑

湖燕园建筑群于2001年被列入全国重点文物保护单位，是近代著名学府——燕京大学原址。该建筑群以未名湖为中心，呈四周分布。各群组大多为三合院式，总体布局合理，局部尺度适宜，与自然地形地貌结合紧凑。建筑物多为两层或三层，主要建筑用灰瓦红柱，石造台阶，浅色墙面，檐下有斗拱梁枋，施以彩画；次要建筑取民居园林形式，湖边水塔为八角密檐式。园内尚留一些明清旧园遗物，也有从圆明园遗址搬来的石刻小品。在历史的长河里，陪伴一代又一代高校学子，这些建筑的意义已经不仅限于建筑物本身。入选首批中国20世纪建筑遗产的它们，经历了风风雨雨，也见证了北京发展的历史。

北京大学校园同时保存了三个时代的文化遗产：一是中国传统园林遗址，传承了清代

"赐园"的丰富历史信息；二是近代中国教会大学的校园，展现了民国时期特定历史条件下的复古主义建筑艺术；三是社会主义新中国的大学建设，是20世纪50年代"社会主义内容、民族形式"建筑的重要起源和典型代表。[2]

"第三批中国20世纪建筑遗产"和"第四批中国20世纪建筑遗产"名录中入选的一系列高校建筑群伴随着北京的发展，承载了城市文脉的变迁。

此外，一些高校借鉴苏联经验，以教学主楼或图书馆作为中轴，建设中心广场，形成了对称、严整的恢宏气势，如清华大学东区。清华大学早期建筑位于北京市海淀区清华大学校园内，现存建筑20座，较为重要的有清华学堂、清华图书馆、体育馆、清华大礼堂、清华科学馆等。清华大学早期建筑整体保存较好，至今仍为教学和科研服务。北京科技大学近现代建筑群主要由主楼、办公楼、理化楼、外语楼等组成，均建于20世纪50年代，主要参考苏联经验建设而成，也是典型的苏式建筑风格。

北京林业大学近现代建筑群，主楼前采用中国传统园林造景手法，以绵延姿态构建东西两侧山体，形成环抱中央草坪之势。各个教学楼周边都种植各种树木花草，整个校园就好像是一片森林。学研中心楼是北京学院路北端的标志性景观，该建筑群设计奇特、造型新颖、功能完善。

中国农业大学近现代建筑群于20世纪50年代建成使用，由马锦明大楼、民主楼等五栋建筑组成，总建筑面积约72900平方米。建筑为砖混结构，校园主入口有开阔的绿化、交通广场，建筑群布局紧凑、功能分区明确。主楼体量比其他教学楼高大，立面装修讲究。教学楼以多层为主，楼中间和两侧均有楼梯便于人流分散，现作为教学办公场所使用，保存状况良好。

三、时代特殊性下的纪念意义

所谓发展，是将建筑放在一个连续的演进环境中用发展的眼光审视与分析。如何从当今中国社会环境的视角看待20世纪建筑遗产的艺术价值、技术价值和保护价值，是对其保护的首要问题。邹德侬教授在2012年发表的《需要紧急保护的20世纪建筑遗产：1949至1979年》中特别提到，"20世纪下半叶建筑的遗产保护尚没有真正起步，其中，1949至1979年间的优秀建筑，由于它们天生脆弱，正在当前的建设洪流中飞快消失。认识和保护共和国头30年的建筑遗产，已是迫在眉睫了"。[3]因此，所谓利用，是指由于大量的20世纪建筑遗产如今还在使用，唯有科学地使用与有效地保护这些建筑遗产，才能让一座着悠久的历史文脉的城市更具活力。

20世纪的中国经历了辛亥革命、新中国建立和改革开放三次历史性巨变，20世纪北京的建筑更是经历了高速发展蜕变过程。20世纪的北京经历了从短缺经济到迅猛发展的转折时代，一方面民族主义与现代主义激烈碰撞，另一方面经历了不断寻求国家认同的周折。这些历史特殊时期下的建筑作品，不管今天看起来是否适用，但都具备承载时代的纪念意义。从20世纪20年代"传统复兴式"取代了洋风，到20世纪30年代的"传统主义新建筑"开始，北京建筑开始了新的征程。从20世纪50至60年代"苏式建筑"到形成了北京地域特色的工业建筑风格，"苏式建筑"一方面属于现代建筑文化遗产，具有较高的保护与研究价值，另一方面也是我们了解20世纪北京城市文化与历史变迁的极佳切入点。而北京工业建筑建设对城市格局演变、建筑风格等也产生了重要影响，拥有独一无二的遗产价值。

20世纪50代年至90年代，三次分别评选出10个建筑，成为北京城市建筑发展的风向标。其中，20世纪50年代北京十大建筑，不仅是中国共产党领导下新中国建筑史上的一次创举，更和后来的80年代"十大建筑"、90年代"十大建筑"一起见证了北京城市20世纪面貌日新月异的变化。其中，人民大会堂、中国历史博物馆与中国革命博物馆（两馆属同一建筑内，即今中国国家博物馆）、中国人民革命军事博物馆、民族文化宫、钓鱼台国宾馆、北京火车站、北京工人体育场于2016年被选入"首批中国20世纪建筑遗产"名录，民族饭店和全国农业展览馆于2017年选入"第二批中国20世纪建筑遗产"名录。这些建筑承载了北京20世纪时代的纪念意义，见证了1958~1959年中国本土精英建筑师、设计师们在10个月内边设计、边备料、边施工，高质量完成北京"十大建筑"的恢宏历程。

四、建筑形式多元化

适逢西方现代建筑思想进入中国，建筑师对传统与现代这个话题的尝试与探索，在北京的城市建设中，集结成了许多里程碑建筑作品。西方建筑思潮的迅速涌入，形成了一种以折中的方式与本土建筑创新逻辑的融合发展。此时的北京建筑创作在回应西方建筑思潮影响的同时，不可避免地夹杂了滞后态度的折中主义保守性和创新手法的单一性等问题。从民族传统文化的表达和关注方面，在面对当代建筑思潮，如现代主义、历史主义、新现代主义和解构主义的时候，也呈现出大胆的追求和不懈努力的创新精神。当然，其中也出现过因为缺乏经验，导致模仿代替创新的情况发生，但经历了大胆的、颠覆性的创新尝试以后，北京建筑以特有的方式，呈现出了20世纪建筑创新的新思路。不断寻求国家认同的过程也为20世纪建筑遗产留下了独特的记忆。从第三世界发展中国家到世界强国，身份的转变在建筑发展中留下了特有的印记，不断变化的建筑风格展现出了中国变化着的国家认同。

香山饭店，试图"在一个现代化的建筑物上，体现出中国民族建筑艺术的精华"，表达出建筑师对中国建筑民族之路的思考。建筑设计师用简洁朴素的、具有亲和力的江南民居为外部造型，将西方现代建筑原则与中国传统的营造手法巧妙地融合成具有中国气质的建筑空间。香山饭店由国际著名建筑设计大师贝聿铭先生设计，2016年入选"首批中国20世纪建筑遗产"名录。

1954年和1974年，在周总理的亲切关怀下，北京饭店相继进行了两次扩建，分别建设了北京饭店西楼和北京饭店东楼，一度成为北京城内现代化和国际化的标志建筑。在新时代，北京饭店依然是重要国事活动和会议的首选场所，它在承载着酒店功能性和特殊政治身份的双重使命中见证了时代的变迁。北京饭店建东楼时，周总理亲自参与并提出意见，建议以旅游饭店为主的格局兴建东楼，后来周恩来的这个愿望在十多年后建设贵宾楼时得以实现。1990年北京饭店贵宾楼落成，毗邻紫禁城和天安门广场，置身其中，可以感受到既古老又现代的中国脉搏。北京饭店于2016年入选"首批中国20世纪建筑遗产名"录。

五、结束语

简言之，在社会经济迅猛发展的今天，对北京20世纪建筑遗产的梳理，无疑能让21世纪的我们更加清晰地审视这段历史。建筑遗产作为遗产的一种类型，其特殊性更在于承载着文化自我认同、科技发展的轨迹和艺术水平的提升。北京20世纪建筑遗产的保护价值也不仅仅体现在其厚重的历史价值上，同时还涉及不容忽视的建筑价值、艺术价值、社会价值、文化价值等。20世纪上半叶的建筑遗产由于共识度高而得到了很好的有效保护，然而对于20世纪下半叶的建筑遗产问题的认识不足，导致很多建筑在飞速发展的城市化进程中快速消失。对于这部分遗产的保护，需要社会各界的关注，同时更需要有完善的、成熟的建筑遗产评价体系作为理论支撑与发展导向。

刘军，北京市建筑设计研究院有限公司第二设计院院长助理；国家一级注册建筑师，高级工程师 中国建筑学会会员。

林娜，天津大学博士，参与中国近现代建筑发展创新研究和20世纪建筑遗产保护研究。

参考文献：

1 尼古拉斯·佩夫斯纳. 欧洲建筑纲要 [M]. 杭州：浙江人民美术出版社，2021:01.

2 邹德侬. 需要紧急保护的 20 世纪建筑遗产：1949 至 1979 年 [C]// 中国文物学会.

3 空天报国忆家园——北航校园规划建设纪事（1952-2022 年）编写组. 空天报国忆家园——北航校园规划建设纪事（1952-2022 年）[M]. 天津：天津大学出版社，北京：北京航空航天大学出版社.

第十四讲：
时代博物视野下的上海 20 世纪遗产

孙昊德

第一批
中国 20 世纪建筑遗产
上海市项目名录
01-13

佘山天文台
上海市松江区佘山山顶
1900 年

徐家汇天主教堂
徐汇区徐家汇蒲西路 158 号
1910 年

上海外滩建筑群
上海外滩
20 世纪二三十年代

同济大学文远楼
上海市杨浦区四平路 1239 号文远楼
1954 年

上海展览中心
上海市静安区延安中路 1000 号
1955 年

松江方塔园
上海市松江区中山中路 235 号
1987 年

东方明珠上海广播电视塔
上海市浦东新区陆家嘴世纪大道 1 号
1994 年

盛宣怀住宅
淮海中路 1517 号
1900 年

四行仓库
上海市静安区光复路 1 号
东侧部分建于 1921 年；西侧部分建于 1932 年

上海邮政总局
上海市四川路桥北堍，门牌为虹口区北苏州路 276 号
1924 年

百乐门舞厅
愚园路 218 号
1933 年

国泰大戏院
黄浦区淮海中路 870 号
1930 年

南京大戏院
黄浦区延安东路 523 号
1930 年

上海百老汇大厦
上海市北苏州路 20 号
1934 年

美琪大戏院
上海静安区江宁路 66 号
1941 年

上海银行公会大楼
上海市黄浦区香港路 59 号
1925 年

上海虹桥疗养院旧址
上海淮海中路 966 号徐汇区中心医院
1925 年

大光明电影院
上海南京西路 216 号
1933 年

大新公司
位于上海市黄浦区南京东路、西藏中路口
1936 年

　　20世纪的百年间，交融东西方的建筑活动、建筑哲匠的规划设计营造了当今上海融合传统与摩登、日常与隽永的城市空间，凝固了近代中国以来的历史风云，蕴藏了丰富的建筑遗产，塑造了包罗万象、开放进取的上海，成为"中国20世纪建筑遗产"最重要的基地之一。

　　2016年9月29日，中国文物学会、中国建筑学会联合发布了98项"首批中国20世纪建筑遗产"名录（以下简称名录），至今已评选6批。在前5批名录中，选出位于上海的35项建筑群或单体，展开了一个更为生动而精细的物

上海20世纪建筑遗产概览

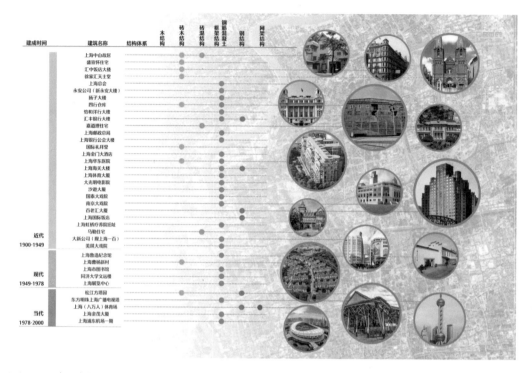

上海20世纪建筑遗产的结构策略

质文明发展图景。[1]这些建筑遗产成为这个城市历史的记忆锚点、当代生活的生动载体，为未来发展提供不绝动力。同时，权威评选和科学普及带来更精细且高质量的建筑遗产保护和活化，在新时期激发物质文明迸发出新的人文价值，带来集体的意识提高和意志进步。[2]

回望百年历史中的上海，从19世纪中叶至20世纪初，随着一系列不平等条约和社会政治的影响，西方资本进入、人口涌入、技术引进和远东商贸活动增多，并达到了相当的高度。无论沿袭古典传统的宗教建筑，还是追求古典复兴而凸显权威的复古折中风格商贸建筑等，多元的功能类型、风格特征不断涌现，激发了在新的城市功能和交流中，城市规模和高度的持续突破、

[1]金磊.中国20世纪建筑遗产与百年建筑巨匠[J].中国文物科学研究，2018（04）:7-11.

[2]中国文物学会会长、故宫博物院院长单霁翔说："认真阅读优秀的中国20世纪建筑，思考它们与当时社会、经济、文化乃至工程技术之间的互动关系，从中吸取丰富的营养，成为当代和未来世代理性思考的智慧源泉。文化遗产是有生命的，这个生命充满了故事，而20世纪遗产更是承载着鲜活的故事，随着时间的流逝，故事成为历史，历史变为文化，长久地留存在人们的心中。"

先进建造技术和基础设施的积极引进，助力上海逐步成为"远东第一城市"。

持续的东西方贸易、政治交流，加之中国内部的帝制瓦解和新政权建立所带来的短暂和平和主动发展，如1928年以来民国政府的"特别市规划"等因素，上海迎来了建设的"黄金十年"。装饰主义、现代主义风格的"新建筑"随即出现，追求新风格新表现的剧院、影院、舞厅等文化娱乐场所成为"摩登生活"的生动载体。此时的上海凝聚了西方规划建设和中国本土都市计划的实践，成为城市近代化的典范。而战时的上海也经受了巨大冲击，城市环境遭到巨大破坏，众多建筑遗存见证了艰苦卓绝的抗战历程。当然，原"租界"的特殊政治属性也保全了众多建筑遗产。

新中国成立后的社会主义建设中，上海快速转向工业化生产城市，激发了城市中新的公共纪念物、服务新生产方式的住区等类型，同时高等学府、文化建筑等也得到了更大的发展，以承载新的集体意志，成为社会主义现代化空间类型和城市记忆的新锚点。

改革开放以来，上海的城市现代化建设得到了空前发展，成为中国当代建筑最重要的创新和实践基地之一，朝着现代化、国际化的大都市等重要建设目标不断迈进。在中国当下新时期的社会主义现代化建设，以及人民城市、有机更新背景下的高质量发展等宏观指导下，更是为上海带来了崭新的发展机遇。

回望"建筑遗产"在物质发展和文化精神中的历史凝聚，更为必要。如何保护建筑原貌以揭示和展现原真的历史和记忆，并通过持续的修缮和活化，使之在当代城市中发挥更大的作用，成为一项全社会的重要议题。20世纪已经成为历史，中国也已发生了翻天覆地的变化，而上海的城市和建筑正如一座开放且不断变化的博物馆，镌刻着百年发展历程中的点点滴滴。纵观世界范围内足以被称之为"伟大"的城市，可以看到一种共性，即物质文明基础所传递的"时代博物"，将时代发展与博物式的城市环境紧密结合，并时刻在当下发挥着作用，其中蕴含的历史原本、物质文明价值和人文精神等也成为迈向未来的重要基石和路径。

在众多学者的努力之下，关于上海的近现代历史建筑、建筑师、建筑

活动，包括当代实践等研究已健全而成熟。[3]基于对经典的学习理解，本
文试图围绕"中国20世纪建筑遗产"的评选名录，再读位于上海的"前五
批"35项优秀建筑样本，依据重要的建筑本体内容，如建筑风格、技术特
征、功能演化等，包括围绕时代历史发展中的特殊叙事，从而进行梳理以
力求起到一定的普及作用。

---

[3]例如，罗小未先生主编的《上海建筑指南》；郑时龄院士的著作《上海近代建筑风格》；伍江教授编写的《上
海百年建筑史（1840~1949）》；卢永毅教授主编的"开放的上海城市建筑史丛书"；娄承浩、陶祎珺的著作《上
海百年工业建筑寻迹》等，以及上海城市建设档案馆和上影集团东影传媒联合摄制的纪录片系列《上海建筑
百年》等。近期，由宗明编写的《这里是上海：建筑可阅读》系列更进一步助力优秀建筑文化的科普与传播，
邹德侬教授的《中国现代建筑二十讲》等为中国现代建筑发展研究提供了重要的史料和理论支撑。

一、基础：材料结构的技术突破

20世纪以来，上海的建筑活动充分拥抱并吸收了西方当时先进的结构技术和基础设施建设，这一点也在最初的专业期刊，如《中国建筑》《建筑月刊》中等得到了详尽的介绍。

尤其钢结构和钢筋混凝土结构技术，赋予建筑规模和高度上的突破。其中，名录第一批收录的外滩建筑群、南京西路建筑群成为上海最著名的建筑符号和城市象征。这些高密度街道和街区大多由多层或高层建筑组成，并大量采用了当时最新的钢结构和钢筋混凝土结构策略。例如，由沪上最知名的外籍建筑师之一的邬达克设计的上海国际饭店是历史最久远的饭店之一。建筑采用了整体钢结构建设，并浇筑钢筋混凝土楼板，总高83.8米，24层，是当时全国也是当时亚洲最高的建筑物，被誉为30年代"远东第一高楼"，并保持这一最高建筑

纪录长达半个世纪。[4]另外，如由通和洋行设计的四行仓库有较为特殊的仓储和办公功能，最初的仓库为三层砖木混凝土结构，经多次改造，采用了钢筋水泥浇筑框架结构，南立面为清水红墙水泥粉刷立柱，柱间横向长条高窗，形成了坚固、恒久，同时设计考究而简约的工业建筑典范。[5]

名录内的早期建筑仍采用木结构或砖木混合结构，如盛宣怀住宅、马勒别墅、中共一大会址的石库门建筑等。新中国建立初期，高密度的低层住宅类项目普遍采用经济适宜的砖木结构，以快速建造和节约经济材料，如曹杨新村为工人新村这一新居住类型提供了设计与技术策略上的摹本等。[6]

---

[4]沈嘉禄.国际饭店，城市文明的一个原点[J].档案春秋，2011（08）:62-64.

[5]唐玉恩，邹勋.勿忘城殇——上海四行仓库的保护利用设计[J].建筑学报，2018（05）:16-19.

[6]章迎庆，宾慧中.曹杨新村适应性更新策略研究——基于曹杨一村社会调查[J].住宅科技，2013，33（02）:30-33.

改革开放后，蓬勃发展的公共建筑采用了更为先进的结构策略，创造出更高、更大规模和结构跨度的建筑地标。例如，上海体育场（八万人体育场）采用了"波浪式马鞍形"的整体钢结构框架，实现了棚顶巨大的悬挑，满足了大型体育活动的观看需求；浦东机场第一航站楼的张弦梁结构实现了内部空间的通透高大和外部形态的轻盈优美；浦东新区发展的锚点——"东方明珠"电视塔的主体为多筒结构，主要考虑风力作用下的结构表现，并由三根斜撑、三根立柱及多个球体的整体结构，从

而实现高350米，总高达到468米的上海"高度"。随着浦东新区的进一步快速发展，超高层建筑如雨后春笋，其中金茂大厦是浦东新区标志性的摩天大楼，其地基部分采用钢筋混凝土的保护性结构，往上是高强度混凝土与钢结构复合结构，实现了420.5米的总高度等。

上海建筑遗产在百年内的建筑结构发展，成为城市空间发展的基础，是结构和材料科学进步的生动体现，更是从西方舶来到本土自主设计与建设能力进步的强力证明。

上海 20 世纪建筑遗产风格

二、表征：建筑风格的多元融合

被誉为"万国建筑博览会"的外滩建筑群是上海建筑风格的生动代表，在全世界享誉盛名，同时深厚历史沉淀出的具有中国传统江南意蕴和满足生活需求的传统建筑也成为上海重要的建筑遗产。20世纪百年建筑发展中，最显著的特征便在于多元建筑风格和文化意义的和谐融合，令人常读常新。

首先，众多中国传统建筑在20世纪得以保存，成为上海的文化基础。其中最重要的当属中国共产党第一次全国代表大会会址，它是典型的低层石库门里弄建筑，并在后期的建设中不断修缮，维持着原真的风格特色和材料质感。在2021年的建党百年之际，更是成为新的"中共一大纪念馆"的设计源头。

其次，20世纪初，沿袭古典风格，包括复古折中主义风格的设计实践占据了上海建筑最主要地位。尤其由西方投资者兴建和西方建筑师设计的折中风格建筑，保有了古典的特征和准则，并利用现代的结构技术和材料工业，试图展现古典复兴的权威感与形式感。如前文所述，从20世纪伊始逐渐形成，并逐步发展而绵延展开的上海外滩建筑群，普遍采用了复古折中主义风格，成为上海最重要的城市名牌和建筑符号。服务西方在华活动的银行大楼、洋行总部大楼、饭店建筑等形成了"和而不同"的体量、色调与风格呈现。例如，由英资公和洋行设计的扬子大楼采用了多段式的立面造型，不同段落"拼贴"了蕴含维多利亚风格立面开窗与装饰造型，包括局部的古典希腊柱头造型等，呈现出一种强烈拼贴意图的古典折中风格。外滩建筑群也成为百年之间文学、摄影、绘画、雕塑表现的对象，成为更丰富的建筑视觉和文化载体。在当代上海"一江一河"的发展中，原本外滩滨江区域也逐步发展到浦江沿岸更广的滨水空间，成为商贸、居住、艺术文化、休闲生活的新目的地。

20世纪二三十年代，风靡西方的装饰艺术建筑风格逐渐在上海成为时下风尚，也逐渐显现众多现代主义风格的倾向。例如，容纳多元风格的南京西路建筑群，被誉为"中华商业第一街"，在19世纪后半叶基于外国人居住区进行开发，逐步扩大，承载了繁荣的居住、文化和商贸功能，串联起众多优秀的历史建筑。例如前文提到的国际饭店是典型的装饰风格，三段式的经典造型组织，形成街道尺度的严整街墙，中部主体规整，顶部则采用高耸比例的阶梯收分造型，吸收了芝加哥学派的造型特征和材料质感，吸引了众多政治人物和社会名流都曾到访，留下了一代传奇记忆。[7]另外，还有由本土建筑师杨锡镠设计的百乐门俱乐部，由哈沙德洋行设计、教会建筑师安铎生主持的上海体育大厦（西侨青年会）等都成为沿线的重要装饰艺术风格建筑精品。在当代，南京西路更是成为城市生活的地标商业街区，承载了一代代上海居民和全国游客的生活记忆。

同为西方传入的国际式现代主义风格，尤其在20世纪三四十年代间成为重要的建筑设计实践的基准。例如，始建于1928年大光明电影

---

[7] 傅聪聪. 致敬百年建筑经典——"首批中国20世纪建筑遗产"大观（二）[J]. 美与时代（上），2016（11）:5-8.

院，在 1933 年由原来的"卡尔登跳舞场"重建而成，由拉斯洛·邬达克主持设计，凭借着简约而有力的建筑设计和内部豪华的设施成为"远东第一影院"。横向排布的整体体量通过中部高塔塑造出节奏感，简约的功能布局通过立体感极强的外立面线性造型而展现在繁华的街道一侧，后续的众多修缮改造依照原样修旧如旧，保持其原真风貌的特色与延续。[8] 名录中另一具有代表性的现代主义风格建筑 W 虹桥疗养院，建成于 1934 年，由本土的启明建筑事务所的建筑师奚福泉设计。其最显著的退台结构保证了充足阳光，同时隔间式病房和阳台在保证隐私的同时也极大丰富了个人活动空间，将功能与形式紧密结合。[9] 同时，被称为"中国第一栋典型的包豪斯风格建筑"的同济大学文远楼由同济大学建筑设计处第一设计室哈雄文、黄毓麟、王季卿设计，于 1954 年建成。不对称的简约形体组合，结合教学功能需求的平面布局与形体设计紧密结合，尤其在阶梯报告厅的立面开窗处理也显示出内部空间和功能特征，整体建筑延续包豪斯设计理念，凸显现代主义风格，是我国最早的典型的包豪斯风格的建筑。建筑细部也呈现中国传统建筑装饰特征与构件，并在之后的使用中经过多次修缮。[10]

近代以来，对"中国建筑固有形式"的

思考和实践，以及到新中国成立后，围绕"社会主义现实主义"风格的探讨与争辩，勾勒出本土建筑师对于民族风格蜿蜒而艰辛的探索路径。[11] 新中国成立初期也出现了众多对于中国传统建筑风格进行现代转译的佳作，同样也是对于民族风格的一种探索，如 1956 年在鲁迅公园内建成的上海鲁迅纪念馆。鲁迅纪念馆由上海市建筑设计研究院设计，采用呈现浓厚地域建筑文化的浙江民居马头山墙形式片段，在当时也属于对于民族风格一次探索尝试。1998 年，馆舍在原址改扩建，1999 年 9 月 25 日竣工重新开放。

与此同时，上海展览中心（中苏友好大厦）于 1955 年建成，与北京展览馆异曲同工，其高度体现了新中国成立初期全面引进苏联建筑风格和设计力量的典型实例，展现了此时对于民族风格新的塑造的另一探索路径。这一建筑由苏联专家和本土设计师陈植先生合作，在很短的时间内完成。具有鲜明苏联的古典主义折中色彩的展览中心宏伟高大，也结合了部分中国建筑的特征。[12] 近年来，展览馆经历了多次改造，如近期由王林教授完成了展览中心室外景观广场的改造，塑造了可达性更强、更开放的公共空间。[13]

[8] 林沄. 上海大光明电影院修复改造的思考 [J]. 建筑学报，2011（05）：14–20.

[9] 张晓春，黄钰婷. 空间·身体·技术——上海虹桥疗养院作为"医疗设备"的空间策略 [J]. 建筑学报，2021（12）：108–115.

[10] 钱锋，朱亮. 文远楼历史建筑保护及再利用 [J]. 建筑学报，2008（03）：76–79.

[11] 近现代中国本土建筑实践的探索和争辩包括中国建筑创作在不同复杂政治和文化环境中的变化，一系列横跨近现代的复杂议题已成为学界历史理论的关注热点。可参考赖德霖、伍江、徐苏斌主编的《中国近代建筑师研究》，朱剑飞编写的《中国建筑 60 年（1949–2009）：历史理论研究》等。

[12] 颜骅，项群. 上海展览中心改造中的特色保护与创新 [J]. 建筑技艺，2018（08）：113–115.

[13] 资料来源于上海交通大学设计学院官方网站：https://designschool.sjtu.edu.cn/dynamic/news/detail/61ce6f2bee8ae20472329dee.

改革开放以来，上海的当代建筑风格产生了多元而丰富的语义。例如，以松江方塔为主体修建的"方塔园"，由同济大学冯纪忠先生规划设计。整体园区保存了明代大型砖雕照壁、宋代石桥和七株古树等，最终形成了含有宋代韵味，开放自由，追求自然和谐的现代园林设计典范。方塔园于1978年筹建，1980年规划设计，1981年初步建成，第二期工程从1981年持续至1987年底。其中，"何陋轩"是方塔园的亮点之一，占地230平方米，竹结构，稻草铺顶，空间富有层次和漂浮感，休闲灵动，充分体现出方塔园的"与古为新"。[14]同时，方塔园大门也采用钢构呈现了中国古典园林门户形象，被罗小未先生称为"传统与现代化的平等结合。这里不是传统中的现代化或现代化中的传统，而是道路更为宽广的多元的并进"[15]，成为当代中国建筑设计对传统园林和空间感的生动转译。

随着城市建设的发展和文化设施的新需求，本土建筑师和西方建筑师的作品相继涌现。例如，东方明珠上海广播电视塔经典的构筑造型，在当下高楼林立的浦东新区，依然展现着独特的表现力，成为当代发展的精神地标。另外，上海市图书馆新馆也是非常典型的结合现代建筑风格与传统建筑语汇的实践，成为20世纪90年代本土建筑师对重要公共建筑

和中国建筑特色塑造的典范。[16]

作为表征的20世纪建筑遗产的风格，是一种凝聚东西方交流中的文化现象，依据基础技术，同时服务功能内容，成为时代发展中最生动且可观、可溯、可感的物质文明样貌。

三、内容：时代生活的功能演进

20世纪建筑遗产的另一特征便是贴近时代，服务东西方交融和中国社会现代性建构中新的功能演进。

首先，西方在华的宗教活动推动了宗教建筑的建设，如徐家汇天主堂在清光绪三十年，（1904年）动土兴建，1910年9月大堂落成，成为衡山路西端的重要地标。建筑遵循了哥特风格教堂形式，平面采用经典的十字平面，成为西方宗教活动在上海集中开展的典型范例。另外，位于衡山路上的基督教堂国际礼拜堂延续了较为古典的哥特式巴西利卡风格，成为凝聚丰厚历史，不分国界的宗教场所。除了教堂，位于松江的佘山天文台由法国传教士兴建，成为基于宗教活动的在华科学考察场所，在当代同样发挥着科学研究和科普教育的功能。

进入20世纪以来，随着科学进步，现代医疗和康养功能建筑也逐渐在上海兴建。其中，华东医院是当时最先进的医疗康养建筑。华东医院由邬达克设计，按照1926年5

[14]冯纪忠.与古为新——谈方塔园规划与何陋轩设计[J].华中建筑，2010，28（03）:177.

[15]罗小未.上海建筑风格与上海文化[J].建筑学报，1989（10）:7-13.

[16]张皆正.寻求环境和谐 寻求使用方便——上海图书馆新馆方案设计回顾[J].时代建筑，1993（03）:3-9.

月 24 日《申报》的报道，一位"神秘先生"为营造医院捐助了巨资。建筑立面为意大利文艺复兴样式，内部装修考究，设施齐全，整体延续了古典主义风格，并采用了当时最先进的医疗设备。[17]

上海近代的文化繁盛和经济发达，吸引了大量政治精英和文化名流在此生活，自然也成为名人故居的聚集地，如交通大学创始人盛宣怀的住宅、中华民族复兴的先驱者孙中山故居也被收入名录。英籍犹太富商马勒的花园洋房住宅由著名的华盖建筑事务所设计，成为上海建筑遗产中非常重要的一种别墅居住类型。在当下的城市生活中，更丰富的商务功能置入，也为马勒住宅带来了新的活力。随着时代的发展，可以看到大量的设计和建设投入转向了大众，如曹杨新村的工人新村模式，为新中国成立初期工业生产和人口涌入后的基本居住需求，提供了一种系统性的住区规划范本。

李欧梵提到的"摩登"成为上海的另一代名词，而承载摩登生活和时代精神的众多展演娱乐类型建筑，更是经过精心雕琢的建筑瑰宝。[18]文化活动和娱乐活动催生了上海近代建筑的新类型，如大光明电影院、美琪大戏院、国泰大戏院、南京大戏院、百乐门舞厅等，在建筑风格上试图带来当时最具国

际式的现代风格、装饰主义风格的尝试。例如，鸿达洋行设计的国泰大戏院位于淮海中路和茂名南路路口，纵向延展的转角入口造型充分呼应了交叉口位置的城市环境，呈现了鲜明的装饰主义风格，并揭示了一种走向更成熟的现代主义风格的倾向。由本土知名建筑师范文照设计的南京大戏院，即上海音乐厅，在 1930 年建成时成为全国第一座专业音乐厅，其采用了复古折中风格，经过整体修缮和内部升级改造后，在 2022 年呈现了当代新貌。而同为范文照设计的美琪大戏院则是在一种装饰主义风格的框架下，试图呈现更为简约并依据建筑功能逻辑而生成的立面造型。同时，这些"新建筑"也采用了最先进的照明系统、音响系统和室内装饰，包括基础设施相关的设备，为摩登文化提供了上海不夜城的意象指示。例如百乐门舞厅采用了当时最先进的弹簧地板，灯光照明的设施更属高端，颇具艺术风格的灯饰也体现了当时工业设计的水准。而近期的精细修缮和运营管理升级也使得百乐门重新投入了当代城市文化和休闲生活。

改革开放以来，上海体育场、浦东机场等大型公共设施的设计和建设将上海的城市生活带入了新的篇章。1997 年建成的体育场成为中国第八届全国运动会的主会场，同时也是 2008 年奥运会的足球比赛场地。其内部及周边的城市空间也在 2020 年开始升级改造，体育场摇身一变成为专业足球场，服务更专业的足球赛事和俱乐部经营，并为市民提供了更多体育康健和休闲生活的空

[17] 华霞虹. 古典外衣遮蔽的功能主义实践 重读邬达克设计的宏恩医院 [J]. 时代建筑, 2012（01）:162-167.

[18] 李欧梵著，毛尖译. 上海摩登——一种新都市文化在中国 1930-1945[M]. 北京：人民文学出版社，2010.

间。[19]同时，上海浦东机场一期由法国巴黎机场公司保罗·安德鲁设计，1997年全面开建，1999年正式投入使用，成为西方建筑师在华工作的重要注脚，也对近年来全国蓬勃发展的大型航站楼设计提供了宝贵参考。

无论是更久远历史中的教堂、医院、戏院等承载了上海城市生活的迭代更新的建筑，还是世纪之交的体育场地与国际门户建筑，这些20世纪的建筑遗产是一种当代生活的生动载体，为过去的发展提供了生动而华彩的诠释，且在持续的有机更新中，为未来提供动力。

四、历史叙事中的建筑地标

建筑的历史正因其缘起和演化，通过物质化的遗存，同中国20世纪百年历史风云息息相关，成为相互的印证。

中共一大会址承载了厚重的革命与奋斗历史记忆，成为上海城市中心，乃至全国的精神地标。在2021年建党百年之际，"中共一大"纪念馆由邢同和设计，从原会址的物质基础，发展出保有石库门建筑风格，并承载了新的纪念功能的置入，塑造了新时代的建筑表达，延续着中国共产党从艰苦卓绝的革命斗争到筚路蓝缕的创业历程，再到当下新时期的伟大复兴进程中的精神象征。

同时，四行仓库通过近些年的电影作品更被大众熟知，而坐落在苏州河畔的仓库仍保留着战争留下的疮痍。[20]当代的改造设计保留了仓库沧桑的历史原貌，同时塑造了周边更为开放的广场，得以为纪念、瞻仰和日常休憩的民众提供适宜的空间，同时新的创意办公的置入活化了仓库建筑的当代使用，这一区域也成为漫步苏州河畔的重要公共空间节点。建筑遗产在新时期焕发着新的活力，更为生动地反射出抗战得艰苦卓绝和英雄事迹。

再如，曹杨新村作为新中国第一个工人新村的尝试，为社会主义工业化和现代化的伟大道路奠定了低调但坚实的基础。围绕新村也形成了新的城市居住环境，在后期也经过了众多城市更新的介入，尤其近期由刘宇扬设计的百禧公园，通过线性公共空间的多方位介入，优化和再造了新的肌理，传承出新的时代精神。[21]

上海体育场、金茂大厦、浦东机场等世纪之交建成的巨作见证了我国在建筑设计、结构技术和建筑工程上的飞跃，并且谱写了我国向着体育强国迈进、实现经济腾飞和面向国际开放进取的生动叙事。

---

[19]"顶级赛事主题门户" 上海（八万人）体育场之升级改造篇 [J].建筑科技，2018，2（01）:8-10.

[20]1937年8月13日，淞沪战役爆发。10月26日至30日，国民政府军第八十八师524团第一营的全体官兵掩护大部队撤退后，奉命进入四行仓库，与日军血战四天四夜，击退敌人的多次进攻。

[21]刘宇扬，梁俊杰，刘泽弘，孔秋实.钢铁绿蔓、潮漾秀谷——曹杨百禧公园 [J].建筑技艺，2022,28（03）:67-77+66.

五、对于建筑遗产的未来发展思考

《20世纪建筑遗产等官方评选与保护名录》的制定激发着相关研究的深入和专业政策的制定，同时，也促进着大众认知的提高，为上海建筑遗产的未来发展提供了可持续且务实的路径，并向着一种更为整体化的街道、街区和城市尺度的认知与保护迈进。[22]

首先，建筑遗产应成为一种更整体化的"城市生活遗产"的锚点。例如，张松对"城市建成遗产"概念的生产演化与启示进行了解读。他提到，约翰·拉斯金（John Ruskin）认为街巷肌理构成就是城市的存在，并且使城市成为应当无条件保护的遗产客体。然而，所谓遗产，往往"被认为是一件罕见、脆弱的物品，就像博物馆藏品一样，应该被置于实际生活系统之外保护起来，但这样的保护使其在具有史实性的同时，也失去了历史的真实性。"[23]作为肌理

的组成部分，尤其是具有遗产价值的建筑，同时也是城市建成遗产的重要组成。于是，"保护"毋庸置疑是我们对待遗产的基本路径和措施。基于"保护"，如何进一步深刻理解、普及并活化遗产的空间和人文价值，成为当前应对建筑遗产的重要议题。相较严肃的"博物馆"，被钢化玻璃保护起来的藏品，另一种能被更日常化消解的城市博物空间，一种具化了时代的博物城市，则是能够被阅读、触摸和使用，并且融入日常的城市生活和精神塑造。日常化的"城市生活遗产"需要多方力量共同塑造，作为一种"时代博物"，为城市发展，为城市整体风貌的保护和利用提供源源不绝的动力。[24]

其次，利用信息媒介，将建筑遗产信息化、文本化，增强其大众视域的可达。近代中国的建筑历史也是一部文学史、艺术史。近些年，由官方和学者、媒体等力量合作的"建筑可阅读"工作，极大带动了建筑专业人士投入科普工作，推动了建筑风格、技术和背后故事的大众普及。[25]同时，结合可视化技术，塑造更具沉浸式的建筑体验也成

---

[22] 根据郑时龄院士的梳理，自1986年上海被命名为国家历史文化名城以来，上海的建筑文化遗产保护经历了三个主要阶段。第一个阶段大致从1986年到1994年，其标志是1991年12月上海市政府颁布《上海市优秀近代建筑保护管理办法》，初步形成由城市规划管理局、房屋土地管理局与文物管理委员会共同负责的历史建筑保护机制。第二阶段大致从1994年第三批优秀近代建筑保护名单的制定到2001年《上海市城市总体规划（1999—2020年）》的颁布，其标志是《上海市城市总体规划（1999—2020年）》的"全市历史文化名城保护""中心城旧区历史风貌保护"规划，奠定了全面进行保护的基础。第三阶段大致从2002年至今，其标志是2002年7月《上海市历史文化风貌区和优秀历史建筑保护条例》，2015年颁布的第五批优秀历史建筑名单、目前正在与《上海市城市总体规划（2015—2040年）纲要》同时编制的《上海市历史文化名城保护规划》，以及上海市各历史文化风貌区规划的修编。

[23] 张松.城市建成遗产概念的生成及其启示 [J].建筑遗产，2017（03）:1-14.

[24] 张松.城市生活遗产保护传承机制建设的理念及路径——上海历史风貌保护实践的经验与挑战 [J].城市规划学刊，2021（06）:100-108.

[25] 2017年中共上海十一次党代会上明确提出"建筑是可以阅读的，街区是可以漫步的，公园是可以休憩的，城市是有温度的"。从2018年开始，上海市委、市政府大力推动"建筑可阅读"工作。经过三年的努力，"建筑可阅读"范围已拓展至全市16个区，开放建筑1037处，设置二维码2437处，基本实现了建筑的"可读""可听""可看""可游"。众多专家学者也投入这一重要的建筑，尤其是历史建筑、建筑遗产的科学研究和大众普及工作。

为新的认知和消费场景。在虚拟可视化技术迅猛发展的当下，"时代博物"也将被赋予新的能量。当下，众多建筑遗产已经投入新的功能和使用场景，基于现场体验，通过更丰富的叙事提炼、增强现实的可视化体验，包括通过穿戴设备等技术，实现更动人的建筑体验，可以让参与者更"真切地"穿梭在20世纪初的外滩的车水马龙，感受30年代的上海"不夜城"的摩登生活，来到正在施工中的东方明珠电视塔顶部，远眺不断变化的上海都市，甚至身处八万人体育场感受奥运会、全运会的盛况等。

最后，结合更为灵活的消费场景和功能置入，以日常活动活化建筑遗产。当前高额的维护、改造、管理费用为建筑遗产的长期运营带来了挑战。相教以往以政府主导和地产资本为主的开发和运营模式，更灵活的消费场景和多元功能置入更能为当下年轻一代的消费习惯所接受，如更开放的艺术庆典、更具体验感的创意市集、更具特色的餐饮休闲、更多变的品牌快闪店等已经形成建筑遗产和当代城市生活的融合契机。如何形成长期的、可持续的联动机制，而不是临时化、"网红化"的片段，成为当前需要多方力量

合作的重要议题。

20世纪建筑遗产，随着"人民城市"和城市高质量发展等宏观指导的提出，精细化的有机更新和更贴近日常的市民参与，成为服务物质文明、追求文化繁盛的路径之一。"上海文化的善于复合、选择甚至创新的风格"，只有"重新发扬上海原有的善于在多元中复合和多样中选择的性格才有可能重振雄风"，[26]罗小未先生的话在今天常读常新。如何打造面向未来的"时代博物"，助力新时代的"人民城市"和国际"设计之都""世界城市"等宏伟蓝图，需要对20世纪的建筑遗产不断研读和更新，通过多方努力和多元复合、理解、创造，为之赋予不断革新的内容、表现和意义，拥抱新的技术和文化，调和城市的物质化和虚拟化发展，兼顾建筑的叙事化和文本化的特征，赋予空间表征的"时代精神与时代风貌"，并最终回归对于日常生活的塑造。

---

［26］罗小未.上海建筑风格与上海文化 [J].建筑学报，1989（10）:7-13.

孙昊德，上海交通大学设计学院助理教授，本科、博士毕业于清华大学建筑学院，曾任剑桥大学访问学者，致力于城市设计与视觉性、建筑摄影研究。主持过国家社科后期等科研项目4项，入选上海市浦江人才，在《建筑学报》等期刊发表16篇论文。

第十五讲：
华洋并存与新旧交织的广东 20 世纪遗产

成玲萱　　彭长歆

　　20世纪的百年是人类文明飞速发展的百年，是全球局势风云变幻的百年，也是中国实现从传统农业文明向现代工业文明历史性跨越的百年。在中国与世界"同框"的20世纪"合影"中，广东作为中西交流的桥头堡和现代探索的领头羊，始终站在中心。而广东20世纪建筑遗产作为见证社会文化发展进步的物质载体，则兼具时代特征与地域特色。

　　在已公布的第一至第六批广东20世纪建筑遗产中，既有岭南文化滋养下的传统酒家，也有现代主义影响下的旅馆大厦；既有侨乡文化浸润下的民居建筑，也有本土营造调适下的公共建筑；既有承载革命历史的红色旧址，也有体现改革开放的现代建筑；既有展现经济腾飞的商业建筑，也有重视科教兴国的文教建筑。

　　类型丰富、风格多元、兼收并蓄，广东20世纪建筑遗产以其独具魅力的历史价值、文化内涵和社会意义，体现着传统与现代并进中的多元探索以及地方与西方同框下的自我调适，已成为展现广东乃至整个中国20世纪百年风云的重要文明成果。因此，积极研究和保护在当前推进新时代文物保护工作、全面建设社会主义文化强国的背景下具有重大意义。

一、百年风云的缩影：广东20世纪建筑遗产概述

（一）时代背景：20世纪的百年巨变

经历清末、民国，直到新中国，20世纪的中国经历了政治、军事、经济、文化、社会等方面全方位的剧烈变化。在政治方面，中国的政治制度经历了从封建君主专制到社会主义制度的变迁，中国从半殖民地半封建社会到社会主义社会的社会性质的转变，这从根本上对中国20世纪建筑的发展与演变产生着影响。在经济方面，鸦片战争后经济落后的中国经新民主主义革命建立了新民主主义经济，国民经济得以迅速恢复，而新中国成立初期的社会主义计划则迅速推进了国家工业化进程，改革开放后的社会主义市场经济更是充分利用各种资源推动中国经济高速发展和现代化进程，工业化和现代化也为建筑发展提供了技术保证和资源支持。在文化方面，西方文化的外来入侵和地方文化的在地调适一直是20世纪中国各领域文化发展永恒的主题，从帝国主义入侵时的被动传入到改革开放的主动学习、从他者影响到自我觉醒，包括建筑文化在内的20世纪中国文化一直在传统文化的取舍扬弃和现代文化的学习探索中不断前进。在社会方面，从1911年辛亥革命推翻中国两千多年的君主专制统治到1919年五四运动开启彻底反帝反封建的新民主主义革命，再到1921年中国共产党成立并带领人民追求国家独立和民族复兴，20世纪的中国社会不断经历着旧秩序的打破与新秩序的建立。

（二）地域背景：广东特色的风云变幻

广东自近代以来一直是革命的前沿地与策源地，在中国近代史上具有重要意义，可谓是中国近代史的缩影。新中国成立后，广东更是勇立潮头，作为时代的弄潮儿，在改革开放中得风气之先，开拓进取、与时俱进，经济社会得以迅速发展。20世纪广东的先进性地域背景使其社会文化得以不断发展，建筑也因此呈现出自由多元与和谐共生的地域特色，这种先进性主要体现在两大方面。一是观念上的先进性：无论是作为岭南侨乡有归粤侨民带来的中西文化交融，还是作为革命前沿阵地有仁人志士播撒的进步思想火种，以及作为改革开放前沿阵地有国家政策支持的积极解放思想，广东地方观念的先进性使得当地建筑的设计实践也百花齐放。二是制度上的先进性：从一口通商时期到五口通商时期，广州作为中国最早开埠的城市所带来的中西方文化互动，到民国时期的市政改良运动中广州作为中国首个市政城市进行的一系列城市早期现代化举措，再到改革开放后深圳作为中国最早实行对外开放的四个经济特区之一所带来的城市迅速发展，广东始终作为改革先行实践者的制度先进性使得当地城市与建筑得以与时俱进。

（三）总体特征：建筑遗产的时空发展

在时间发展阶段方面，已入选的广东20世纪建筑遗产涵盖整个20世纪各个时期的代表性建筑，总体上呈现出以下两大特征：第一，在入选项目数量方面，新中国成立之后建设的建筑项目相比之前更多，占比达62%，

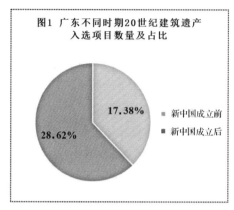

图1 广东不同时期20世纪建筑遗产入选项目数量及占比

- 新中国成立前 17.38%
- 新中国成立后 28.62%

图2 广东不同城市20世纪建筑遗产入选项目数量及占比

- 广州 78%
- 深圳 16%
- 佛山 2%
- 中山 2%
- 江门 2%

山、江门各入选一项，而深圳由于改革开放飞速发展而进行的大量高质量建设使其入选项目数量位居省内第二，其余绝大多数入选的建筑遗产分布于广州，占比达78%，其中以越秀区的数量最多，越秀区流花路一带的广州火车站、中国出口商品交易会流花路展馆（原中苏友好大厦）、广州东方宾馆新馆、广州友谊剧院等入选项目形成的建筑群更是于1985年被选为"羊城新八景"之一，享有"流花玉宇"的美称；第二，在项目建筑类型方面，入选遗产项目中唯一的民居建筑是位于江门的开平碉楼，唯一的工业建筑是位于佛山的顺德糖厂早期建筑，唯一的中学建筑是位于中山的中山纪念中学旧址。位于深圳的遗产项目主要是文教建筑和商办建筑，位于广州的遗产项目则包含了文教、旅馆、商业、博览、行政、办公、观演等更为多元的类型。

而其中改革开放后建设的项目几近半数，这与广东作为改革开放前沿地的地域背景紧密相关；第二，在项目设计主体方面，新中国成立之前建筑项目的设计主体主要为外籍建筑师和个人建筑师，而之后许多项目的设计单位为广州市设计院、深圳华森建筑与工程设计顾问有限公司，亦不乏华南理工大学建筑设计研究院和香港司徒惠建筑师事务所等更为多元的设计主体。

在空间发展分布方面，已入选的广东20世纪建筑遗产项目分布于广州、深圳、佛山、中山、江门五个城市，总体上呈现出以下两大特征：第一，在入选项目数量方面，佛山、中

二、多元与共生：广东 20 世纪建筑遗产的建筑特色

（一）自由多元——古今更替中的建筑类型分化

广东已入选的20世纪建筑遗产项目在建筑类型方面表现得自由多元，主要有以下几大特征：第一，在入选项目中，包含了文教、旅馆、商业、博览、纪念、行政、办公、居住等15种建筑类型，在历史演进中呈现出自由多元的类型分化特征；第二，在入选数量上，文教类建筑和旅馆类建筑占有绝对数量优势，近半数项目都属于这两种建筑类型，其次是商业类

建筑和博览类建筑,其余各类型的数量较少;第三,建设于20世纪20年代前的入选项目主要以革命旧址类建筑和纪念性建筑为主,对于这两种类型的建筑遗产来说,历史事件所赋予的遗产价值更为突出;第四,建设于20世纪20年代至50年代的入选项目以文教类建筑居多,体现了中国20世纪文化教育的现代化探索进程,其遗产价值主要由艺术价值和文化价值赋予;第五,建设于20世纪60年代至80年代的入选项目中,旅馆类建筑和商办类建筑占比最大,主要体现社会主义现代化的建设成就,其建筑设计的艺术价值本身即具有历史意义,体现了中国建筑设计实践与思想的现代化探索。

在入选的广东20世纪建筑遗产项目中,以下四种建筑类型数量最多,特点也最为突出:

第一类是革命旧址类建筑和纪念类建筑。作为入选项目中20世纪20年代之前的主角,此类型的建筑大多因其承载革命历史事件或具有独特纪念意义而被列入《20世纪建筑遗产名录》,其中既有承载中国共产党历史中重要活动的中华全国总工会旧址和中国共产党第三次全国代表大会旧址,也有见证广东作为近代革命策源地的黄花岗七十二烈士墓和纪念伟大民主革命先行者的中山纪念堂。

第二类是文教类建筑。作为入选项目中20世纪20年代至50年代的主角,该类型建筑中

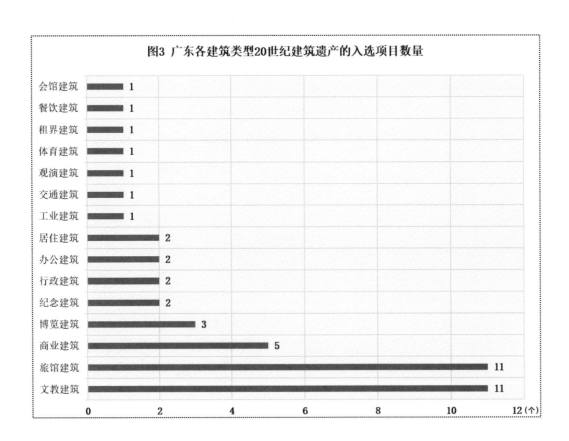

图3 广东各建筑类型20世纪建筑遗产的入选项目数量

大多数校园建筑所属的教育机构延续性良好，因此作为承载校园历史文化的建筑遗产也随校史延续而得以积极保护利用，比如国立中山大学—华南工学院建筑群、中山纪念中学旧址、中山大学中山医学院历史建筑、暨南大学早期建筑、广州美术学院主楼等。当然，其中也不乏沿用原有校园建筑另作他用的旧址类建筑，比如沿用清朝陆军小学和海军学校校舍的黄埔军校旧址、使用广东高等师范学堂钟楼底层礼堂作为会址的国民党"一大"旧址及其附属的前身为广东大学操场的革命广场。前身为明代南园和清代广雅书局藏书楼的广东省立中山图书馆，是当时现代图书馆作为一种新的建筑类型进入中国后的较早实践，也与中山纪念碑、中山纪念堂、中山公路、中山公园等共同构成了中山纪念的物质载体序列，成为广州近代城市中轴线。还有少量该类型的入选项目位于改革开放后的深圳，比如深圳大学早期建筑、深圳图书馆、华夏艺术中心等。

第三类是旅馆类建筑。作为入选项目中20世纪60年代至80年代的主角，该类型建筑体现着以广州、深圳为代表的广东在20世纪的建筑实践中所面对的来自西方的现代主义的影响与地域传统自我觉醒的双重作用。以广州双溪别墅、广州白云山庄、广州白云宾馆、广州矿泉别墅、白天鹅宾馆为代表的旅馆建筑作为岭南建筑学派在现代建筑的实践探索体现出的开拓创新精神开中国现代建筑之先河。此外，林克明设计的广州华侨大厦和羊城宾馆（现东方宾馆）、广州市设计院设计的广州流花宾馆历史建筑和广州市中国大酒店、华森建筑与工程

设计顾问有限公司设计的深圳蛇口希尔顿南海酒店（原深圳南海酒店）、贝聿铭设计的广州市花园宾馆等实践作品也体现着广东现代旅馆建筑设计实践中的多元探索。

第四类是商业类建筑。以商业大厦类建筑的演变为例，其发展贯穿于20世纪30年代到90年代，从最早的广州先施公司附属建筑群旧址中作为内地首家现代化百货公司的先施百货的四幢六层大楼，到广州爱群大厦以15层高度保持"广州第一高楼"地位30年，再到深圳国际贸易中心（国贸大厦）作为中国最早的综合性多功能超高层建筑以53层高度被称为"中华第一高楼"，进而到63层的广东国际大厦、68

鸟瞰广州近代城市中轴线

层的深圳地王大厦等，第一高楼建筑高度的不断被超越，亦体现着20世纪广东迅速城市化和现代化的步伐。

（二）和谐共生——中西交流下的建筑风格探索

广东已入选的20世纪建筑遗产项目在建筑风格方面表现为和谐共生，主要有以下几大特征：第一，较早受到西方建筑风格样式的影响，开平碉楼即为20世纪中国社会转型时期主动接受西方建筑文化艺术，并与地方建筑文化艺术相结合的产物；第二，较为开放地学习西方建筑思想，成为许多现代建筑类型与风格在中国设计实践的先行者；第三，从本土地域文化出发，巧妙运用岭南传统建筑风格，创造出一系列充满广东传统特色的建筑实践作品；第四，积极寻求在中西方建筑文化对撞中的平衡，现代性与地方性在广东20世纪的建筑实践中受到同等程度的重视。

入选的广东20世纪建筑遗产项目主要呈现出以下三种建筑风格的倾向性：

第一种是仿效西式的建筑风格，具体可分为早期仿效西方古典主义风格和后期仿效现代主义风格两种。在仿效西方古典建筑风格的入选项目中，有仿古罗马议会大楼以配合当时仿效西方议会制度的广东谘议局旧址议事厅，也有采用新古典主义三段式立面构图风格的粤海关，还有杨锡宗为黄花岗七十二烈士墓设计的罗马凯旋门式的入口大门和古希腊神庙式的核心建筑。在仿效西方现代建筑风格的入选项目中，爱群大厦是一

个典型代表，其在设计中借鉴了美国开创摩天大楼新风格的伍尔沃斯大厦（Woolworth Building）的手法与风格。

第二种是承袭地域的建筑风格，主要表现在广州园林酒家这一独具特色的建筑类型之中。园林酒家是广府饮食文化和岭南建筑文化有机结合的地域性建筑，北园酒家、广州酒家、南园酒家、泮溪酒家、陶陶居、莲香楼等都是充满岭南传统气息的园林酒家实践作品。广州泮溪酒家作为其中最著名的园林酒家之一，莫伯治在设计时将传统岭南庭园的造园艺术运用于餐饮建筑，采用岭南园林式的建筑群体布局手法，在建筑设计、室内装饰和结构形式等方面采用了广东民间传统建筑的处理手法，岭南传统的建筑装饰使得泮溪酒家极具地域特色与传统气质，是对岭南新式庭园的尝试与探索。

第三种是融合中西的建筑风格，主要是以广东为代表的岭南建筑所使用，广州友谊剧院、广州火车站和白天鹅宾馆就是其中的典型代表。广州友谊剧院将岭南传统庭园的特色融

黄花岗七十二烈士墓

合在剧院这一现代建筑类型之中，室内空间与室外绿化互相渗透，是以现代建筑适应中国语境的实践尝试，开创了岭南庭园式剧院的先河。广州火车站是入选项目中唯一的交通建筑，其建筑造型和立面设计运用了古典主义的分段式构图和简化的清代官式建筑要素，西式建筑风格和中国传统建筑风格得以和谐共生。白天鹅宾馆是中国首个运用大型室内中庭的酒店，其设计定位为"国际水平现代化旅馆"，运用了多种传统园林空间的组织手法，将外部的现代风格与内部的地方特色相结合，作为改革开放初期用于接待外宾、展现国家形象的建筑，既体现了国际水平，又展示了文化自信。

广州火车站

广州白天鹅宾馆

三、地方与西方：广东 20 世纪建筑遗产的设计营造

（一）现代探索——西方理念传入下的他者影响

西方建筑理念的传入作为一种他者影响，对广东20世纪建筑的现代探索起到了外部催化的作用，促进了广东20世纪建筑中"地方"与"西方"的同框。这种外部催化作用是在西方建筑师和中国建筑师的共同影响下产生的，具体体现为：

第一，西方建筑师的在粤执业为西方建筑理念在广东的传播提供了客观上的条件。得益于中国最早开埠的城市的历史，广州吸引了一批西方建筑师来粤开拓事业，广东也因此较早地出现了西方建筑师的实践作品，广州沙面建

筑群、广州大元帅府旧址和粤海关是其中的典型代表。广州沙面建筑群作为国内罕见的格局完整、边界清晰的租界建筑群，主要由英国和法国建筑师设计，集中体现了西方城市规划理论影响下的殖民地社区规划手法和西方建筑设计理论影响下的新古典主义、哥特复兴式、折中主义、现代主义等风格的西式建筑设计手

法。广州大元帅府旧址原为广东士敏土厂办公楼，是典型的殖民地外廊式建筑，由20世纪初闻名广州的建筑师事务所治平洋行（Purnell & Paget, Architect and Engineer）设计，治平洋行的合伙人为澳大利亚建筑师帕内（Arthur W. Purnell, 1878~1964年）和美国土木工程师伯捷（Charles S. Paget, 1874~1933年），两人合作的设计作品遍布珠江两岸。粤海关是中国现存最早的海关大楼，由英国的工程师戴卫德·迪克（David C. Dick）和建筑师阿诺特·查尔斯·达德利（C. D. Arnott）规划设计，采用典型的欧洲新古典主义建筑风格——横三竖三的立面构图、罗马圆形穹顶和钟楼，整体结构为砖石钢筋混凝土的混合结构，大部分建筑材料由国外进口，1916年建成后成为广州当时最高的地标建筑。

第二，中国建筑师留洋归粤为西方建筑理念在广东的传播提供了主观上的机会。远赴欧美留学的广东籍建筑师毕业后，将在西方所接触到的建筑理念运用于设计实践和建筑教育中，因此使得广东20世纪的建筑较早接触到了国际视野和现代理念。杨锡宗和林克明是这些留洋归粤的广东籍建筑师中的杰出代表。杨锡宗（1889~?）是广东乃至整个中国最早接受正规西方建筑教育并回国实践的建筑师之一，1918年毕业于美国康奈尔大学，回国后开始了长达30余年的设计生涯，作品遍及广州、佛山、汕头、韶关、江门等城市，数量众多、类型丰富、风格多元，留下了丰富的近代建筑遗产。他设计的黄花岗七十二烈士墓和国立中山大学—华南工学院建筑群入选了20世纪建筑遗

产项目。林克明（1900~1999年）是公认的中国现代建筑的先驱，在20世纪20年代赴法留学，1926年毕业于法国里昂建筑工程学院，回国后参与了大量设计实践，广东20世纪建筑遗产的45个入选项目中林克明参与的有7个，包括黄花岗七十二烈士墓、广东省立中山图书馆、广州中苏友好大厦、广州华侨大厦、羊城宾馆（现东方宾馆）、广州流花宾馆历史建筑、广州火车站。

19世纪80年代的广州沙面建筑群

粤海关

（二）在地调适——地方传统延续下的自我觉醒

地方建筑传统的延续作为一种自我觉醒，对广东20世纪建筑的在地调适起到了内在推动的作用，促进了广东20世纪建筑中"传统"与"现代"的并进。这种内在推动作用是在具有专业性的地域主义和具有地方性的本土匠作的共同影响下产生的，具体体现为：

第一，地域主义通过专业建筑师的设计主导发挥推动作用，在建筑设计中重视地方建筑传统延续与传统设计理念运用。在20世纪不断走向全球化的广东，地域主义建筑体现出一种难能可贵的文化自觉，在多元的建筑文化交融碰撞中自我寻求、发现和觉醒。岭南建筑学派在20世纪的理论与实践就是个中典型。岭南建筑学派立足于岭南文化的土壤，将现代建筑理论的种子播种其中，并进行在地调适与悉心培育，使得现代建筑在岭南大地上生根发芽、开花结果，夏昌世、莫伯治、佘畯南、林兆璋等人是这其中最杰出的播种者。夏昌世（1903~1996年）是岭南建筑学派的先驱者，其在德国留学期间正是现代主义建筑蓬勃发展的时期，归粤后开创了岭南现代建筑创作与理论的先河。莫伯治（1915~2003年）是岭南建筑从流派走向学派的功臣，广泛涉猎中国古代文化典籍的他在建筑理论与实践中一直体现出对现代主义和地域主义的双重推崇。佘畯南（1916~1998年）是岭南建筑学派得以确立的旗帜，其"建筑是为人而不是为物"的建筑观贯穿于几十年的建筑创作生涯，务实创新是其作品的突出特点，他使岭南建筑师蜚声海内外。

林兆璋（1938~2022年）师从莫伯治，一生都在追寻岭南建筑特色的他将岭南建筑创作诠释为"古为今用，洋为中用"，并且不断变化、不断创新，岭南文化和现代建筑在其创作中得以完美结合。

第二，本土匠作通过地方工匠的营造调适发挥推动作用，在建筑营造中重视地域性的施工技术和建造材料，对现代建筑技术进行本土化调适。开平碉楼和中山纪念堂就是入选项目中的两个典型。开平碉楼作为广东侨乡一种独特的民居建筑和文化现象，在建筑形式上与西方城堡的塔式建筑相似，在装饰风格上也采用大量西式风格。但几乎没有发现有专业建筑师的参与，大多数碉楼是当地工匠根据照片或画作中的西式建筑形象加以自身想象，进而根据本土匠作手法与个人建造经验进行创作的作品，因此其形式更为自由多元。中山纪念堂的建造商上海陶馥记营造厂的创办打破了当时外国建造商对中国建筑市场的垄断。其创始人陶

开平碉楼

中山纪念堂

桂林最早是木工学徒，后到美商公司工作，最终自己创业办公司。上海陶馥记营造厂在中山纪念堂中的高水平建设完美呈现出吕彦直将中式飞檐与西式拼花相结合的中西合璧的设计构思，也展示了现代建筑技术与中国风格结合之可能。

四、历史与未来：站在21世纪的回溯与展望

回首历史，20世纪的百年既是广东社会风云变幻的百年，也是广东建筑百花齐放的百年，20世纪的广东建筑见证了社会的飞速发展，是先辈留给我们的宝贵遗产。立足21世纪的今天，面对来自上一个百年的建筑遗产，当

下的遗产保护是连接历史与未来的纽带。在已经公布的六批45个广东20世纪建筑遗产名录中，包含大量广东近现代建筑的经典作品，具有极高的历史价值、艺术价值和文化价值。展望明天，在广东语境下的建筑前路，来自20世纪的这份历史答卷为未来的遗产保护利用与地域建筑设计的发展贡献了一种来自特定时空背景下的参考答案。

彭长歆，华南理工大学建筑学院院长、教授、博士生导师，亚热带建筑科学国家重点实验室成员，中国文物学会20世纪建筑遗产委员会专家委员，研究方向为中国近现代建筑史、园林史、文化遗产保护、地域性建筑设计与理论、历史环境保护与再生设计。

成玲萱，华南理工大学建筑学院在读硕士研究生，研究方向为建筑历史与理论、中国近现代建筑史。

参考文献

1 中国文物学会，中国建筑学会丛书主编；中国文物学会 20 世纪建筑遗产委员会本卷编著 . 中国 20 世纪建筑遗产名录 第 1 卷 [M]. 天津：天津大学出版社，2016.10.

2 石安海主编 . 岭南近现代优秀建筑 1949-1990 卷 [M]. 北京：中国建筑工业出版社，2010.07.

3 广州市国土资源和规划委员会，广州市岭南建筑研究中心编 . 岭南近现代优秀建筑 1911-1949 广州 [M]. 广州：华南理工大学出版社，2017.02.

4 彭长歆著 . 发现中国建筑现代性·地方性 岭南城市与建筑的近代转型 [M]. 上海：同济大学出版社，2012.03.

5 彭长歆著 . 岭南近代著名建筑师 [M]. 广州：广东人民出版社，2005.04.

6 莫伯治，莫俊英，郑昭，张培煊 . 广州泮溪酒家 [J]. 建筑学报，1964（06）:22-25.

7 林广思，王曲荷，汪礼文 . 佘畯南庭园创作思想演变及其社会情境分析 [J]. 新建筑，2020（1）:13-18.

8 袁奇峰，李萍萍 . 广州市沙面历史街区保护的危机与应对 [J]. 建筑学报，2001（6）:57-60.

9 彭长歆 . 中山纪念与空间生产——广州大元帅府旧址的保护历程 [J]. 新建筑，2011（5）:17-24.

10 傅娟，蔡奕旸，刘琼琳 . 从粤海关的更替看中国近代海关类建筑的发展 [J]. 古建园林技术，2014，0（3）:66-73.

11 彭长歆 . 岭南近代著名建筑师杨锡宗设计生平述略 [J]. 华中建筑，2005，23（B07）:121-124.

12 彭长歆，宋科著 . 林克明评传 [M]. 北京：团结出版社，2020.12.

13 刘宇波 . 回归本源——回顾早期岭南建筑学派的理论与实践 [J]. 建筑学报，2009（10）:29-32.

14 张复合，钱毅，李冰 . 中国广东开平碉楼初考：中国近代建筑史中的乡土建筑研究 [J]. 建筑史，2003，（2）:171-181，265.

15 彭长歆 . 一个现代中国建筑的创建：广州中山纪念堂的建筑与城市空间意义 [J]. 南方建筑，2010，（6）:52-59.

附录：第一至第六批广东 20 世纪建筑遗产名录

批次	序号	名称	建成时间	建筑师	设计单位	建造商/投资者	区位	建筑类型
第一批	01	广州市中山纪念堂	1931 年	吕彦直、李锦沛		上海陶馥记营造厂	广州市越秀区东风中路 259 号	纪念建筑
	02	白天鹅宾馆	1983 年	佘畯南、莫伯治为主的设计团队	广州市设计院		广州市荔湾区沙面南街 1 号	旅馆建筑
	03	黄花岗七十二烈士墓	1918~1935 年	林森、杨锡宗、林克明等			广州市越秀区先烈中路 79 号	纪念建筑
	04	广州白云山庄	1965 年	莫伯治、吴威亮	广州市城市规划处		广州市白云区白云大道北 1128 号白云山风景区内	旅馆建筑
	05	西汉南越王墓博物馆	1989~1993 年	莫伯治、何镜堂	华南理工大学建筑设计研究院		广州市越秀区解放北路 867 号	博览建筑
	06	广州泮溪酒家	1961 年	莫伯治	广州城市建设委员会		广州市荔湾区龙津西路 151 号	餐饮建筑
第二批	07	开平碉楼	自明朝起	当地民众与回乡华侨	/	/	江门市开平市	民居建筑
	08	黄埔军校旧址	1924 年使用	原为清朝陆军小学和海军学校校舍	/	/	广州市黄埔区军校路 170 号	文教建筑
	09	广州沙面建筑群	清末至民国	英法建筑师			广州市珠江岔口白鹅潭畔	租界建筑
	10	国民党"一大"旧址（包括革命广场）	1924 年使用	原广东高等师范学堂钟楼底层的礼堂（革命广场原是广东大学的操场）			广州市越秀区文明路 215 号	文教建筑
	11	广州白云宾馆	1976 年	莫伯治、吴威亮、林兆璋、陈伟廉、李慧仁、蔡德道等	白云宾馆设计小组		广州市越秀区环市东路 367 号	旅馆建筑
第三批	12	广州天河体育中心	1987 年	黄扩英、林永培、郭明卓、余兆宋、劳肇煊	广州市设计院		广州市天河区天河路 299 号	体育建筑
	13	广东谘议局旧址	1909 年	未知		日本留学生金浦崇、金浦芬捐建	广州市越秀区陵园西路 2 号大院 2 号	行政建筑
	14	深圳蛇口希尔顿南海酒店（原深圳南海酒店）	1985 年	陈世民	华森建筑与工程设计顾问有限公司		深圳市南山区望海路 1177 号	旅馆建筑

15	深圳国际贸易中心（国贸大厦）	1985 年	朱振辉、区自、陈松林、袁培煌、黎卓健	中南建筑设计院		深圳市罗湖区人民南路 3002 号	商业建筑
16	广州友谊剧院	1965 年	佘畯南、麦禹喜、朱石庄、谭卓枝	广州市设计院		广州市越秀区人民北路 696 号	观演建筑
17	广州华侨大厦	1957 年	林克明	广州市设计院	广东省华侨投资公司投资	广州市越秀区海珠广场侨光路 8 号	旅馆建筑
18	国立中山大学—华南工学院建筑群	1933~1934 年	杨锡宗		宏益建筑公司	广州市天河区五山路华南理工大学五山校区校园内	文教建筑
19	深圳地王大厦	1996 年	张国言		中建三局	深圳市罗湖区深南东路 5002 号	商业建筑
20	中山纪念中学旧址	1934 年	黄玉瑜			中山市南朗镇翠亨村	文教建筑
21	深圳图书馆	1986 年	矶崎新			深圳市福田区福中一路 2001 号	文教建筑
22	广州中苏友好大厦旧址	1955 年	林克明	广州市设计院		广州市越秀区流花路 117 号	博览建筑
23	广州爱群大厦	1934~1937 年 扩建：1965 年	陈荣枝、李炳垣			广州市越秀区沿江西路 113 号	商业建筑
24	广东国际大厦	1989 年	扩建：莫伯治、吴威亮、莫俊英、蔡德道	广东省建筑设计研究院		广州市越秀区环市东路 339 号	商业建筑
25	广州火车站	1975 年	李树林、关富椿、何锦超	广州市设计院		广州市越秀区环市西路 159 号	交通建筑
26	深圳发展银行大厦	1997 年	林克明、莫耀铭、黄扩英、祁淑芬		深圳发展银行独资兴建	深圳市罗湖区深南东路 5047 号	办公建筑
27	广州双溪别墅	1963 年	甲座：郑祖良、金泽光 乙座：莫伯治、吴威亮	双溪别墅设计小组		广州市白云区广园中路 801 号白云山风景名胜区云山中路	旅馆建筑
28	广州矿泉别墅	1976 年	莫伯治、吴威亮、林兆璋、陈伟廉、李慧仁、蔡德道等	白云宾馆设计小组		广州市越秀区三元里大道 501 号	旅馆建筑
29	顺德糖厂早期建筑	1934 年	未知		陈济棠/捷克斯柯达公司连工包料承建	佛山市顺德区大良街道大良金沙大道中顺路 3 号	工业建筑
30	广州市花园宾馆	1985 年	贝聿铭、司徒惠	香港司徒惠建筑师事务所		广州市越秀区环市东路 368 号	旅馆建筑
31	广州大元帅府旧址	1906 年	澳大利亚建筑师帕内（Arthur W. Purnell）和美国土木工程师伯捷（Charles S. Paget）	治平洋行		广州市海珠区纺织路东沙街 18 号	办公建筑

第三批（rows 15–26）
第四批（rows 27–31）

第四批	32	中华全国总工会旧址	清末民初	未知		广州市越秀区越秀南路89号	会馆建筑红色建筑
	33	粤海关	1916年	［英］阿诺特·查尔斯·达德利（C. D Arnott），［英］大卫·迪克（David C Dick）规划	华昌工程公司	广州市荔湾区沿江西路29号	行政建筑
第五批	34	暨南大学早期建筑	1958年	未知		广州市天河区石牌街道黄埔大道西601号暨南大学内	文教建筑
	35	中山大学中山医学院历史建筑	1956年	夏昌世	华南工学院建筑工程系	广州市越秀区中山二路74号	医疗建筑文教建筑
	36	广州先施公司附属建筑群旧址	约1914年	未知		广州市越秀区长堤大马路先施二街	商业建筑
	37	广州流花宾馆历史建筑	1973年	一期（北楼）：余畯南、钟新权、王陆运、莫炳文二期（南楼）：林克明、陈金涛、黄扩英、莫炳文	广州市设计院	广州市越秀区环市西路194号	旅馆建筑
第五批	38	广州美术学院主楼	1958年	未知		广州市海珠区昌岗东路257号广州美术学院内	文教建筑
	39	中国出口商品交易会流花路展馆	1974年由中苏友好大厦改建	余畯南、黄炳兴、陈金涛、谭荣典		广州市越秀区流花路117号	博览建筑
	40	广州市中国大酒店	1984年	梁启杰、陈家麟、关福培、林琅、陈石金	广州市设计院	广州市越秀区流花路100号	旅馆建筑
	41	华夏艺术中心	1991年	未知	华森建筑与工程设计顾问有限公司	香港中旅集团和深圳华侨城经济发展总公司	深圳市南山区光侨街1号2楼	文教建筑
第六批	42	中国共产党第三次全国代表大会旧址	20世纪初	未知		广州市越秀区恤孤院后街31号（现恤孤院路3号）	居住建筑红色建筑
	43	羊城宾馆（现东方宾馆）	1961年	林克明、麦禹喜、朱石庄、黄浩、黄扩英、叶乔柱、赵永权、何球、李应成		广州市越秀区流花路120号	旅馆建筑
	44	广东省立中山图书馆	1933年	林克明		广州市越秀文明路213号	文教建筑
	45	深圳大学（早期建筑）	1984年	罗征启、梁鸿文、李念中		深圳市南山区南海大道3688号	文教建筑

第十六讲：
重庆半世风云的 20 世纪建筑遗产

陈纲　　　肖瀚

　　"城市就像一本打开的书，从中你能看到一座城市的抱负"（埃罗·沙里宁）。没有完全相同的两片叶子，也没有完全相同的两座城市，每个城市都会有其特殊的城市记号。

　　建筑形式在特定的社会环境下，往往具有特定的社会象征意义。"中国 20世纪建筑遗产项目"就是 20 世纪中国社会巨变的见证物和载体，是百年中国建筑智慧的结晶和文化写照，是 20 世纪文化发展脉络的重要节点。[1] 截至 2020 年，重庆共有五批共计 23 个项目获评"中国 20 世纪建筑遗产项目"。就让我们透过这 23 个项目来了解重庆这半世的风云。

---

[1] 在梳理中国近现代建筑史的发展脉络时，建筑作品背后包含的是一个个的"事件"，因为它包含着大历史与大文化。只有让不同学科的知识渗入建筑事件的历史叙述中，行业才能有跨界发展，公众才能在体味文化中理解建筑。

重庆是一座有着3000年历史的古城，其悠久的人文历史与特色自然环境构成独特的城市文脉和浓郁的地域文化。[2]其历史沿革大致分为四个阶段：古代阶段（传统巴渝及明清移民时期）、开埠至抗战前期阶段（开埠前时期、开埠至建市时期、建市至抗战前夕时期，以及抗战陪都时期）、解放战争阶段（抗战后至新中国成立时期）、中华人民共和国成立后阶段（国民经济恢复时期、西南大区时期、"大跃进"和"大调整"时期及经济转型时期）。

重庆获选的23个"中国20世纪建筑遗产项目"修建时间为自1929年建市至1966年"大跃进"及"大调整"期间。以下就通过这些近现代建筑来看看这半个世纪的重庆建筑及时代的风云。

一、半世风云——重庆的中国20世纪建筑映射的时代

（一）建市到抗战前时期（1929~1936年）

这期间建筑活动特点是"探索中国建筑方向"，从开埠时期的完全引入外来文化，到探索如何传承传统本土文化和如何有选择地吸收外来文化，由"中国固有形式"进入了"中国现代主义"早期阶段。

辛亥革命推翻了封建王朝的统治，社会经济发生了深刻的变化。一方面，在"中体西用"旧学思想的影响下，中国近代教育运动兴起，中国开始出现自己的建筑师队伍；另一方面，在洋务运动中崛起的民族资产阶级队伍迅速发展壮大，银行、商业等领域的新型建筑迅猛发展。中国人出资请中国建筑师设计，再由中国人自己施工建造，彻底改变了以往由洋人操纵一切的被动局面，标志着具有资本主义性质的中国近代建筑活动的开始和中国近代建筑队伍的形成。[3]当时，国内建筑界出现的"中国文化复兴"思潮正是对传入的西方建筑的文化反应。对比建筑史与社会史可以看到，这种民族情绪的产生有其必然性与逻辑性，建筑上的这种思潮同时也是近代文化环境影响的结果。建筑界发出"发扬我国建筑之色彩"的呼声，开始了对"中国固有形式"的积极探索，[4]其中有不少成功的建筑实践。例如，1929年7月巴县人沈懋德等人倡议兴办的重庆大学正式成立，这是一所文理科综合性大学。理学院（1930年建成）是仿教会建筑的中国式房屋，平面采用中廊式，正对门厅为实验室，两端略微突出形成四间大教室，屋顶为十字相交的歇山顶，开老虎窗设阁楼，屋角起翘，檐口及檐角由撑杆出挑，青石、青瓦、砖木混合

[2]重庆由于历史的变迁，名称亦随之改变，城池也不断扩大。江州、楚州、渝州、巴州、恭州等都曾是重庆的前称。南宋淳熙十六年（1189年）2月宋光宗先封恭王再即帝位，"双喜临门"，随即升恭州为"重庆"府。"重庆"自得名迄今已八百余年。明武初年，重庆指挥使戴鼎在宋城的基础上"筑城门十七，九开八闭"，基本上形成了重庆的格局。1986年12月8日，重庆与上海、天津等城市同时获得国务院批准，成为第二批国家历史文化名城。

[3]1931年12月，重庆第一个自来水厂就是在这种背景下建造的。此工程原由德国西门子洋行主办，后改由华西兴业公司建造。1932年9月，华西兴业公司又承接了重庆第一个电厂——大溪沟火力发电厂，其设计由建筑部主任技师汪和笙承担，并邀请上海基泰工程公司协助结构设计。

[4]中国建筑师的早期队伍几乎都由留学回国人员组成。他们目睹西方诸国建筑事业之发达，反观中国建筑事业之落后，内心受到极大的震动，1927年冬在上海成立"上海建筑学会"，到1932年又扩大为"中国建筑学会"。

结构。工学院大楼（1935年建成）是典型的文艺复兴式，为石结构。建筑高三层的主体全用条石筑砌而成。又如1930年由卢作孚创建的北碚中国西部科学院（1934年建成，今重庆博物馆），三层大楼，平面呈工字形。屋顶是简化的歇山屋顶。墙面上全采用狭长的矩形窗，门上带拱券。1936年，张伯苓先生创建的重庆南开中学近代建筑群也是第四批入选的项目，其受彤楼、范孙楼、忠恕图书馆为典范，灰砖勾缝歇山顶。这些都是较典型的"折中主义"建筑，其手法大多采用以西方砖石结构做主体，而以中国建筑的屋顶及细部做装饰。

1934年是近代中国建筑界思想、事件变化最剧烈的一年，是第一代建筑师从前期耕耘到后期收获的转折点，建筑活动大体进入了"中国现代主义"早期阶段。由于近代建筑功能的发展和技术进步，这种学院派的创作方法已经越来越暴露出折中主义建筑形式与新功能、新技术等方面之间的尖锐矛盾，从而使设计转向技术进步和建筑新形式的探索。[5] 从1929年2月15日重庆正式建市，到1936年的抗战前夕，这段时间城市建设得到有力发展，为重庆的发展奠定了坚实的基础，也为重庆建筑在探索现代性上提供了条件，[6] 表现在实力雄厚的金融建筑

上尤为明显[7]。建筑师们除在经济较发达的沿海城市活动外，在重庆也开始了建筑创作实践。他们将先进的设计思想与经验带到重庆，为重庆的现代建筑发展奠定了基础。上海基泰工程公司著名建筑师杨廷宝受重庆金融巨子康心如聘请，设计重庆美丰银行大厦（1935年建成），其造型一改沿海按柱式设计银行的老路子，采用中国大布币意向。建筑高六层，局部七层，为全钢筋混凝土结构，外墙底部用青岛崂山黑色花岗石贴面，上部用泰山无釉面砖，主入口用卷门、板门、玻璃门，共三层，用钢窗，内设电梯。底层营业大厅约200平方米，通高两层，三至六层做办公之用，这是重庆早期出现的较现代的近代建筑。附近的重庆川盐银行也是座现代化的建筑，为钢筋混凝土结构。四川商业银行（1939年建成）、交通银行（1936年建成，原为四川饭店）和中国银行（1936年建成）虽正立面都采用西方古典风格，但均采用现代材料、结构、设备及施工技术。[8] 这些四至八层的新型公共建筑全都集中在小什字附

---

[5]就创作方法来说，"中国固有形式"实质上是折中主义的一种表现。在折中主义的设计思想的指导下，建筑空间布局往往被纳入某几种固定的构图形式框框，这是受学院派影响下的结果。

[6]1932年9月，重庆第一个电厂——大溪沟火力发电厂厂房首次使用了钢筋混凝土大跨结构，这是重庆近代建筑在新材料、新技术的使用方面新的突破。

---

[7]建市后，重庆商业资本迅速发展，外地银行纷纷在重庆投资，中国银行、交通银行等大银行在重庆设分行，先后在重庆开设的还有美丰银行、川盐银行、重庆商业银行等多家银行。此时，重庆钱庄业也十分发达，达五十多家，其建筑一般为四到八层的多层建筑，造型风格有西方古典式和现代式。建筑装饰突出立面及设备设施的先进性，以反映业主的雄厚实力。

[8]四川商业银行（1939年建成）为西方古典式造型，立面三段式，底段用拱券强调入口，中部采用罗马巨柱式，上段层高较低。装饰重点强调立面中央，雕刻精致，两侧较简洁。四川饭店（1936年建成）后改为交通银行，为西方古典式造型，钢筋混凝土和砖瓦混合结构，立面作巨柱装饰。建筑高五层，主楼平面为矩形，底部大厅做台球、打牌使用。大厅后部设楼梯间、电梯间、厕所等，左侧有次要楼梯。建筑正面有宽大的踏步通向主入口的三道拱门，楼左为汽车入口。大厅内部装饰采用花玻璃圆顶藻井，墙身为油漆粉饰，地面是水磨石。

重庆大学近代建筑群之理学院

中国西部科学院之惠宇楼

初具现代化的重庆抗战金融机构旧址群

近，是重庆最早形成规模的金融区。这些金融建筑有两个显著特点：一是采用了钢筋混凝土、水泥等新材料，采用了砖石钢木混合结构、钢架结构、钢筋混凝土框架结构等新结构型式，采用了供热、通风、电梯等新设备和新的施工技术；二是由中国建筑师自己设计，在设计风格上已经开始了由古典主义向现代主义方向转变。这些建筑虽为过渡时期的作品，却显得相当成熟。

（二）抗战陪都时期（1937~1945 年）

这期间建筑活动特点是"多元化探索建筑设计"和建筑管理的规范化。

从建市时期的小规模探索，到大规模全方位的探索各种建筑思想指导下的实践，值得一提的是，由于建设规模的发展，管理人员素质的提升，对建筑活动进行有效的管理。

1937 年 11 月 20 日，国民政府迁都重庆，随后定位陪都，重庆成为抗战时期中国的政治经济、文化教育、外交军事的中心。抗战时期是重庆城市发展突飞猛进的时期，城市建设无论规模上还是数量上都是空前的，是全国建筑活动最有影响力的城市，在重庆建筑发展史上具有重要地位。

其一，建设规模和类型急剧增加。大批的机关、工厂、学校、医疗、科研、交通与金融等机构迁入重庆，加上难民的涌入，建设活动呈现量大类多的局面。[9] 突出表现在三个方面。一是工业建筑极大发展[10]，重庆抗战兵器工业旧址群（1937~1942 年，第一批获选）就是典型代表[11]。这些厂房大多为单层厂房，砖木结构，用竹、木、石、土等地方材料，由厂家自己设计与施工完成，其特点是施工快、造价低、就地取材。二是公共建筑得以发展，陪都的设立对行政、办公、文化、使馆等公共建筑的需求增加。例如，罗斯福图书馆暨中央图书馆旧址（1941 年建成，第二批获选）、国民政府立法院、司法院及蒙藏委员会（1935建成，第三批获选）、杨廷宝设计的国民政府办公楼、青年会电影院及两路口中国滑翔会跳伞塔等，由基泰工程公司设计建造的山东省立剧院（今抗建堂）；由哈雄文、黄家骅设计的国民大会堂等，以及中央南方局及军驻渝办事处（今红岩村革命纪念馆）、国民参政会（1938年，第一批获选）等。三是官邸建筑大规模出现。[12] 这些建筑虽然量不大，规模较小，但做工考究，造型多元，平面按地形而宜，功能

---

[9] 1937 年 11 月 20 日，国民政府迁都重庆，1939 年 8 月 5 日定重庆为特别市，1940 年 9 月 4 日定重庆为陪都。1937 年，重庆总人口由 1929 年建市时的 23 万猛增到 47.4 万。到 1943 年 9 月，市区面积由建市时的 8 平方公里猛增到 281 平方公里，但城市基础设施和普通住宅并没有多大发展，大量建筑集中在工业、办公、高级住宅以及学校、商业等一些公共建筑方面。

[10] 抗战前，重庆工业规模小，生产能力低，抗战爆发以后迁渝的工厂，大多在两江沿岸和川黔公路沿线征地建厂。1862 年由李鸿章创建的金陵兵工厂，1937 年 9 月搬迁到江北的陈家馆；张之洞创建的汉阳兵工厂及湖北铁厂分别迁到长江边的鹅公岩及大渡口；1938 年由广东入川的第二兵工厂在长江峡区对岸的唐家沱建厂；由河南迁来的豫丰纱厂在嘉陵江边的土湾建厂；由汉口迁来的裕华纱厂在长江边的翘角沱建厂。到 1945 年抗战胜利为止，重庆市的工厂企业总数达 1690 家，使重庆成为当时全国最大的工商业城市，现在重庆几个大型厂，如嘉陵、建设、长安、望江、重钢、重棉等都是从此发展起来的。

[11] 重庆抗战兵器工业旧址群包括兵工署第五十兵工厂、第十兵工厂、第二十四兵工厂、第二十五兵工厂、第一兵工厂、钢铁厂迁建委员会（第二十九兵工厂，即重钢一部分，现重庆工业博物馆）、第二飞机制造厂海孔洞等七处旧址。

[12] 由于国民政府的统治中心移至重庆，大批的政府要员、军阀、买办、地主等达官贵人也云集陪都，他们修建的公馆、别墅等建筑集中反映了当时的最大优秀设计思想，体现了建筑施工、管理、材料等各方面的最高水平，具有极高的代表性与保留价值。

重庆抗战兵器工业旧址群

十余栋官邸别墅掩映于山林之中的重庆黄山抗战旧址群

明确，室内装饰讲究，设备质量高，室外配置大片花园和绿地，与当时的普通民宅形成了鲜明的对比，如重庆黄山抗战旧址群（1938年，第一批获选）。1938年秋，国民政府军事委员

会移迁重庆，黄山遂为蒋介石在重庆的办公和寓居之地，成为当时中国时政要务的决策地之一。中国战区成立后，黄山更是成为同盟国在远东的指挥中心。黄山抗战遗址群现存有云岫

楼、松厅、孔园、草亭、莲青楼、云峰楼、松籁阁、侍从室、防空洞、炮台山等 16 处遗址。迄今为止，黄山抗战遗址群是西南地区乃至全国对外开放的抗战遗址中保护最完好、规模最大的一处抗战遗址群，同时也是抗战遗址中最具国际意义的"二战"遗址。又如重庆南泉抗战旧址群（1937 年，第一批获选）。南泉抗战旧址群位于重庆市巴南区南泉街道，是抗日战争期间民国重要政治人物及相关机构在陪都重庆留下的遗迹，包括林森别墅旧址，孔祥熙官邸旧址，校长官邸旧址，陈立夫、陈果夫官邸旧址，中央政治学校研究部旧址，2013 年被列为第七批全国重点文物保护单位。值得一提的是，这些官邸建筑造型上有的采用国外近代小住宅风格，如歌乐山林园 1、2 号楼[13]（1939 年，分别为蒋介石及宋美龄官邸），是颇具国际风格的小别墅；有的则倾向本土地域特色，如黄山云岫楼（1938 年，蒋介石官邸）[14]及黄山松籁阁（1938 年，宋庆龄官邸）有传统民居风格；也有中西合璧风格的，如黄山松厅（1938 年，宋美龄官邸）[15]，还有现代建筑风格

的官邸，如宋子文住宅、汤子敬公馆及香山别墅（白公馆）等一大批小住宅，都是具有代表性、风格迥异的现代建筑，反映了当时建筑的多元化及建设水平。

其二，设计水平得以极大提升。刘敦桢、杨廷宝、刘泰深、哈雄文、茅以升、陶桂林、黄家骅等国内著名建筑师、工程师、教师云集重庆，进行工程设计、施工与教学，使陪都的建筑业发展迅猛，无论规模还是质量都有了明显提高。这时期由于内迁，许多营造厂也涌入重庆，1925 年重庆只有 15 家营造厂，到 1939 年向政府注册登记的营造厂达 250 家。同时，这里也荟萃了一些著名的建筑师、工程师，如杨廷宝、黄家骅、茅以升、欧阳春等，他们对重庆的建筑发展起到了推动作用。

其三，建筑活动和创作思想十分活跃，建筑风格多元，现代建筑思想得以广泛实践与运用。由于时值抗战，经济发展受到极大影响，这从本质上给建筑的发展带来了限制。这个时期建筑的显著特点是设计手法上吸取当地传统建筑经验，重视建筑的地域性，注重采用当地材料及当地施工技术来建设新的功能建筑。建筑造型俭朴纯厚，多半是砖木或混合结构，但却体现了现代主义设计思想。例如，八路军重庆办事处旧址[16]（1939 年，第四批入选），其房

---

[13] 蒋介石在重庆的另一住地是林园官邸。张治中为了蒋介石的安全，选歌乐山双问桥一带修建官邸。建筑群由"官邸主楼""官邸大客厅""官邸大礼堂"组成。后送与林森，称为"林园"。林森去世后收回新建了三幢大楼，编号为 1、2、3 号，林森公馆则改为 4 号楼。1 号楼为蒋介石住，是一幢二层砖木结构建筑；2 号楼为宋美龄居住；3 号楼是蒋介石召开重要会议之地，因马歇尔来华调停内战曾在此下榻，故又称"马歇尔公馆"。

[14] 黄山云岫楼是蒋介石的住宅，其为两楼一底的砖木结构，雄踞黄山主峰。蒋介石的卧室在二楼右角，房间宽敞，三面都有大玻璃窗，视野开阔。主楼之侧有一木柱穿斗平房，为礼拜堂。

[15] 黄山松厅是宋美龄的住宅。"松厅"两字匾额为蒋题写。

---

[16] 八路军重庆办事处旧址包含红岩村 13 号（八路军驻渝办事处大楼，1938 年改建）、曾家岩 50 号（周公馆，1938 年改建）、中山三路 305 号（中共代表团驻地旧址，1938 年改建），以及民生路 240 号（《新华日报》营业部旧址，1938 年改建）。

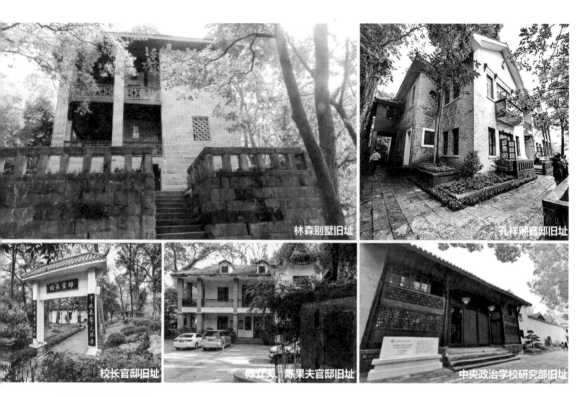

林森别墅旧址

孔祥熙官邸旧址

校长官邸旧址

陈立夫、陈果夫官邸旧址

中央政治学校研究部旧址

重庆南泉抗战建筑群

周公馆

《新华日报》营业部旧址

中共代表团驻地旧址

八路军驻渝办事处大楼

逐渐体现现代主义设计思想的八路军重庆办事处旧址

屋均为根据功能需求和建造方便改建而成；又如上文所提及的工业建筑、黄山及南山的部分抗战建筑也属此。

其四，城市建设管理水平提升，奠定了重庆现代城市建设管理的基础。重庆成为陪都后，政治地位的提高也带来城市建设的政策方针和管理体制的改变。此时，对城市的管理已由抗战前市政单一机构变为多个机构的分工管理，由市政府单一层次的管理变为国民政府与市政府之间的多层次管理体系。典型的事件就是陪都建设计划委员会的成立。[17] 陪都建设计划委员会针对重庆市战时建设的薄弱环节提出了新的具体规划：由陪都建设委员会拟定的这些建设计划主要有根据城市的扩大和发展，提出重庆土地使用及分区计划，确定重庆范围和区域划分；准备进行全面设计并完成旧城区的供水、供电计划；进一步开辟重庆各地区内的道路系统，加强水路交通运输，考虑重庆山城江城特点，进行桥隧选址及设计；勘探朝天门—牛角沱，朝天门—菜园坝沿江地带，修治堤路码头和港务工程。这些建设计划是战时国民政府计划全面改变重庆市政建设面貌的重要步骤，成为市政府进行城市开发建设的基础目标。虽然囿于财力不足和战时环境及条件不利，其中有半数以上的项目未能落实或做得不够，但是却为战后《陪都十年建设计划草案》的制定提供了经验和依据。

同时，对建筑行业的管理也开始走向正规化。1938 年 12 月国民政府颁布《建筑法》，同月市政府改工务科为工务局，下设工务科、建筑管理科、行政科、技术室等，统管重庆市有关建筑与市政工程诸多事宜，对营造厂的执业、管理、招标及取费等均做了相应的规定，[18] 对行业良性发展起到了重要作用。

（三）抗战胜利到解放时（1946~1949 年）

这期间建筑活动的代表是《陪都十年建设计划草案》和"精神堡垒"。

1946 年 5 月 5 日国民政府迁都南京，重庆为陪都及行政院直辖市，仍保留了较高的城市管理水平。1946 年 1 月，原陪都建设计划委员会解散，1946 年 2 月重庆市成立都市计划委员会，[19] 负责各项市政建设、计划，办理建设计划及工程考核验收事项等，1949 年 6 月撤销。该委员会在短短三年时间里，主持制定了《陪都十年建设计划草案》，设计施工完成了抗战胜利纪功碑、和平隧道、市区下水道等重点工程。

在抗战前，重庆市在潘文华时期市政建设有一定的发展，但目前未见到较为完整系统的城市规划。而抗战时多是应急式的城市建设，制定的"重庆市建设方案"[20] 够不上城市总体计划的深度。战后编制的《陪都十年建设计划

［17］1940 年重庆成为陪都后，在 1940 年 9 月 27 日行政院第 428 次会议，通过"组织陪都建设计划委员会"的决议。

［18］1939 年 2 月，重庆市政府发布了《重庆市工业技师技副开业规则》，规定：凡曾在国民政府经济部（含 1937 年前在实业部）登记领有证书，要在本市开业须向市工务局呈报，领到开业执照才能在市内执行业务。1940 年 6 月，随着市区扩展，根据业务需要，市政府在年初发布了《工程管理规则》《招标规则》《重庆市管理营造业规则》等规则。

［19］重庆都市计划委员会隶属重庆市政府，下设秘书室、研究室、卫生组、地政组、交通组、都市计划组、公用事业组、建筑工程组等，主要负责重庆市各项市政建设与计划。

［20］国民政府在抗战期间为集思广益促进市政革兴，在 1938 年 9 月特设重庆市临时参议会。抗战期间，市政府的重要施政方针在实施前须提交市临时参议会决议。

抗战胜利纪功碑及重庆人民解放纪念碑

草案》是总结了战时重庆的城市建设，针对重庆城市面临的现实问题，在城市已有的基础上，集全国的市政专家，运用当时国际流行的现代主义城市规划理论和方法而编制的系统而专业的城市发展计划，代表了中国近代城市规划的最高水平。作为中国人完成的又一部城市计划，《陪都十年建设计划草案》是近代继《大上海计划》《首都计划》后，由中国人自主完成的又一部城市规划，是中国近代城市规划的重要组成，是抗战结束后国家致力于城市建设的第一部比较完整的总体规划文本，对当时其他城市具有一定的参考意义。但由于时局的变化，致使十年计划基本未能付诸实施。但其从技术层面上对新中国成立后的重庆城市建设具

有一定的参考价值和借鉴意义，在史学上也具有较高的学术价值。其学术价值体现在：其一，这是中国近代由中国人"自主"完成的城市规划。《首都计划》和《大上海计划》是政治理念强烈，以突出政府形象，追求宏伟庞大的城市计划。和这两个计划相比，《陪都十年建设计划草案》侧重解决城市的现实问题，是更趋于"平民化"的城市计划。其二，对现代城市规划理论的灵活应用。《陪都十年建设计划草案》将西方现代城市规划理论，如卫星市镇、有机疏散、邻里单位等思想，结合重庆的实际情况，较为合理地应用在重庆的城市改造和发展中。

兴建抗战胜利纪功碑是战后《陪都十年建

设计划草案》中拟建设公共建筑项目之一。当时，草案对重庆战后公共建筑的建设原则是："市民公用建筑物与纪念物，为远近观瞻所系，全市精神所表现，允宜整齐划一，坚固耐久，庄严宏丽。本市在抗战中长成，一切建筑，均因陋就简，公共建筑亦然。现抗战胜利，建设开始，本市位列永久陪都，为中外视线所集，公共建筑必须通盘筹划，务使实用与美观两方面均能领导全国而与陪都名实相称。"作为见证不屈不挠、坚持抗战象征的"精神堡垒"在抗战胜利后拆除。"精神堡垒"于 1940 年 3 月 2 日建成，地址在现解放碑处，为举行阅兵、游行、重要集会使用，象征当时中国军民的精神支柱。建筑全部为木结构，十分简陋，用木板加钉子筑成，为临时建筑，建成后不久坍塌拆除。1946 年 10 月 9 日，重庆市政府决定在"精神堡垒"的原址上修建的"抗日战争胜利纪功碑"（新中国成立后改为"重庆人民解放纪念碑"，第一批获选），这是全国唯一的一座纪念中华民族抵御外敌胜利的史碑。纪功碑以突出建筑坚固耐久、朴素美观为原则，集纪念性与实用性为一体。纪功碑占地面积为 20 米直径的圆形地盘，整个碑体由碑台、碑座、碑身、瞭望台等组成，建筑用钢骨水泥与青石构造，外部用水泥磨石，碑座有八面石碑八根青石护柱，内装臂旋转梯升到瞭望台，可容 20 人，碑端有标准钟，台顶设风向仪，指北针。纪功碑于 1946 年 12 月 31 日动工建造，1947 年 10 月 10 日完成，历时 10 个月。该纪功碑在设计方法和手法上都颇具特色。其一，注重总体关系，如在形体上选择中

国古塔中常见的八角形平面，适合从不同方向远眺碑体。其二，注重运用色彩及材质来调节建筑观感。碑座材质粗犷，色彩沉重，而碑身的处理却较为细致，在八角形每边转折处铺以不同于碑身的砖材，增加碑身的层次感，且碑身用色清新明快，与碑座形成对比。其三，艺术与功能相融合，注重建筑的互动性。碑身顶部设计了浮雕和钟面，其图案形象地描述战时场景，时刻提醒人们不忘战争，而钟面却是满足实用功能需要。值得一提的是，开敞的瞭望台满足了市民登高远眺的需要，而瞭望台的球形屋顶与稳重的碑座上下呼应，比例适中。其四，注重传统设计方法和手法的延续。纪功碑的设计也借鉴了中国传统象征主义的手法，为寓意八年抗战，整个纪功碑处处围绕与"八"有关的数字、形象，如纪功碑由八根青石环绕，八角形的平面。总之，和"精神堡垒"的建设一样，纪功碑的政治象征意义远远大于建筑本身。其五，整体的设计观。考虑夜间旅游及夜间的集会需要，纪功碑在照明设计时，碑体本身照明有水银太阳灯八根围绕碑顶，内部每层有水银灯一根，外射照明设有八个强力探照灯，从各方投射碑身，使整个纪功碑建筑显露于八条柔和的光线中，甚为壮观。

（四）国民经济恢复时期（1949~1952 年）

1949 年 10 月 1 日中华人民共和国成立，1949 年 11 月 30 日重庆解放。建设环境实际上是政治环境的一部分，恢复与发展生产，巩固新政权，改善人们生活、建设人民的城市是城市建设的重点。1950 年 3 月，中共重庆市委明

构图方面大量吸收西方现代主义建筑基本元素的重庆市委会办公大楼（现重庆市文化遗产研究院）

确了重庆市在此后一段时期的工作方针是"面向生产，恢复与发展生产，把消费的城市变为生产的城市，建设一个人民的、生产的新重庆"。这一时期是清除废墟、建立秩序的阶段，首先医治战争创伤，进行了一系列的改善民生的行动，如改善市政、交通、补全居住配套等；其次建立国营企业；最后是恢复工业生产，恢复、改扩建等工作随即展开。同时，城市市民和贫民阶层的居住条件也急需改善，政府以有限的投资建设尽可能多的居民居住及配套项目。建筑类型多为文教、居住等关系民生的公共建筑，以及为解决各行各业办公需求的办公建筑。重庆市委办公大楼在筹备设计时，时任西南局第一书记兼财经委员会主任的邓小平同志亲自接见设计人员，具体安排设计等事宜，并提出"党政机关的办公楼要简朴、实用，尽量节约政府开支，好把更多的资金投入工农业生产"。大楼建成后，邓小平对重庆市委、市政府占用可供市民休闲游玩的花园很有意见。在一次会议上，他语气严厉地问："你们的群众观念哪里去了？那么大一个重庆市，连个像样的公园都没有，你们居然把这么大片非常适合人民游玩的场所占了。"随后，邓小平、刘伯承同志批示要求尽快全部搬出，把这里辟作公园还给人民。至此，重庆市委开始从小楼迁出。接着，市委、市政府又拨出专款，把小楼附近扩建成景色宜人的枇杷山公园，小楼则交给了当时的西南博物院（重庆中国三峡博物馆的前身），成为重庆人民文化休闲之地。建筑创作环境较宽松，受行政干预少。[21]该时期建筑设计延续了1949年以前的一些创作理念与方法，建筑师自觉地将现代建筑原则与中国国情相结合，重视基本功能、追求经济效果、创造现代形式为主要原则，[22]留下了一批优秀的中国现代建筑作品。这些建筑一般为三四层，是简洁朴实的"方盒子"，有些建筑带有中国纹饰，这是新中国新建筑十分有意义的开端。

---

[21] 由于新体制刚刚建立，旧体制的某些部分还在起着作用，干部大多由军队转入，专业不对口，所以在建筑设计过程中少见行政干预。

[22] 新中国成立之初的建设环境，亟待建设涉及人民生活的建筑，但财力、物力有限，而经济和简洁等现代建筑原则天然地符合这类需求。

重庆工人文化宫

例如，重庆市委办公大楼（现重庆市文化遗产研究院）（1951年建成，第四批获选）。该建筑在设计上独具匠心，建筑因地制宜，合理利用地势，采用偏中心的近十字形平面布局，随地形由前向后层层递升，与地势和周边环境巧妙融合。在建筑构图方面大量吸收西方现代主义建筑基本元素，以简单的几何形体做多样组合，尽量避免繁复冗余的装饰，外立面线条明晰、简洁明快。建筑采取传统柱网式基础布局，砖混结构，主体三层，坐北朝南，呈东西走向，充分考虑了通风与采光，整体外观融入西式建筑风格，歇山顶，苏式扣隼板瓦铺作屋顶，米黄色墙面，无花饰矩形窗户，中国古代建筑风格搭配西方现代主义建筑手法。重庆市工人文化宫（1952年建成，第五批获选），也是这一时期的民生项目典型代表。[23] 建筑形象较为简洁，为钢筋混凝土结构，通过柱廊回廊等造型，墙体抹灰，局部装饰脚或纹样。这个时期大量建设的坡顶红墙砖木结构的工人新村也是典型代表。

（五）第一个五年计划时（1953~1957年）

胜利完成三年国民经济恢复任务以后，国家开始了第一个五年计划，大规模的基本建设在全国范围展开。大批苏联专家来华，不仅带来了设计、资金和设备，也带来了曾在苏联本土流行的"社会主义建筑理论"。[24] 建筑家梁思成对该理论做了"中国化"的解释，推出了以传统宫殿式建筑为蓝本的中国民族形式建筑。当然，当时许多建筑师接受民族形式建筑还有其内在原因。在取得革命胜利并展开第一个五年计划之际，以传统古典建筑为蓝本的民族形式建筑代表了民族复兴、国家统一，也是赞颂人民胜利的纪念碑。值得一提的是，这一时期的民族形式建筑并非全然复古，建筑的功能、结构、设备甚至基本体量的处理都是现代的，其民族形式主要体现在宫殿式屋顶及其相关装饰上。传统的建筑屋顶巍峨壮丽、曲线优

[23] 旧重庆公园很少。在西南军政委员会的一次会议上，邓小平提出修建重庆市劳动人民文化宫的建议。他说，重庆是西南地区的工业重镇，有着庞大的工人阶级队伍，应该修建一座环境优美的文化宫，满足劳动人民文化生活的需要，让劳动人民享受"文化牙祭"。

[24] 当时执行"一边倒""向苏联学习"的政策，全盘接受了"社会主义内容、民族形式"为核心的这套理论。体现在建筑上就是：第一，严厉批判欧美的"方盒子"（现代主义建筑）；第二，强调采用苏联建筑的"民族形式"（俄罗斯古典建筑形式）。

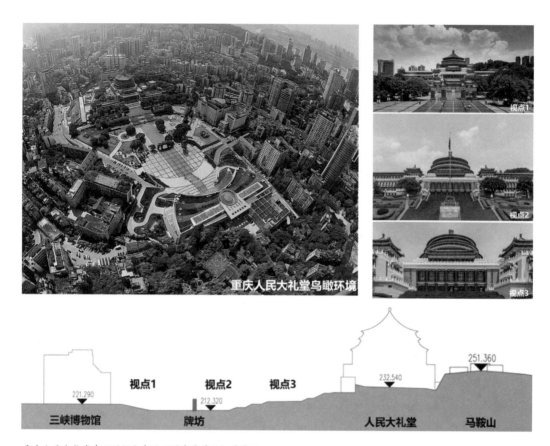

重庆人民大礼堂鸟瞰环境

视点1

视点2

视点3

251.360

视点1　　　视点2　　　视点3

232.540

221.290

212.320

三峡博物馆　　　　牌坊　　　　人民大礼堂　　　马鞍山

重庆人民大礼堂在不同视点中呈现移步异景的框景序列

美，但其构造和装饰与现代结构、材料、功能乃至经济之间的矛盾也是显而易见的。[25]

20世纪50年代的这次中国建筑民族形式复兴在一定程度上体现了人们思想中再一次建立的民族主义信念。对于建筑思想性的强调也在创作指导方针中沿用了许多年，甚至在此后世纪民族形式又一轮复兴高潮中都仍然能看到这一轮建筑创作手法的一些影子。而"社会主义内容民族形式"的实现是以民族古典主义形式综合运用相关绘画、雕塑等手段，将建筑塑造成为社会主义的纪念碑。但对于思想层面内容的过度追求，导致这一时期的民族复兴高潮并未持续多长时间，但其影响是不容忽视的。其导致了这一时期的建筑向着纪念性、形式主义方向发展，反而对建筑创作的发展起到了很大的局限作用。虽然这一轮的民族形式复兴高潮并没有持续很长的时间，但对中国建筑创作的意义是不容忽视的，甚至1959年的国庆十大建筑都深受其影响。

[25] 第一个五年计划建设过程中的浪费现象使得建设资金难以为继，其中包括因贯彻"民族形式"造成的过多花费。梁思成被指为"复古主义"而受到严厉批判。

816工程遗址

白沙沱长江铁路大桥

　　重庆人民大礼堂（1955年建成，第一批获选）就是这个时期的代表。重庆人民大礼堂是20世纪50年代初兴建的，代表了解放初期老一辈无产阶级革命领导对中共中央西南局驻地城市的重视和关怀，也体现了西南建设时期，在政府的领导下，重庆人民无私奉献、艰苦奋斗的拼搏精神。 人民大礼堂由中心礼堂和两翼三楼一底的南北楼组成，总体高65米。建筑外观采用大屋顶民族式，仿明、清宫殿建筑，

以中心礼堂为中轴线对称，主体参照北京天坛及天安门形式。大礼堂的装修和色彩体现传统特色，油漆彩画，雕梁画栋。内部空间呈圆形穹顶，高敞雄阔，自然采光通风。在布局上，合理而巧妙利用山城地形。它是中国传统民族形式建筑与西方建筑的大跨度空间结构巧妙结合的杰作，是新中国成立以来第一座具有独特建筑风格的华丽民族建筑，具有很高的建筑艺术、观景价值。重庆市体育馆（1954年，第五批获选），也是本时期的典例。重庆市体育馆于1953年10月10日开工兴建，1955年8月21日竣工，是带有中国古典风格的现代建筑，主体建筑有三层，平、立面对称，主要采用砖混结构，部分柱、厅为钢筋混凝土结构。室内比赛馆屋盖系钢结构网状屋架，屋面盖石棉瓦。屋顶是平屋顶带拱顶，屋檐处是装饰性的传统的坡屋面带斗拱。馆外采用条石阶梯，人造大理石墙面，白色大理石栏杆，牌楼彩画等装饰，颇具民族特色。建筑四周为清幽小道，馆前有环境优美的绿化和广场，出入便捷。

（六） "大跃进"和大调整时期
　　　　 （1958~1976 年）

　　1958~1976年的特点是建筑技术的革新与社会主义理论建筑新风格探索。"双革"运动、"首都国庆十大工程""新风格的追寻""设计革命运动""文化大革命"等一系列的过程，虽然其中的某些时期导致中国建筑发展停顿或缓慢，但不容忽视的是，在中国建筑师的不断努力下，这段时期留下了许多值得称颂的优秀作品，为改革开放后的中国建筑发展奠定了坚实而有力的基础。

20世纪50年代末，世界各国都进入新的建筑发展时期，中国也恰好在此时进入"大跃进"时期，与世界各国掀起的探索新结构和新技术的热潮相吻合。新的结构形式为中国建筑师在建筑造型方面的困惑提供了恰到好处的答案，相同的现代结构也可以有完全不同的"民族形式"。这一时期对建筑结构的开发与挖掘主要体现在四个方面：一是标准化与装配化，二是薄壳结构，三是悬索结构，四是构筑物的新结构。

值得一提的是1960年开始到"文化大革命"结束的20年期间的社会状态。这是一个短缺的时代，大多数建筑师面临项目缺资金、缺指标、缺材料、低标准的问题，建筑师像是在做"缺米之炊"。无意之中，这也形成了一个被动的"节约型社会"。建筑师的工作条件注定要迫使他们节省资金，节省材料，节省面积……创作环境造就了一代建筑设计师精打细算、量入为出的作风。

重庆这个时期的20世纪建筑遗产只有两个，其一是816工程遗址（1966年，第二批获选）。816工程遗址位于重庆市涪陵区白涛街道柏林村四组，小地名洞子。1966年开始动工修建，1984年完成全部土建工程。洞体内建筑布局复杂，根据不同规则，人员出入口、汽车通行洞、排风洞、排水沟、仓库等应有尽有，仅排风烟囱就高达150米，洞内冬暖夏凉，四季恒温维持在25°C左右。816工程遗址是世界第一大人工洞体，对研究我国20世纪60年代毛泽东同志提出的"深挖洞，广积粮，不称霸"的战略方针和全面三线建设提供了非常重要的实物依据。其二是白沙沱长江铁路大桥（1959年，第五批获选）。白沙沱长江大桥位于大渡口区跳磴镇南端长江之上。该桥是新中国历史上仅次于武汉长江大桥的跨江桥，是川黔铁路线上首座长江大桥。于1953年选址，1955年9月10日正式开工，1959年12月10日建成通车。大桥跨江主桥长802.2米，两岸引桥和环上桥路（环线）有4.5千米之长。这些工业、交通类建构筑物也从侧面说明了功能和经济是建筑不可忽视的重要因素。

二、回顾与展望

对中国而言，20世纪是伟大的时代，是收获的时代，是巨变的时代。推翻帝制、创立共和、浴血抗战、建设国家、艰苦奋斗、改革开放……宏大的巨变是古老中华文明的涅槃重生。"建筑是石头的史书"，这些文明的记号被一系列经典建筑所承载，被许多卓越建筑师的创作所见证。中国20世纪建筑遗产需要体现遗产内涵的丰富性和地域文化的多样性。

首先，准确的"认知"是前提。观念是行动的前提。从观念上融入文明进展的大潮中，才能在中国这个人文地理、经济科技精彩纷呈的大国背景下，找准其动力释放点，并勾勒出丰富而灵动的画卷。建议中国20世纪建筑遗产的名录应该更宽阔，不仅仅针对建筑的本体，同时应将承载文明记号的地理环境、事件承载体等均纳入名录，不仅仅针对名家名作，同时应关注普通创作者；不仅仅关注建筑"物"，而同时注重建筑背后的"人"等。

其次，契合的"模式"是关键。中国广袤

的国土决定了中国20世纪建筑遗产的丰富性与多元性，特别在飞速城市化的现实下，近现代建筑比古代建筑更容易被忽略其价值，被异化或者消失，所以加强普查及时建档很重要。目前的遴选方式应进一步优化完善，建立预备目录进行控制，以保护好更多的文明记号。

再次，配套的"制度"是保障。中国20世纪建筑遗产的挖掘、保护和利用是一个体系工程，需要有"全链条"的着力点与视野。从法规、政策、计划上都具有针对性的策略，能让中国20世纪建筑遗产的身份具有法定身份，能更好地保障中国20世纪建筑遗产保护的发展进程，做好国际的对话交流。同时，要避免仅仅重视项目荣获遗产等级的传统模式，要步入有法规及政策指导下维护、修缮的常规计划中，尤其要用立法遏制"历史建筑"因所谓文保等级低的理由而遭拆毁的事件发生。

最后，有效的"传播"是生命。中国要步入文化强国，贵在全民族文化遗产意识增强。阅读中国就要读懂中国历史。特别应该扪心自问，我们对所在城市的中国20世纪建筑遗产都读懂了吗？读建筑就是读书，读建筑就是读城，读建筑就是在回眸记忆与时光。因此，一定要提升传播，提升全民族的建筑文化觉悟，敬畏历史建筑，更敬畏与当代人同时存在并正成为人们左邻右舍的20世纪建筑遗产"家园"，它们是我们的城市的一部分，我们要倍加爱护。

三、结语

近现代建筑艺术是中国建筑艺术不可分割的一部分，它经历了过渡和逐渐成长的时期，同时也是学习西方先进思想和技术、中西建筑文化融合的过程。19世纪中期至20世纪40年代，中国处于半封建半殖民地的复杂环境，城市建设方面深受西方文化的影响。这一时期建筑类型和风格发生了巨变，建筑技术、建筑材料、建筑施工、建筑设备等方面也对重庆近现代建筑文化的保护和发展产生了重大影响。重庆经历了抗战时期，重庆的陪都建筑是一种建立在西方建筑风格基础上的重庆地域化实践。它表现为一种多元、折中和相互包容，展现出局部矛盾的混合型建筑风格，随着历史和文化的沉淀，它们真正成为重庆地方文化的一部分。

文化遗产是有生命的，这个生命应该是有故事的……

陈纲，重庆大学建筑城规学院副教授，硕士生导师；重庆大学建筑设计研究总院有限公司副总建筑，建筑分院院长，国家一级注册建筑师；主要从事建筑设计理论及设计研究。

肖瀚，重庆市规划设计研究院历史文化名城保护技术中心建筑师、规划师，重庆大学硕士，国家一级注册建筑师；主要从事历史文化名城、名镇、名村、街区，历史建筑、文物保护单位等规划、设计及修缮工作。

参考文献：

1 邹德侬，张向炜，戴路 .20 世纪 50~80 年代中国建筑的现代性探索 [J]. 时代建筑，2007（05）:6-15.

2 支文军 . 构想我们的现代性 :20 世纪中国现代建筑历史研究的诸视角 [J]. 时代建筑，2015（05）:1.DOI:10.13717/ j.cnki.ta.2015.05.001.

3 高亦超 . 历史的螺旋——从现代和民族的"调和、异化、回归、再调和"看中国建筑现代化进程 [J]. 华中建筑，2021，39（01）:21-25.DOI:10.13942/j.cnki.hzjz.2021.01.005.

4 林娜 . 建筑中国 60 年 : 建筑创作发展历程分析（一）[J]. 建筑创作，2009（06）:152-160.

5 杨秉德 . 中国近代建筑史分期问题研究 [J]. 建筑学报，1998（09）:53-54+3.

6 金磊 ."20 世纪事件建筑"应广泛认知 [J]. 建筑与文化，2017（12）:24-25.

7 金磊 .20 世纪遗产乃中国百年建筑学脉 [J]. 城市住宅，2018，25（09）:46-49.

8 金磊 .20 世纪遗产乃中国百年建筑学脉 [J]. 城市住宅，2018，25（09）:46-49.

9 黄天其，黄瑶 . 历史街区建筑遗产的美学解读——重庆近代城市建筑文化价值初析 [J]. 城乡规划：城市地理学术版，2011（1）:42-47.

第十七讲：
山东 20 世纪建筑遗产

陈雳　　　韩彤彤

　　山东地区又被称为"齐鲁大地"，长期以来一直是人口和经济大省，有青岛、济南等著名城市，在中国政治经济版图中占有重要的地位。山东又被称为孔孟之乡、礼仪之邦，拥有深厚的文化底蕴。山东的 20 世纪建筑遗产出现后得到迅速发展。1949 年新中国成立之后，山东迎来了高速发展的阶段，经济总量不断攀升，城市建设势头强劲，优秀的建筑作品层出不穷。回顾 100 多年的历史，山东地区的 20 世纪建筑遗产经历了从萌芽产生到逐步发展变化的漫长过程，也呈现给我们一幅精彩的历史画卷。

一、近代山东的历史进程

　　在近代，无论是政治经济还是社会结构，山东地区都经历了前所未有的剧烈震荡。19 世纪 60 年代，随着第二次鸦片战争的失败，清政府签订了《天津条约》，烟台成为山东第一个开放口岸。1895 年，甲午战争中，

山东成为主战场之一。1897 年，德国借口巨野教案占领青岛，强租胶州湾，并修筑了胶济铁路，把山东扩充成自己的势力范围。1898年，英国强租威海卫作为海军基地，1930 年国民政府收回主权，直到 1940 年英国人才完全撤走。一战爆发后，日本从德军手里夺取了山

东的控制权，这也成为五四运动爆发的重要原因。山东地区又经历了抗日战争和解放战争，直至1949年之后，才迎来平稳的发展阶段。

在近代，英、德、日等帝国主义列强都曾侵略占领过山东，其中烟台、青岛和济南三地是近代建筑产生和发展最集中的城市，保留了大量的建筑遗产。

二、开埠初始——烟台早期的建设与发展

第二次鸦片战争之后，西方列强肆无忌惮地瓜分中国，《天津条约》规定开放10个城市为通商口岸，其中就包括山东的登州。后英国领事马礼逊认为登州港口门窄水浅，不适宜作为通商口岸，遂改为烟台。1861年8月烟台开埠，成为山东第一个开放口岸，比青岛早了30余年。此后，英、法、美、德等10个国家在此建立领事馆。

烟台近代城市鸟瞰图

烟台开埠之后，由于烟台山临近港口，交通便利，英国率先在烟台山建立领事馆以处理政务、监管海域，后美国、法国、日本、德国等国家先后在烟台山建立领事馆。随着领事馆的建立，大量外国商人开始在周边地区居住，进行商业活动，范围遍及今天的朝阳街、海岸街、海关街、东太平街、顺德街、阜民街一带。自此，烟台山和朝阳街区域几乎成为洋人的专属区，西洋建筑在此蓬勃发展，形成了山东地区较早的建筑遗产群落，其中最典型的建筑集中在朝阳街和烟台山两处。

朝阳街南起北马路，北至海岸街，为一条南北向街道。以朝阳街为中心，东至东太平街，西至海关街，共同形成朝阳街历史街区。作为外国人集聚的商埠，这里伫立着很多洋行、邮局、住宅，包括德国盎司、日本三井、英国茂记、美国美孚等数十家洋行。此外，在海岸街旁还有俄罗斯、芬兰领事馆，还修建了天主教堂、修道院等宗教建筑。

烟台山近代外国领事馆建筑群也被评为中国20世纪建筑遗产，其中英国、美国、日本和丹麦四所领事馆最具特色。这些建筑具有明显的西洋特色，体量较小，为1~3层砖木结构，立面为砖砌筑，线条明朗。它们多是坡顶红瓦，掩映在绿树之中，赏心悦目。这里的建筑风格主要包含殖民地外廊式、古典式、现代建筑、地域建筑等风格。英国领事馆建设较早，占地面积也最大，约60亩，其主体建筑有两座，一座建于1864年，为单层砖木结构，四坡红瓦屋顶，东、南侧有外廊；另一座建于1872年，为领事官邸，单层砖木结构，平面呈拐尺

形，四坡红瓦屋顶。该建筑是较早的外廊形式，当地选材，色彩明快，造型简洁。

此外，烟台近代开埠大大推动了民族工商业的发展，张裕百年大酒窖就是近代保留下来的典型遗产。酒窖始建于1894年，历时11年，经三次改建而成，采用大青石和水泥材料，共设八个拱洞，总面积1976平方米。当时的《商务官报》曾记载："即此酒窖一项，振勖改图数次，始乃成功，而将成功时，各国工程师前来观者俱为诧异，竟谓中国人有此绝大本领焉。"

张裕酒窖

三、近代西方文化输出的全新城市——青岛

600年前，青岛只是一个由外地迁徙而来的村民形成的村落。发展至明万历年间，海禁开放，由于青岛村位于入海口，成为南北海上航运的必经之路，称"青岛口"。1862年，清政府在山东烟台设东海关，四年后在青岛设置海关分关。1891年，青岛建置，经济也逐渐繁荣起来。

1897年，在山东巨野县的磨盘张庄发生了"巨野教案"，德国以此为由出兵占领胶州湾，逼迫清政府签订了《中德胶澳租界条约》。此后，德国开始着手规划和建设，青岛由渔村转变为具有现代意义的全新城市。德国人的规划建设形成了最初的城市结构框架，此后的建设都是原规划的延续。

（一）德国人制定的规划及实施

德国人占领青岛之前就已经对山东地区做过详尽的考察，其中地质学家李希霍芬在《山东及其门户胶州》一书中详尽论述了胶州湾的重要价值。

青岛的建设是从零开始的。1898年，德国人直接拆除了原有村庄，保留了天后宫和衙门。新规划实行分区制度，市内主要区块分为欧人区、华人区、港口区、别墅区、台东镇、台西镇等。

德国人选取了面对青岛湾、地理位置优越的南山坡作为欧洲人区，华人区（大鲍岛）位于北山坡，山脊则成为欧人区和华人区的分水岭。山丘与海岸线的连线成为城市的中轴线，并在中轴线线设置总督府，以总督府为中心建立了行政中心。在山丘的东侧建立田园式别墅区，在市区的东侧设有劳工居住区，称台东镇，在市区的西侧设置发电厂、屠宰场，称为台西镇。华人区的建筑质量、道路宽度与基础设施都不如欧人区，至于等级更加低的台东区和台西区建筑密度大，道路更加狭窄，居住环境较差。德国人赋予各区域不同的等级，并在以后的建设中，根据不同的等级与环境，采取不同的建设标准。

在德国人的规划中，港口和铁路成为城市建设的重点。青岛的规划有三个港口，分别是供远洋轮船使用的大港、中国民船使用的小港和大小港之间供修理船只使用的渠港。同时，建立了连接青岛与济南的铁路，与之配套的车站、工厂一应俱全。

（二）青岛建筑遗产及风格特征

除了德国的占领和日本的两次侵略，青岛还经历了北洋政府和南京政府的统治，饱受战乱，命运多舛，主城区在原有结构基础上虽有所发展，但多次陷入停滞。尽管如此，城内还

青岛的欧人区行政中心鸟瞰图

是保留下来了丰富的20世纪建筑遗产，其中很多已被列为全国重点文物保护单位。

18世纪下半叶至19世纪上半叶，欧洲大陆正经历新文艺的浪潮，在德国同时兴起了青年风格派。青岛的欧人区早期建筑风格类型多样，除了青年风格派之外，还有新文艺复兴风格、古典主义风格、新罗马风、折中主义风格等。

大鲍岛华人区的建筑设计要交由德国人审查，大多为西洋建筑风格，但是同时融入了中国传统建筑的特点，呈现出一种中西结合的里院建筑形式。

德国占领青岛之后，青岛自1914年至1922年经历了第一次日占时期，延续了德国的城市规划方案，保留了德占时期的城市与建筑风格，更加注重建筑的经济性。该时期的建筑主要仿德国折中形式，同时也进行了德式建筑与日式建筑的融合。

1922年至1937年，青岛先后经历北洋政府、南京政府执政。这个时期迎来了城市规划发展的兴盛时期，建筑形式开始向现代主义风格演变，更加注重建筑的功能。青岛回归之后，中国建筑复古思潮兴起，出现了很多大屋顶的建筑。1937年至1945年，抗日战争爆发，青岛再次被日军占领，由于战争的影响，城市基本上处于停滞状态。

（三）典型建筑

青岛20世纪建筑遗产数量众多，受德国影响最大。

1. 总督官邸

总督官邸也称提督楼，由德国建筑师拉查鲁·维茨（Werner Lazarowicz）设计，1908年竣工，总建筑面积4083平方米，高30余米。提督府位于信号山南麓总督花园内，在一片葱郁之中，南望小鱼山，远眺大海，风景如画。该建筑的最大特点是将花岗石应用到了红坡顶之下的每个细部。建筑的平面布局虽有很多变化，但其功能组织却很严谨，大厅装饰颇具青年风格派风格。建筑属于德国式样为主的折中主义风格形式，由于其造价高昂、设计施工精美，又有众多名人居住而中外闻名。

2. 基督教堂

青岛基督教堂于1910年10月落成，由德国著名建筑师罗克格（Curt Rothkegel）设计，位于面对大海的山丘之上，一度是青岛的标志建筑。建筑入口置于南侧，建筑立面的塔尖强调德意志风格，并以此作为构图中心。墙面波纹状水泥抹面，是青年风格派的装饰，米黄色基调则愈显典雅。檐口采用粗糙花岗石镶嵌，局部转角又设置石块垂挂，随意中透着活泼自然。建筑内堂宽敞，室内为巨大的拱圆式吊顶。

3. 八大关建筑群

青岛八大关是体现青岛风貌特点的风景区，也被评为中国20世纪建筑遗产。因为这一区域修建了十条道路，均以中国古代军事关隘命名，俗称为八大关。1931年至1937年，沈鸿烈在担任青岛市长期间制订了"荣成路东特别规定建筑地"的规划，要求建筑密度必须在50%以下，配置大面积绿地。该区域的一大特点是把公园与庭院融合在一起，栽种四季盛开的鲜花，十条马路的行道树品种各异，形成宜人的环境。八大关众多的欧式古典建筑中，绝大部分兴建于20世纪30年代。在这片区域中，有200多栋建筑，包括俄国、英国、法国、德国、美国、日本和丹麦等20多个国家的建筑风格。

四、自开商埠——济南

济南位于黄河下游，始置于西汉末年，发展至明初，内城格局和规模才初步形成。明清以来，济南府一直为山东治所所在地。1904年，胶济铁路即将建成时，山东巡抚衙门致函外务部，请求在济南开辟商埠，后袁世凯和周馥联名上书，请求在济南自开商埠，清政府遂批准开济南为商埠，位于胶济铁路沿线的潍县与周村为分关。

（一）商埠区的发展

济南依托于胶济铁路开埠，因此开埠区主要以济南火车站为中心，后来范围不断向外扩张，同时设置洋商贸易处、华商贸易处、仓库、领事驻地等，整个城市的功能格局发生了巨大的改变，原有的老城区仍旧保持着政治、文化中心，新开的商埠区更多地发展商业，推动了济南的工商业繁荣。

确定开埠之后，山东制定了总体规划，拟办了《济南商埠开办章程》，其规划理念大体为：保留旧城，发展新城，将商埠区设于老城西部，东至十王店，西至北大槐树村，南至长清路，北至胶济铁路。规划面积20多公顷，约等于老城的面积。值得一提的是，这一次中国对商埠区完全拥有主权。

济南市区道路主要为网格状布局，以经纬路命名，平行于胶济铁路的为经路，东西向布局，与之垂直的南北向道路为纬路。济南开埠之前，德国就在经二路附近建立了德国领事馆，这座建筑为鲜明的德国传统风格。开埠之后，德国企业纷纷入驻济南，修建了一批具有德式风格的医院、银行和洋行，形成了西洋风格的建筑群。

（二）典型的近代建筑

这一时期，随着外资商业逐渐进入，巴洛克风格、古典主义风格、文艺复兴风格等的建筑开始在商埠区出现，同时西洋建筑逐渐与本土建筑融合，形成一种中西合璧的折中风格，这些建筑很多是20世纪建筑遗产中的精品。

1. 纬二路近现代建筑群

该建筑群位于济南市中区，包括山东邮务管理局旧址等九处建筑：山东邮务管理局旧址、德华银行旧址、交通银行旧址、民生银行旧址、德国领事馆旧址、德国诊所旧址、小广寒电影院旧址、山东邮务管理局办公住宅旧址和上海商业储蓄银行济南分行旧址，它们的建设时间为1901年至1932年，是济南商埠区的重要标志性建筑，对中国建筑史和商埠文化的研究具有重要的价值。该建筑群于2013年被列为第七批全国重点文物保护单位，2018年入选第三批"中国20世纪建筑遗产"。

2. 洪家楼天主教堂

济南地理位置优越，大量的传教士将其当

济南洪家楼天主教堂

作传播文化的据点，开始兴建教堂，其中最为著名的为洪家楼天主教堂。这座教堂于1904年竣工，平面为拉丁十字，建筑西立面为双塔式，两座高耸的塔楼间为教堂中厅。洪家楼天主教堂为典型的哥特式教堂，但同时也含有一些中国传统元素，如建筑所用的灰砖和青石均是本土建筑材料，在建筑内部绘制着中国传统的梅兰竹菊或松鹤等彩画。

3. 胶济铁路济南站

在济南城内，曾经有两座火车站。其中，位于津浦铁路上的济南老火车站在20世纪90年代被拆除，成为轰动一时的事件。另一座火车站为胶济铁路的终点站，现已被改作胶济铁路博物馆。这座建筑为德国古典主义风格，平面为一字型，两边不对称，西侧体量较大，为办公管理用房和旅馆，东侧体量较小，为餐厅与贵宾休息处。立面为三段式，中间部分为候车大厅，体量巨大，中间设六个爱奥尼柱，最上层阁楼为复式屋顶。建筑的墙面主要为蘑菇石，整座建筑庄严大气。

五、胶济铁路沿线的开发建设

早在德国强占胶州湾之前，德国地理学家李希霍芬就提出过建设胶济铁路的构想：从胶州湾出发，连接山东的煤田，通过济南到达北京、河南等地方，从而打开中国内陆市场。德国占领青岛之后，1898年，在铁路建筑师锡乐巴的主持下，胶济铁路正式开始修建，1904年全线通车。1903年，开工修建了张店至博山的张博支线和淄川至洪山的淄洪支线。

以往山东的经济往来主要依托京杭大运河，经济中心位于德州、聊城等沿河城市。德国占青岛后，山东经济中心逐渐转向青岛，北部的烟台港逐渐衰落，济南商业重镇的地位慢慢显现出来。胶济铁路的修建促进了铁路沿线城市的发展，经济中心也转向铁路沿线城市。

胶济铁路不仅推动了沿线城市的发展，同时也遗留下大量的20世纪建筑遗产，铁路沿线各15千米形成了一条遗产廊道。德国在进行铁路建设时，采用了最先进的建造技术，修建了新型铁路铁轨和车站，同时遗留下大量的附属设施，包括桥梁、邮政、道路、绿化、医疗建筑等。

胶济铁路修建的目的之一就是掠夺山东境内丰富的煤炭资源，因此铁路线穿越了中国两大煤田之一的鲁中煤田。资源开采与运输活动促进了资源型城镇的兴起，其中一个著名的例子就是坊子。坊子原是位于潍坊东15千米一

个很小的村庄，德国人在此开凿矿井，建设矿区，进行大规模的开采活动，为了保证开采活动的顺利进行，还在此修建了居住建筑与服务设施。大量的劳动力涌入坊子，消费需求增加，商业在此聚集，经济逐渐繁荣，形成了新的街区。

坊子保留下来的德、日式建筑共有166处，其中德式建筑103处，总建筑面积45000平方米。这些建筑包括：德军司令部、德军北大营、德军医院、天主教堂、修女院、德国邮政大楼、日本领事馆、日本国民学校、日本农场、军运兵站、官邸、洋行等，它们分布在不到8平方千米的土地上，构成了一座独具异域风情的百年小镇。坊子德日铁路建筑群被评为"中国20世纪建筑遗产"。

六、1949 年之后的山东建筑发展

1949年山东全境解放，彻底终结了近代以来山东地区混乱与割裂的局面，进入了区域整体协调发展的新阶段。20世纪50年代开始，国民经济进入恢复发展的时期，山东地区的建设活动慢慢展开，但是由于经济力量尚在恢复，无力进行大规模的城市建设。

在这个时期，建筑界民族意识增长，"社会主义内容，民族形式"成为新建筑探索的方向，但是民族思想反映到建筑上，也会带来高昂的造价，这一阶段出现了民族风格建筑创作的高潮。

此后的一段时间，城市建筑发展受到较大的政治影响，直到1978年改革开放，国门打

坊子煤矿

开，思想解放，建筑创作方面迸发出空前的活力。1984年，烟台、青岛被列为14个沿海开放城市，大大推动了城市发展的进程。同时，山东开始对老城区实施保护，济南和青岛分别入选第二批、第三批历史文化名城。

此时，国家具体提出了"繁荣建筑创作"的倡议，成就了一批结合国情、深入生活并具有中国特色和现代性的作品。国际上正好赶上现代主义建筑多元化发展，后现代等各种建筑思潮蓬勃兴起，这些外来的思想也对山东地区的建筑发展产生了很大的影响。曲阜的阙里宾舍就是在这时候出现的建筑作品。

20世纪90年代之后，我国由计划经济向市场经济转型，大量的境外建筑设计事务所进入中国，参与城市设计，带来了新的挑战，城市建设进入了一个更快的发展阶段。

（一）典型的建筑实例

1. 山东剧院和中国电影院

山东剧院位于济南市文化西路，1955年竣工，是一座中国传统形式的建筑，由建筑师倪欣本设计。该建筑坐北朝南，占地11000平方米，建筑面积5709平方米，建筑在空间上成功地利用了地形，门厅标高位于楼座和池座之间，便于到达两处空间。该建筑正立面为高大的屋顶，上覆黑瓦，四根朱红色的门柱格外醒目，檐下描绘着古色古香的装饰花纹，屋脊上排列着传统的纹样，外墙为普通的灰砖，简洁古朴。

济南的中国电影院位于经四路，1954年竣工，占地1000多平方米，反映了20世纪50年代的民族建筑风格。中国电影院运用传统建筑符号，如大屋顶、琉璃瓦等，同时设计了具有时代特征的符号元素，如和平鸽、麦穗、齿轮等图案。可惜的是，以上两座建筑均已拆除。

2. 阙里宾舍

阙里宾舍是一座涉外宾馆，由建筑大师戴念慈院士设计，1985年竣工。该建筑位于孔子故里，右临孔庙、后依孔府，宾舍占地2万平方米，建筑面积13200平方米，拥有175余间儒家文化特色客房（设总统套间、豪华套房、商务房、标准间、单人间）及各种服务功能。建筑设计的理念是"现代内容与传统形式相结合，新的建筑物与文化遗产相协调"，将建筑群与整个孔庙孔府建筑群融为一体。在传统院落空间的把握上也非常宜人得体。阙里宾舍获得国际建筑设计金奖，入选"中华百年建筑经典"百座典范，2016年入选首批《中国20世纪建筑遗产名录》。

3. 甲午海战纪念馆

该建筑由建筑大师彭一刚院士设计，1995

济南大明湖

年竣工。这是一座全面展示中日甲午战争历史的综合性展馆，位于威海市刘公岛南岸，背山临海，整个展馆分为"序厅""甲午战前的中国和日本""甲午战争""深渊与抗争""尾厅"五个部分。建筑与特定的地形关系协调处理，室内外空间相互交融，建筑物体型组合顺应地势起伏。建筑运用了象征主义手法，使建筑形象犹如相互穿插、撞击的船体，悬浮于海滩之上。建筑物上设置一巨大雕像，取自甲午海战民族英雄的形象，屹立于船首，手持望远镜，凝视远方的海疆。

4. 青岛大剧院

青岛大剧院建立于2005年，由德国建筑师冯·格康、玛格设计，现代风格，是体现先进设计理念并与国际接轨的典型作品。建筑的主题为海浪与山石，其中格栅构架组成的屋顶气魄宏大，将主体建筑覆盖其下，象征着海洋文化的特性。建筑外立面采用了玻璃幕墙，四面通透，轻盈明快，又体现了建筑的时代性。

七、结语

山东20世纪建筑遗产的发展轨迹与中国近代历史的发展进程息息相关，经历了由被动输入到主动发展的曲折历程。西方列强的入侵给山东人民带来了巨大灾难，同时也在客观上带动了城市的现代化进程，然而这种发展是极不均衡的。青岛和烟台分别被不同的列强侵占，济南的自开商埠则是为适应当时局势而采取的不得已应对，胶济铁路建设的主要目的是列强掠夺山东的矿产资源，这些经历都在建筑遗产中留下了深刻的印记。

直到1949年之后，山东才迎来了安定的发展阶段，山东的20世纪建筑遗产可以明显界定为1949年前后两个部分。新中国成立之后的建筑发展与同时期国家的发展已经同步，建筑类型更加丰富，并逐步与世界接轨。

20世纪建筑遗产的保护和利用是一个重要的课题，就山东地区而言，已经有了很多成功

青岛大剧院

青岛

烟台

的经验，也有惨痛的教训，如济南老车站的拆除成为不可挽回的遗憾。这些经验与教训使我们更加深刻地认识到20世纪建筑遗产的重要价

值，处理好保护和发展的关系，保护利用好优秀的城市遗产，创建更加美好的文化生活。

陈雳，北京建筑大学教授，建筑历史与理论博士，城市规划博士后，德国亚琛工业大学、班贝格大学、南澳大学访问学者。多年从事20世纪建筑遗产理论及保护的研究，出版学术专著3部，发表学术论文100余篇。

韩彤彤，北京建筑大学建筑与城市规划学院硕士研究生，研究方向建筑遗产保护。

参考文献

1 陈雳.德租时期青岛建筑研究 [D].天津：天津大学，2007.

2 李东泉，周一星.城市规划对城市发展作用的历史研究——以近代青岛为例 [J].新建筑，2007（02）:16-22.

3 赖德霖，伍江，许苏斌.中国近代建筑史 [M].北京：中国建筑工业出版社，2016.

4 中国文物学会，中国建筑学会，中国文物学会20世纪建筑遗产委员会.中国20世纪建筑遗产名录（第一卷）[M].天津：天津大学出版社，2016.

5 中国文物学会，中国建筑学会，中国文物学会20世纪建筑遗产委员会.中国20世纪建筑遗产名录（第二卷）[M].天津：天津大学出版社，2021.

6 邹德侬，戴路，张向炜.中国现代建筑史 [M].北京：中国建筑工业出版社，2010.

第十八讲：
瀚海沧桑的新疆 20 世纪建筑遗产

范欣

20世纪是风云变幻、波澜壮阔的100年。这个世纪的前半叶，新疆各族人民同全国人民一起，在屈辱、苦难、觉醒与不屈的抗争中求新求变、求生图强，中华民族共同体意识不断提升。1949年新疆和平解放，开辟了历史新纪元，新中国新疆的辉煌历程铸刻着建设者的伟大精神和不朽足迹。

建筑，是石头的历史、文化的载体、精神的家园。丰厚多姿的新疆20世纪建筑遗产遍及天山南北的城镇乡村。具有鲜明地域特色、与自然共存共生的传统民居，与万里长城、京杭大运河并称中国古代三大工程的坎儿井，对新疆近现代建筑文化影响至深的俄苏式建筑，见证新疆近现代工业从无到有并不断发展壮大的工业建筑，开创屯垦戍边伟业的新疆生产建设兵团的建筑遗产，展现新疆当代精神风貌的地域建筑……这一段段历史印记，宛若寥落瀚海的沉吟，仿佛挥斥万壑的激流，百年一瞬，如星如炬。

近现代新疆文化与传统西域文化有着千丝万缕的承袭关系，独特的地理格局、自然环境、历史人文和生产生活方式等是新疆建筑文化的根本成因。

一、古丝路要冲——东西方文化互望的窗口

在许多人眼中，新疆是一个遥远、陌生的地方。无论是"万山之祖"的莽莽昆仑、亘古绵延的巍巍天山、人类滑雪发源地的"金山"阿尔泰，抑或是三山之间浩瀚无边的戈壁大漠，那难以描摹的广袤与雄浑壮丽、神秘与变幻莫测，着实令人惊叹。更不必说，166万平方千米土地上最大的沙漠、最大的冰川、最长的内陆河、最大的内陆淡水湖等诸多中国之最、人间胜景。从世界第二高点8611米的乔戈里峰到低于海平面154米的世界第二洼地、中国最低点艾丁湖，从中国第一"热极"吐鲁番盆地到中国第二"寒极"的可可托海，这样的跌宕起伏和极致奇境，唯新疆独有。

由万山之巅奔涌而下的消融冰雪汇成的无数条河流，在生机渺茫的沙漠边缘滋养出片片腴壤。这些珍珠般散落的绿洲串联起贯通东西方文明的"大动脉"——草原之路、玉石之路、丝绸之路。人类古老的几大文明在此相遇而碰撞出的璀璨光芒，照亮了历史的夜空。

在这片古称西域的神奇大地上，有那么多看似矛盾却又自然而然的"存在"：深居亚欧大陆中心腹地却是世界上最多元文化的交汇之地；分散而封闭的绿洲展现出极其开放的一面，既坚守传统，又乐于接纳新生事物。作为东西方互望的窗口，新疆呼吸着万方文化的气息，如同其大开大合的地理格局一样，敞开胸怀，包容着四面八方而来的文化营养，不断吸收、杂糅、过滤、沉淀，在与外来因子间双向的"文化受容"中彼此交织，孕育出兼具地域

绵延2500千米的超级山脉——天山山脉

性与国际性的独一无二的多彩文化。

中华传统文化在几千年的历史进程中，常以兼容并蓄之胸怀，吸取他方文化之精华，不断丰富自身的文化体系。新疆多源发生、多元并存、多维发展的独特文化，为中国传统文化宝库增添了瑰丽多彩的篇章，也使中华文明更具广被四裔的影响力。中华文明所独具的容纳之量和消纳之功，使其以雍容广大的气象，几千年延绵不绝，成为世界上唯一传承至今的古老文明。然而，19世纪中叶后，在西潮的猛烈冲击下，中国人由此对自身文化产生的不自信，使中华文化的根脉险至断裂。

二、西方殖民扩张对新疆近代建筑文化的影响

19世纪中叶至20世纪上半叶的中国，列强环伺，内忧外患。曾经的世界文明中心，在西方工业革命和资本主义、帝国主义的坚船利炮下风雨飘摇、满目疮痍。各国列强在中国国土上展开掠夺性的经济活动，修建具有本国风格的建筑。中国现代建筑的序幕是伴随着屈辱和苦难，以被动输入的方式拉开的。俄英等列强对新疆的殖民扩张几乎波及政治、经济、文化等所有领域。19世纪末至20世纪30年代，英国的斯坦因、瑞典的斯文·赫定、法国的伯希和、德国的勒柯克等在新疆进行的地图测绘和文物掠夺等活动即是其中极具代表性的事件。

新疆文化中的中西杂糅现象由来已久，至清末尤盛。19世纪中叶，沙俄通过与清政府签订不平等条约，取得在新疆的通商权，至1911年辛亥革命前，于伊宁、塔城、乌鲁木齐、喀什等地设立领事馆、贸易机构、兴办学校、医院，修建俄式风格建筑，其中现存具有代表性的建筑有伊宁俄苏驻伊领事馆旧址（建于19世纪80年代）、喀什色满沙俄驻喀什领事馆（建于1893年）、原俄国驻塔城领事馆俱乐部（始建于1852年）等。迪化（今乌鲁木齐市）南梁一带建有俄国东正教堂、俄领事馆等俄式风格建筑，南关一带的俄国商行鳞次栉比。

1860年（清咸丰十年），《中俄北京条约》签订后，喀什噶尔被辟为商埠，俄商、英商居于此地，城中兴建的俄式、英式建筑与当地原

伊宁俄苏驻伊领事馆旧址一号建筑

有建筑形成了中西混杂的奇特景象。

1908年（清光绪三十四年），英国在喀什先是暂租民房开设领事馆，后又于1912年兴建喀什其尼瓦克英国领事馆。英国驻喀什噶尔首任外交官夫人凯瑟琳·马嘎特尼在《外交官夫人的回忆》一书中记述了初到"中国花园"——秦尼巴克（China Park）时，领事馆的英式建筑给她留下的"造得古朴巧妙"的印象，其笔下的"秦尼巴克"即"其尼瓦克"。

三、从被动输入到主动发展——20世纪上半叶的新疆建筑遗产

在文化历史进程的各个阶段，新疆本土文化始终保持着旺盛的生命力，表现出自身鲜明的特性，各民族文化的基质从未断裂和消失。即使在19世纪中叶至20世纪上半叶，面临西方文化的强行输入，依然如此。在对外来文化有取舍地吸纳和本土化的过程中，

并不排斥前期文化，新文化中总包含着旧文化的因子，既继承又有所创新，强大的文化整合功能正是新疆本土文化得以延绵不绝的内在动力。20 世纪上半叶，新疆建筑文化从被动输入的中西杂糅，逐渐走向主动吸纳进而本土发展的过程。这一过程不仅限于建筑风格，在因地制宜地适应本土气候方面更是表现得尤为突出。

（一）20 世纪上半叶新疆建筑的主要特点

第一个特点是，新疆历来是多民族聚居地区，从建筑风格来看，有的集中体现了某一民族文化的特点，有的则反映出各民族文化相互交融的多元文化特征。

清朝统一新疆地区后，满、回、锡伯、索伦（后根据"名从主人"的原则改为达斡尔族）等民族陆续迁入天山南北。清朝后期，乌孜别克、俄罗斯、塔塔尔等民族由境外进入新疆定居。这些民族与汉、维吾尔、哈萨克、蒙古、柯尔克孜、塔吉克等民族在文化上相互吸收、融合发展，进一步丰富了新疆地区的建筑文化。

位于北疆伊宁市伊犁街的吐达洪巴依旧居，是目前新疆保存较完整、规模较大的塔塔尔族传统民居，相传建于 1931 年，建造者为曾任伊犁地区专员的吐达洪巴依。建筑面积 1000 平方米，现存三栋土木结构的一层房屋，以 L 形布局构成一组庭院式建筑。房屋面向院内一侧设置檐廊，木质的檐口、封檐、檐梁、门窗楣等处的雕饰细密精美。建筑采用设有老虎窗

伊宁吐达洪巴依旧居沿街局部外观

的坡屋顶。室内以俄式圆毛炉采暖。由于墙体很厚，门窗洞口向内呈八字形，以便更多光线进入室内。木质外门窗设内外两层，内层镶有通透的玻璃，外层为具有遮阳功能的木板，这一形式不仅在伊宁地区十分普遍，在南疆地区传统民居外窗中也多有运用。

建于 1915~1916 年的吐尔迪·阿吉庄园位于南疆和田皮山县新疆生产建设兵团农十四师农场。据记载，庄园初建时为 72 间房屋组成的建筑群，现仅存一幢 888 平方米的房屋。该建筑坐北朝南，外观形制与汉式传统民居相似，西面、南面设回廊及廊柱。建筑所采用的木骨泥墙、密椽平顶及内部"阿以旺"中心空间，是和田地区维吾尔族传统民居的典型形制，距今已有 1700 多年历史。室内的木雕饰和藻井彩绘精美绚丽，壁画有汉式博古图案、建筑图案、瓶花图案、西式钟表图案等丰富多样的题材。该建筑除了空间形态上与地方气候相适应，还将地域风格与中原、中亚和西亚等建筑艺术风格凝于一体，体现了多元文化的交织与融合。

吐尔迪·阿吉庄园外景和内景

第二个特点是，在外来文化输入过程中，有的建筑反映了外来文化的直接影响，有的则体现出本土文化与外来文化相互影响下的融合。代表性建筑有塔城红楼、新疆省银行故址、和静满汗王府等。

由塔塔尔族商人热玛赞·坎尼雪夫修建的塔城红楼位于北疆塔城市解放街与文化路交会处，建成于1914年，建筑面积1069平方米，是全疆现存最完好、规模最大的近代俄式建筑，因其外墙以红砖砌筑而得名。主体建筑为两层。厚重的墙体，绿色铁皮坡屋顶，与塔城冬季严寒多雪的气候十分相宜。檐口、壁柱、门窗楣、窗下口等处均以变化细腻、层次丰富的砖砌造型重点刻画。红楼建成时是塔城的商贸中心，1933年改为医院，三区革命时作为专员公署办公楼，1975年改作塔城报社，现为塔城红楼博物馆。

建成于1946年的新疆省银行（今中国工商银行乌鲁木齐支行），俗称"大银行"，位于新疆首府乌鲁木齐市明德路，为典型的苏式风格

塔城红楼局部外景

新疆省银行故址

和静满汗王府全景

建筑。建筑面积5895平方米，为三层砖木结构，高大庄严。平面呈凹字形回廊式布局，室内大厅装饰华丽，门窗高大明亮。新疆省银行成立于1930年，1939年改组为"新疆商业银行"，1946年迁入该址。

坐落于和静县县城内的满汗王府建于1919年，现存正殿、东宫、西宫等。该建筑为土木结构，融合了中式、西式、蒙式建筑风格，端庄典雅、气度恢宏，现作为和静县民族博物馆。正殿为两层，厚达73厘米的外墙以砖包土坯砌筑而成。配殿（东宫、西宫）为一层，檐口的砖砌造型及窗周砖雕极具民族特色。

第三个特点是，宗教建筑风格体现了多种宗教文化的影响。新疆历来是多民族聚居和多种宗教并存的地区，新疆宗教建筑反映出多种宗教文化在新疆的传播和并存的特点。

第四个特点是，清代统一新疆后兴起，新疆建省后快速发展的会馆文化，为新疆多元一体的传统建筑文化注入了新鲜血液，成为联结新疆与中原地区的精神纽带。

1755年，清朝统一新疆地区后，"移民实边"与"屯垦戍边"政策并行，内地各省移民带来了其家乡文化。1876年和1881年，左宗棠率军分别收复了被浩罕汗国军官阿古柏和沙俄侵占十年之久的新疆地区。1884年清政府在新疆地区建省，取"故土新归"之意，定省名为"新疆"。新疆地区的燕、晋、秦、陇、蜀、湘、鄂、豫"八大商帮"正是形成于这一时期，他们于全疆各重要城镇建造的会馆建筑，在与边疆多民族地区的文化融合中，被赋予了新的内容和特点。修建于1914年的奇台甘省会馆即是其中颇具代表性的建筑之一。

奇台甘省会馆又名甘肃会馆，建筑面积1014平方米，前后殿均为汉式传统风格，为砖木土坯结构。屋顶四角飞檐，前殿为硬山式，后殿为一殿一卷悬山式，木构屋架。山墙为青砖砌筑，其余墙体为土坯垒砌。殿外

上：奇台甘省会馆后殿全景，下：后殿木梁雕饰

檐梁的木雕饰雄劲古朴，殿内立柱雕花，天顶悬梁。

（二）抗日民族统一战线时期的代表性建筑遗产

抗日战争极大激发了中华民族的觉醒与团结。抗战时期的新疆作为中华民族复兴重要根据地之一，积极推动新文化运动，社会文化精英荟萃，杜重远、萨空了、沈雁冰、涂治、赵丹等大批名人纷至沓来，极大促进了新疆文化事业的发展。

20世纪30年代末，中国共产党与新疆当时的执政者军阀盛世才建立了统战关系。1938年，中共中央在迪化（今乌鲁木齐市）设立八路军驻新疆办事处，派遣陈潭秋、毛泽民、林基路等百余人参与盛世才政府的重要工作。这一时期的重要历史事件和重要机构旧址中，具有代表性的建筑有乌鲁木齐八路军驻新疆办事处旧址（建于1933年，今八路军驻新疆办事处纪念馆）、乌鲁木齐中国工农红军总支队干部大队旧址等。

四、传承传统与时代创新——20世纪下半叶的新疆建筑遗产

1949年新疆迎来和平解放，1955年10月1日新疆维吾尔自治区成立。从解放初开创时期的从无到有，到自治区成立后探索时期的立足本土、自主创新，从十年动乱期间的举步维艰、勉力前行，到改革开放后繁荣发展的蓬勃时期，建设者们创造的累累硕果见证了新中国新疆城市建设的辉煌历程。

（一）百废待兴，从无到有——开创时期（1949~1954年）

新中国成立之初，新疆城市建设百废待兴，亟须城市建设的专业人才队伍。1950年初，新疆军区工程处成立，并组建了第一支工程部队。由于物资极度匮乏、工程技术人员严重不足，一些较大的项目设计只能依靠内地设计单位帮助或由苏联专家提供成套设计图纸。这些建筑多为厚墙、粗柱、铁皮顶，带有浓郁的苏式建筑风格。1951年，由中国人民解放军驻疆部队组建的新疆军区工程处设计股（设计处的前身）成立，成为新中国新疆第一支自己的建筑设计力量。中国人民解放军驻疆部队和新疆各族人民一起，投入新疆经济建设急需的自给性工业建设中。

至1952年底，水磨沟电厂、六道湾煤矿、八一钢铁厂、十月汽车修理厂、八一面粉厂、七一纺织厂、苇湖梁火力发电厂、乌拉泊水力发电厂、水泥厂等几个大型项目建成投产，开启了新疆现代工业从无到有的历史。石河子新城和克拉玛依石油城也始建于这一时期。

1954年落成的新疆军区八一剧场是新中国成立后新疆首座大型公共建筑和剧场，最初是为新疆军区辖属的京剧团、文工团和评剧团而设计。八一剧场突出了中华传统文化的特点，建筑风格庄重古朴，平面呈中轴对称的古典式布局。2001年，八一剧场进行维护改造，将原有木结构改为钢结构，其余部分基本保持了原有风貌。2014年八一剧场被列为自治区文物保护单位，2020年入选第五批中国20世纪建筑遗产。

新疆七一纺织厂

新疆军区八一剧场

（二）立足本土，自主创新——探索时期（1955~1965年）

新疆维吾尔自治区成立前后，众多有志青年纷纷响应国家号召，"到最艰苦的地方去，到祖国最需要的地方去"。一大批大中专毕业生、支边青年和复转军人从五湖四海远赴边疆，投身建设事业，奉献了青春年华，将光荣与梦想书写在新疆辽阔的大地上。这一时期从北京、天津等地调来一批建筑设计骨干，还有来自清华大学、天津大学、西安冶金科技大学、重庆建筑工程学院等名校的大学毕业生也陆续充实到新疆建筑设计队伍中来。在自治区

成立之初，新疆的建筑设计水平即居于较高的起点。

活跃于这一时期的前辈建筑师多数接受过系统的建筑专业教育，也有的是在实践中通过"以帮带教"的培养方式成长起来的建筑设计人才，他们勉力求索，富于开创精神，在新疆建设史上留下了不可磨灭的伟绩。20世纪50年代末，新疆的建筑设计队伍已能承担起自治区大部分建筑工程的勘察设计任务，从初期依靠内地和苏联专家支援和帮助，到因地制宜、自主创新，新疆的建筑师们逐步探索出一条本土建筑创作之路。

建筑师们广泛开展田野调查，从深厚的新疆传统建筑土壤中汲取营养，先后设计、建造了一批具有地域特色的建筑，如乌鲁木齐人民电影院、新疆人民剧场、新疆昆仑宾馆、自治区博物馆、自治区展览馆、乌鲁木齐红山商场等。

乌鲁木齐人民电影院的前身为"迪化电影院"，1950年1月更名为人民电影院，是乌鲁木齐市第一座国营电影院，1954年原址重建，1955年落成，2020年入选第五批中国20世纪建筑遗产。影院建筑面积1801平方米，可容纳1000个观众席，主体为一层（局部两层，设置放映室等）。为妥善处理与西南侧圆形城市广场的空间关系，建筑平面采用凹弧形布局，建筑造型及艺术处理初次尝试运用地方民族风格。影院采用砖砌体承重，除楼座挑台为钢筋混凝土结构外，其余屋顶、楼层等均为木构。1991年影院进行改扩建，在原建筑基础上增加了两层，建筑两侧也进行了外扩。2005年又对

乌鲁木齐人民电影院原貌

扩建后的乌鲁木齐人民电影院

新疆人民剧场建成之初

修缮后的新疆人民剧场西侧正立面全景

外立面及室内部分进行了整饰。

曾被誉为"中国最美剧场"的新疆人民剧场建成于1956年，是凝聚建筑师、艺术家、民间艺人等集体智慧的经典之作，见证了新疆文化艺术事业的繁荣和发展，承载着各族人民群众的文化生活，促进了各国、各地间的文化交流。新疆人民剧场2013年被列为全国重点文物保护单位，2018年入选第三批中国20世纪建筑遗产。剧场建筑面积9850平方米，主体地上三层（舞台侧、后方区域为四层），局部设一层地下室。建筑平面和正立面呈中轴对称的古典式布局，西侧主入口拱廊、南北侧檐廊、八边形中庭、观众大厅、休息厅以及石膏花饰、雕塑、建筑色彩等，无不体现鲜明的地域特色。最初的设计考虑容纳1200名观众，并满足民间歌舞和歌舞剧演出、政治会议、节日盛大群众活动、舞会、电影放映等多种使用功能的需求。为适应时代发展，剧场历经多次改造，建筑空间、构件等的原真性有一定程度的丧失。2019 年至 2021 年的文物修缮工程在求真溯源的同时，兼顾日常使用功能和运营管理的切实需求，使新疆人民剧场再现往日风采，重新焕活了新生。

新疆维吾尔自治区成立之初，急需解决百姓住房问题，但水泥、钢材等建筑材料严重不足。新疆的建筑师、结构师们从当地传统土拱建筑中找到了灵感，创新地设计出拱式结构住宅，并加以推广。1959~1964 年间仅在乌鲁木齐地区就设计建造了 80 万平方米的砖拱住宅。

为适应建设大跨度工业与民用建筑的需要，各种不同跨度和类型的薄壳结构被广泛应用于食堂、礼堂、仓库、影剧院和车间等项目的设计中。

和田缫丝厂

和田缫丝厂缫丝车间

乌鲁木齐红十月汽车修理厂砖拱住宅

这一时期，一批具有一定自主设计和施工水平的队伍逐渐发展壮大。1958~1965 年间，在"一五"时期确立的工业基础上，将克拉玛依等几个油田连成"百里油田"，新建了哈密钢铁厂等 14 个钢铁企业，以及和田缫丝厂、新疆橡胶厂、新疆烧碱厂等规模较大的工厂，初步建立了围绕本地资源优势的新疆现代工业体系，为新中国新疆的城市建设奠定了坚实基础。

在此期间，石河子、克拉玛依等新兴城市已初具规模，乌鲁木齐、喀什、伊宁等老城市的面貌也有了很大改观。

（三）举步维艰，勉力前行——迟缓时期（1966~1977年）

1966~1976年十年动乱，新疆建筑业遭受严重破坏，建筑创作陷入困境。尽管如此，新疆仍在极其困难的情况下完成了克拉玛依油田、乌鲁木齐石油化工总厂、乌鲁木齐国际机场等一批大中型新建、续建、扩建项目。

位于乌鲁木齐市西北郊地窝堡民航乌鲁木齐管理局原址的乌鲁木齐国际机场候机楼（今乌鲁木齐国际机场T1航站楼）建成于1974年，建筑面积10200平方米，地上两层，地下一层。建筑设计充分利用自然地形高差布置各功能空间。候机厅和国外旅客入境检查等候厅同设于一个78米长的共享大厅内，方便旅客对进出港流程一目了然。该项目建成后，以其现代化设施、简洁明快的建筑风格蜚声国内外。

（四）春风化雨，百花齐放——蓬勃时期（1978~1999年）

改革开放如春风化雨，给新疆建筑行业带来了前所未有的勃勃生机。随着计划经济向市场经济转化，建筑设计领域迎来了新的历史机

乌鲁木齐国际机场T1候机楼

新疆人民会堂全景

库车龟兹宾馆

遇，与内地在新理念、新技术等方面的交流空前繁荣。建筑师创作热情高涨，积极探索地域传统建筑形式与现代建筑的结合，相继完成了一批适应现代功能、体现时代风貌，同时又具有浓郁地域特色的优秀建筑作品，如新疆人民会堂、新疆迎宾馆接待楼、新疆科技馆、新疆友谊宾馆3号楼、乌鲁木齐友好商场、库车龟兹宾馆等。

建成于1985年的新疆人民会堂坐落在乌鲁木齐市友好北路，2016年入选第一批中国20世纪建筑遗产。其建筑面积30000平方米，由主体和副体组成。主体包括入口前厅、3160座的观众大厅及舞台配套设施。入口前厅迎面一幅

题为"天山之春"的大理石壁画十分醒目；观众大厅面宽54米，进深42米，天花由516盏筒灯组成孔雀开屏图案；主舞台42米×19.8米，加上侧台总宽69.6米。副体由多功能厅和13个地、州、市会议厅以及餐厅等组成。建筑立面造型方圆组合，高低错落有致，主体四角高耸的塔楼及立面连续的尖拱构架富于地方特色，既体现了新疆各民族文化的交融，又展现了时代风貌。2015年，新疆人民会堂改造后，原有风貌为之改变。

库车龟兹宾馆建成于1993年，建筑面积3200平方米，地上两层，共计100床位。建筑空间和平面总体布局吸纳了当地传统民居高密度院落的特点，在建筑外形、细部、色彩等方面，将石窟和传统建筑特色相融合，主入口墙面浮雕以一千多年前龟兹古乐舞图为主题。另外，还借鉴了当地传统建筑中"阿以旺"的空间形式，以加强室内通风。该建筑现已拆除。

（五）铸剑为犁，安边固疆——新疆生产建设兵团建筑遗产

"屯垦兴则边疆稳"。1953年，中国人民解放军驻疆部队分编为国防部队和生产部队。1954年12月5日，新疆军区生产建设兵团成立，10万官兵就地转业，开启了新疆屯垦戍边史上的创世篇章。此后，全国各地大批优秀青壮年、复转军人、知识分子、科技人员加入兵团行列，投身新疆建设。在物资匮乏、极度艰苦的条件下，兵团人凭借大漠胡杨般的精神，在天山南北顽强地扎下根来，创造了"沙漠变绿洲、荒原变家园"的人间奇迹，为新疆的经

石河子"军垦第一楼"——中国人民解放军第
二十二兵团机关办公楼旧址

玛纳斯县小李庄军垦旧址礼堂

济发展、民族团结、社会稳定、巩固边防建立
了不朽功勋。

兵团人在与新疆各族人民和谐共处中，促
进了内地与新疆当地的文化交流和融合，孕育
出独特的军垦文化。在兵团建设初期的一批仿
苏式建筑中，展现了兵团人自力更生、艰苦创
业的精神风貌。

建于1952年的"军垦第一楼"是"共和国
军垦第一城"石河子市的首座建筑物。砌筑墙
体的红砖、屋顶的红瓦均由战士们亲手烧制，
红砖表面印有代表"二十二兵团"的"22"字
样。建筑为仿苏式风格，一字形平面，东西面
宽110米，南北进深46米，建筑面积5600平方
米。中间主体为四层，两侧副体为两层，悬山
坡顶上设有老虎窗。如今，这座当年的中国人
民解放军第二十二兵团机关办公楼已成为展现
兵团艰苦创业、屯垦戍边辉煌历程的新疆兵团
军垦博物馆。

1952年，新疆军区为解决粮食问题，在玛
纳斯县小李庄组建新疆军区后勤部生产总队，
1953年在此设农十师师部。小李庄军垦旧址
为一组农庄式建筑群，是目前全国军垦旧址中
保存最为完好的兵团师部建筑。小李庄军垦旧
址占地面积约150000平方米，建有师部办公
大楼、礼堂、俱乐部等仿苏式建筑20栋。建
筑平面多为矩形，个别为工字形、凸字形或多
边形，均以红砖砌筑，表面刷白灰，屋顶铺设
红色铁皮。师部大楼正面前墙四行语录十分醒
目："活的思想第一，思想工作第一，政治工
作第一，人的素质第一"。礼堂主入口门廊上
方的山形山花塑有五角星图案及"1953"字
样，半圆拱屋顶上设置用以通风的老虎窗。

新疆兵团人犹如坚韧的胡杨，根深向大
地，枝干托起苍穹，在戈壁大漠间铸就了人类
军垦史和新疆建设史上的不朽丰碑。

五、结语

20世纪的兴衰荣辱、沧桑巨变，恍然如
昨。凝固在一座座建筑上的斑驳故影诉说着百
年瀚海的沉浮与悲欢，辉映着新疆各族人民光
照千秋的伟大精神和智慧。

作为中华文化的多彩支流，新疆各民族文
化始终与祖国母体血脉相连、息息相通、历史

交融。古老的中华文化长河自源头一路断峰成   阻，终成洪流，更以博大包容的磅礴气象，汇
壑、飞渡苍莽，广纳万千河川之水，历尽险   入人类共同缔造的世界文化的浩瀚海洋。

范欣，新疆建筑设计研究院有限公司副总建筑师、绿建中心总工程师，新疆建筑文化遗产研究中心主任，中国建筑学会建筑师分会理事。主编《中国传统建筑解析与传承——新疆卷》，主持新疆人民剧场文物修缮工程、新疆地标中天广场等项目。

参考文献

1 《简明新疆地方史》编写组 . 简明新疆地方史 [M]. 乌鲁木齐：新疆人民出版社，2020.4.

2 王拴乾主编 . 走向 21 世纪的新疆：政治卷 [M]. 乌鲁木齐：新疆人民出版社，1999.12.

3 王拴乾主编 . 走向 21 世纪的新疆：经济卷 [M]. 乌鲁木齐：新疆人民出版社，1999.12.

4 王拴乾主编 . 走向 21 世纪的新疆：文化卷 [M]. 乌鲁木齐：新疆人民出版社，1999.12.

5 新疆维吾尔自治区文物局 . 新疆维吾尔自治区第三次全国文物普查成果集成：新疆近现代重要史迹及代表性建筑 [M]. 北京：科学出版社，2011.11.

6 范欣主编 . 中国传统建筑解析与传承——新疆 [M]. 北京：中国建筑工业出版社，2020.9.

7 阿不来提·阿不都热西提，韩学琦主编 . 新疆建设 40 年 [M]. 乌鲁木齐：新疆人民出版社，1995.8.

8 中华人民共和国建筑工程部，中国建筑学会编 . 建筑设计十年 [M]. 北京：北京新华印刷厂，1959.12.

9 周曾祚 . 新疆人民剧院 [J]. 建筑学报，1957（11）.

10 新疆生产建设兵团设计处 . 乌鲁木齐人民电影院 [J]. 建筑学报，1959（4）.

11 新疆建筑勘察设计院会堂设计组 . 新疆人民会堂 [J]. 建筑学报，1986（4）.

12 许倬云 . 万古江河：中国历史文化的转折与开展 [M]. 长沙：湖南人民出版社，2017.11（2020.9 重印）.

13 杨永生，顾孟潮 . 20 世纪中国建筑 [M]. 天津：天津科学技术出版社，1999.6.

14 邹德侬 . 中国现代建筑史 [M]. 北京：中国建筑工业出版社，2018.12.

15 ［英］凯瑟琳·马嘎尼特，戴安娜·西普顿 . 西域探险考察大系：外交官夫人的回忆 [M]. 王卫平，崔延虎，译 . 乌鲁木齐：新疆人民出版社，2010.2.

16 乌鲁木齐城市建设画册编辑委员会 . 《天山脚下的明珠：乌鲁木齐城市建设巡礼》，1997.

第十九讲：
湖北 20 世纪建筑遗产

徐俊辉　　　程丽媛　　　刘延芳

　　截至2020年，由中国文物学会、中国建筑学会共同发起的《中国20世纪建筑遗产名录》共收录湖北20世纪建筑遗产26处，有力地见证了中国乃至地区经济与社会发展。在这26处建筑遗产中，大多数经过改造更新后，在革命教育、行政办公、文化旅游等方面发挥着重要作用。更难能可贵的是，仍有近40%的文化类建筑保留着初始功能，在城市发展中维持着建筑的原真状态，成为地区文化的标志。

　　在这26处建筑遗产中，除两处位于宜昌和黄石，其余均位于武汉市主城区内，不仅见证了武汉城市空间格局的演变与发展，更是城市历史文化的重要载体。20世纪的武汉作为中国近现代典型的汇合型城市，空间上融汇五湖、贯通两江，将晚清的武昌府城（两湖省会）、汉阳府城、汉口镇城（隶属于汉阳府）整合，形成影响深远的中部支点城市。20世纪初，武汉协荆楚之底蕴，借助晚清汉阳钢铁兵器工业和汉口商贸经济基础，在新思想和新运动的推动下，于1911年爆发辛亥革命，推翻千年帝制，让20世纪的中国有了崭新且独特的定义。直至20世纪末，湖北武汉重新承担起中部崛起的历史重任，成为中华百年复兴的重要支点。解读湖北20世纪建筑遗产，也是在阅读一部浓缩中华崛起的铁血历史。

一、20 世纪湖北：地理与历史的
十字路口

地理上的湖北位于中国中部地区，境内西侧是中国第二级阶梯向第三级阶梯转折的过渡地带。长江及其最大支流汉江从第二级阶梯倾泻而下，流经"云梦泽"后汇集武汉，因此境内中部河湖江泽，纵横捭阖，孕育了物产丰富的荆襄和江汉平原。秦岭、大巴、桐柏、大别山系横亘湖北的西侧北侧，武陵山系立于南侧，长江在山势的约束下逶迤东去。因此，湖北北部的秦岭—汉江中游—大别山一线历史上是中国划分南北地理的要冲之地，历代南北朝分界皆沿此线。

地理要冲亦是军事要冲，影响中国20世纪的数次重要战争均以湖北为军事和政治中心：辛亥革命结束了统治中国两千多年的封建君主专制制度，使民主共和深入人心；武昌农讲所使中国革命者意识到发展农民运动的重要性，革命由此发生转向；抗日战争使湖北成为守卫中国西南的重要屏障，也是走向胜利的重要转折点……湖北遗留下3000多处红色遗址，其数量之多、分布之广、分量之重、级别之高，雄踞全国前列。

二、湖北 20 世纪建筑遗产的分类
与嬗变

（一）铁戈争流——工业建筑的发展
与兴起

湖北的工业发展早有基础，先秦时期大冶古铜矿是著名的金属开采冶炼基地，被称为世界九大奇迹。随枣走廊亦是南铜北运的青铜器走廊，随州曾侯乙墓编钟的出土是这一盛况的实证。铜矿的开采支撑了湖北近现代工业的发展，是20世纪湖北早期汉阳兵工厂、汉冶萍煤铁厂矿、武汉青山钢铁厂等一批建筑遗产的物质基础，这些兵工业也为辛亥革命的成功奠定了基调，并在随后的抗日战争和中国革命战争中发挥了重要作用。

1.钢铁工业的早期发展

1893年（光绪十九年），汉阳铁厂建成，成为近代中国第一个大规模资本主义机器生产的钢铁工业，是亚洲首创最大钢铁厂，为建铁路、造机器、兴船舶提供原材料。随后，湖北建立"汉阳兵工厂"，用以仿制德国步枪，枪支上刻有"汉阳造"字样，有"中华第一枪"的美誉。从辛亥革命到抗美援朝，1083480支"汉阳造"见证了中华民族的苦难史，是中国战争史的一个传奇神话。现如今，汉阳铁厂、汉阳兵工厂虽已消失在历史的洪流中，但其为武汉钢铁业奠定了坚实基础，加快了中国近代化的进程，促进了武汉钢铁公司的形成与壮大，而"汉阳造"的名字延续至今，成为中国近代制造业的代名词。

2.交通运输的蓬勃发展

湖北武汉被称为"九省通衢"，水运与陆路交通历史悠久，优势明显。1906年，全线通车的京汉铁路（卢沟桥至汉口）揭开了湖北交通运输业的历史新篇章。同时，因修建铁路而诞生了汉口大智门火车站、公铁兼用的武汉长江大桥等一批交通建筑遗产。

1903年，汉口最早的火车站——大智门火

车站（也称京汉火车站）建成，车站主体呈现新古典主义风格，现为武汉市第一个铁路陈列馆，耸立在江岸区京汉路。2009年，由华中科技大学李晓峰教授团队承担的新汉口火车站外立面设计，延续了20世纪初大智门火车站的浪漫古典主义风格和构图语言，让历史文脉在新的城市窗口得以向世人展示。

3.民族工商业的兴起

湖北自明清以来便是中国中部地区的经济中心，商品流通享有盛誉，"天下四大镇"中的汉口是其繁荣一时的标志。当近代商业文明遇上了楚人的传统精神，便催生出了近代湖北工商业发展的内核——码头文化。

至1928年，汉口有洋码头87个、专用码头25个，从江汉关一直延伸到丹水池、谌家矶一带，"打码头"打出来"中国最具江湖气的城市"，武汉码头成为很多人谋生的场所，中心地带的宝庆码头则是后来汉正街的前身。凭靠长江和汉江水运，汉口成为全国各地商贾、帮会云集的商业重镇，徽帮、晋帮、湘帮，以及各地商会、会馆云集于此。

自洋务运动起的一系列运动促进了湖北近代民族资本工业从无到有，至今仍然引领湖北工业发展，孕育了如武钢、华新等龙头企业，成为中国建设的中坚力量。而已完成历史使命的建筑，作为湖北重要的文化遗存，以"不服周"的精气神，孕育出一代又一代敢打敢拼的湖北人。

（二）革新领异——革命遗址的历史与保护

守护湖北的四方屏障山脉使湖北成为中国近代军事与政治的破局之带：清末曾国藩从武昌、安庆出手，打碎太平天国屏护；北伐军从武昌破局，打开中国统一的全国形势；"武汉会战"更是中国抗日战争由战略防御转入战略相持阶段的转折点，至今留下以武汉为中心的中共中央机关旧址群、以大别山为中心的鄂豫皖根据地旧址群、以幕阜山为中心的湘鄂赣根据地旧址群、以长江流域为中心的湘鄂西根据地旧址群、以汉水流域为中心的新四军第五师革命旧址群。这些革命丰碑惨烈又辉煌，耸立在荆楚大地上，指引着湖北从黑暗走向光明。

1.武昌首义革命片区

百年前的辛亥革命，以起义门为核心，武昌、汉口、汉阳多点暴发，开启了中国新纪元。武汉作为辛亥首义之地，最具历史文物保护价值的建筑主要集中在武昌旧城内的阅马场和紫阳湖地区，这些地方要么是革命的指挥中心，要么是起义的阵地，要么埋葬着烈士忠骨。

现如今，武汉以为辛亥革命为主线，将全市辛亥革命历史文化资源"串珠成链"，选取红楼、起义门、楚望台、武昌起义军政府旧址、黄兴拜将台等遗址，与辛亥革命博物馆、首义历史文化纪念墙、首义大道、紫阳湖公园串联，打造出集教育、观赏、休闲、购物、娱乐于一体的辛亥首义文化旅游区，各景点全部免费对外开放，年接待游客400万人次。

汉阳铁厂旧照

汉阳铁厂博物馆

大智门火车站旧照

新汉口火车站

2. 早期红色革命片区

中国革命和中国共产党发展的珍贵历史浓缩在武昌临江大道和解放路之间一条不足400米的红巷中。红巷东西走向，与长江垂直，主体为武汉革命博物馆，由武昌农民运动讲习所旧址纪念馆、毛泽东旧居纪念馆、中共"五大"开幕式旧址暨陈潭秋革命活动旧址和武昌起义门管理所合并组成。

从中国共产党创建时期到大革命时期，从土地革命时期到全民族抗战、解放战争时期，湖北28年红旗不倒，22年武装斗争不断。武汉作为曾经全国大革命心脏地区，现存的革命遗产建筑见证了革命历史、见证了中国共产党百年荣光，给建筑乃至城市增添上时代觉醒的红色光环。

①武昌农民运动讲习所旧址纪念馆　④中共"五大"开幕式旧址暨陈潭秋革命活动旧址

②毛泽东旧居纪念馆

③中国共产纪律建设历史陈列馆

武昌农民运动讲习所旧址纪念馆①

中共"五大"开幕式旧址暨陈潭秋革命活动旧址④　②毛泽东旧居纪念馆

武昌廉政文化公园

中国共产党纪律建设历史陈列馆③　武昌中华路小学

红巷历史建筑分布图

（三）兴教安邦——校园遗产的文脉与沉淀

百年大计，教育为本；城市发展，教育先行。湖北近代教育自张之洞起，现代教育由董必武兴，通过创办新式学堂、派遣留学生、颁布近代学制、发展师范教育，构建了领先全国的文教体系，推动了武汉的政治、经济、军事发展，武汉成为全省乃至华中地区重要的科技教育中心和革命运动摇篮，造就了百年名校，武汉大学、华中农业大学、武汉科技大学等院校源头均追溯自此。

1.实业教育时期

武汉实业教育开始真正意义上的转型和加速源自张之洞的励精图治，锐意进取。"中国不贫于财而贫于人才，不弱于兵而弱于志气，人才之贫由于见闻不广、学业不实"。1891年起，武汉逐步建立湖北矿务局工程学堂、湖北农务学堂（华中农业大学前身）、湖北工艺学堂、自强学堂（武汉大学前身）等为代表的新式学堂，注重培养实业教育发展。湖北矿务局工程学堂是武昌最早的新式学堂之一，湖北工艺学堂是我国理工学院的首创，汉阳钢铁学堂、湖北驻东铁路学堂是我国最早的工业、交通学堂之一，专为此时的军事、工业、交通业输送人才和后备军。

此后，湖北实业类学堂创建门类愈多，全国能够如此全面设立实业学校的，唯独湖北一省，湖北实业教育自此开始摆脱普通教育附属身份，形成独立体系。

2. 军事培训时期

武汉实业教育呈现"正规化"，带动近代军事、法政教育发展，武汉先后开办的武备学堂、武高等学堂、陆军测绘学堂等军事学堂和训练班共九所，培养了近 5000 名军事人才，成为全国重要的军事教育中心之一。

自晚清始，铲平天国的曾湘军、甲午海战的李淮军、推翻清廷的袁练兵、武昌首义的武备学堂、二次革命的黄埔军校、建设新中国的延安抗大，每一次强军脊梁都会改变历史，其中以湖北武备学堂最为特殊。湖北武备学堂原为张之洞成立，是湖北境内第一所近代军事学堂，旨在为湖北新军选派人才、巩固清王朝统治。学堂聘请德国教官授课，课程既传授西方军事技术、思想理论，又有对武器操作以及新式作战方法的训练。

但有趣的是，武备学堂培养出来的新式军官及清末新军在接受了新的知识体系教育和新式军人观念后，逐渐走向了反对清政府统治的道路。可以说，武备学堂培养的新式军官一方面加速了清末军事的现代化进程，另一方面也成了向清王朝打响"第一枪"的首义之师。

3. 近代教育成熟期

自武昌首义之后，武汉在传统教育的基础上逐步完善从小学至高校的各级法规及规程，统一各级各类学校教学内容、学制及管理日益法制化和正规化，普通、高等、职业教育等纳入现代教育体系中，近代化教育开始进入成熟期。

这一时期武汉教育最大的特点，一是私人办学兴起，办学规模几乎与公立不相上下，恽代英创建利群书社、董必武创建武汉中学、陈时创办私立中华大学等，将革命的火种播撒在一代代新青年心中；二是在接办公私立学校后，武汉形成了理、工、农、医、师范、财经、政法、体育诸科齐全的高等学校框架结构。自强学堂改建为国立武昌高等师范学校，后为国立武汉大学，是第一所综合类大学，武大校训之首语"自强"便由自强学堂校名引出。工艺学堂所属五个学科融入华科、理工大、武科大等六座高校。湖北务农学堂与武汉大学、中山大学等六所高校农学院共同成立华中农业大学，武汉成为全国教育大市和重要科技教育中心。

时至今日，战争的硝烟虽已远去，但教育的火种却从未断绝。1919 年创办的私立武汉中学现为全国文明校园、湖北省重点中学，以董必武亲笔题名的"朴、诚、勇、毅"校训命名教学楼。1885 年创建的武昌博文书院现成为武汉市第十五中学，教学楼沿用山形西式风格，学区内保留"博文古井""中山坡"，形成了独具特色的校区风格。湖北省武昌实验中学内凤凰山、明远楼、"惟楚有材"牌坊、红石大道点亮了贡院文化南北中轴……

三、湖北 20 世纪建筑遗产的实例与特征

（一）工业建筑遗产典型实例

1. 华新水泥厂旧址

华新水泥厂旧址是 2013 年第七批全国重点文物保护单位之一，2016 年被列入"首批中国

20世纪建筑遗产"名录，2019年被列入第三批国家工业遗产名单。

华新水泥厂创建于1907年，是我国水泥行业最早的企业之一。2005年，位于黄石主城区的华新1、2、3号窑关停后，旧址被完整保存。2022年，旧址建成"华新1907文化遗址公园"，形成集文博、文创、文商多元复合功能的产业转型示范区。园区内保存完整湿法水泥回转窑、水泥储库等标志性建筑，是我国现存时代较早、保存规模最大、最完整的水泥工业遗存。

华新水泥公司曾誉为"远东第一"，后为"中国水泥工业的摇篮"。如今，华新水泥厂旧址建设成为中国水泥遗址博物馆和中国工业遗产保护利用示范区，见证了中国民族工业从萌芽、发展到走向现代化的历史进程。

2. 武汉青山区红房子历史街区

2006年，武汉青山区红房子历史街区被评选为八街坊第三批武汉市优秀历史建筑，2012年成为武汉十六大历史文化风貌街区之一，2020年被列入"第五批20世纪建筑遗产"名录。

华新1907文化遗址公园

青山区红房子始建于1956年，是原武汉钢铁公司最早的家属区。建筑呈红砖红瓦结构，含有苏式风格的内阳台、拱门、尖顶的红砖楼群，组成了一个个宽敞的四合院，恰似一个"囍"字。小组团住宅楼中间为绿化，小组团之间为学校、幼儿园，是武汉最早的城市综合生活体，被人们亲切地称为"双囍"楼。由于水泥紧缺，住宅区砌墙采用石灰砂浆掺和少许水泥，房间内隔墙采用中国设计师发明的"竹片代替钢筋"施工法。随后，十几个类似的红房子街坊陆续建成，数万工人每天从红房子走出，走进武钢。"红钢城"的称呼，因为这些红砖红瓦的红房子而传遍了三镇，成为青山的象征。

青山区红房子历史街区伴随着新中国"钢铁长子"——武钢而诞生，是十多万武钢建设者的家园，也是革新时代的红色图腾。红房子作为"一五建设时期"工业文化遗产的典型代表，见证了武钢作为共和国钢铁长子初心报国的历史，也见证了三代武钢人在青山挥洒青春和汗水的赤子之心。

3. 汉冶萍煤铁厂矿

汉冶萍煤铁厂矿是2006年第六批全国重点文物保护单位之一，2017年被选入"第二批20世纪建筑遗产"名录。

汉冶萍煤铁厂矿由湖北武汉的汉阳铁厂、湖北黄石的大冶铁矿和江西的萍乡煤矿组成，是中国历史上第一家用新式机械设备进行大规模生产的、规模最大的钢铁煤联合企业，也是亚洲第一个大型钢铁联合企业。

厂矿旧址包括八个点：冶炼铁炉、高炉栈

青山红房子俯拍图

红房子实景图

汉冶萍煤铁厂矿遗址

桥、日欧式建筑群、瞭望塔、张之洞塑像、汉冶萍界碑、卸矿机、天主教堂（又称小红楼）。冶铁高炉始建于1921年，是我国现存最早的钢铁冶炼炼炉，也是当时的"亚洲第一高炉"；日式建筑现存四栋，原职工俱乐部改为汉冶萍煤铁厂矿博物馆；欧式建筑仅存公事房一栋；小红楼为砖木结构，欧式风格，新中国成立后改为办公楼。

汉冶萍煤铁厂矿经历了中国近代资本主义发展的全部历程，堪称中国近代钢铁工业发展的缩影，是我国现存最珍贵的工业遗产。

（二）革命建筑遗产典型实例

1. 武昌起义军政府旧址

武昌起义军政府旧址是1961年第一批全国重点文物保护单位之一；2016年被列入"第一批20世纪建筑遗产"名录；2017年成为国家一级博物馆；2021年被列入湖北省第一批不可移动革命文物。

武昌起义军政府旧址的前身是清末湖北谘议局，始建于1909年，由旧址主楼、东西配房、议员公所、前后花园组成，是一处典型的中西合璧、庭院式建筑群。其中，主体建筑为一幢砖木结构二层红色楼房（俗称"红楼"），建筑形式完全依照近代西方国家议会大厦，风格典雅庄。辛亥革命70周年之际，依托武昌起义军政府旧址建立辛亥革命武昌起义纪念馆，宋庆龄亲笔题写馆名。馆内复原了军政府大门、军政府会堂、黎元洪起居室和会客室、孙中山驻鄂会客室等史迹点。

武昌起义打响了辛亥革命的"第一枪"，

武昌因此被誉为"首义之区",武昌起义军政府旧址被称为"民国之门"。现如今,该馆年接待观众120多万人次,为社会主义精神文明建设和促进祖国统一大业发挥了积极的、不可替代的作用。

2. 武汉农民运动讲习所旧址

武汉农民运动讲习所旧址是1982年第二批湖北省文物保护单位之一,2001年第五批全国重点文物保护单位之一;2020年被选入"第五批20世纪建筑遗产"名录;2021年被列入湖北省第一批不可移动革命文物。

1927年武汉农民运动讲习所成立,为长方形大院,从前到后排列四栋高台式建筑,第

辛亥革命武昌起义纪念馆

辛亥首义文化旅游区俯拍图

一排房屋红柱青砖，为办公用房，东头有常委办公室；第二排房屋中部为大教室。穿过操场，是一幢二层青砖楼房，为学员寝室，墙上贴着体现农讲所办学方向的口号——"到农村去""实行农村大革命"，800 多名学员将农运火种从这里撒向全国，是我国重要的红色革命文化遗产。

武汉农民运动讲习所推动了全国农民运动的迅猛发展，同时为第二次国内革命战争时期中共领导的农村游击战争播下了革命种子，全面呈现中国工农革命发展光辉历程。

3. 八七会议会址

八七会议会址是 1981 年第二批湖北省文物保护单位之一，1982 年第二批全国重点文物保护单位之一；2019 年被选为"第四批 20 世纪建筑遗产"名录。

农民运动讲习所

1927 年，中共中央在汉口怡和新房召开著名的会议——八七会议。"枪杆子里出政权"就是在这栋三层砖木结构的西式楼房里产生的。旧址保存完好，一楼辟为陈列室，已按当年举行会议的原样进行复原陈列，1980 年邓小平亲笔提名"八七会议会址"的门匾。现如今，八七会议会址历经数次改造与扩建，已成为党史教育、爱国主义教育和革命传统教育的重要基地。

八七会议会址作为八七会议这一历史事件的重要载体，见证了中国革命由大革命失败到土地革命战争兴起的历史性转变，在党史教育、爱国主义教育和革命传统教育中扮演着重要的角色。

（三）校园建筑遗产典型实例

1. 武汉大学早期建筑

武汉大学早期建筑是 1993 年武汉市保留的历史优秀建筑；2001 年第五批全国重点文物保护单位；2016 年入选"第一批 20 世纪建筑遗产"名录。

武汉大学前身为张之洞创办的自强学堂，1928 年由李四光选址、规划、筹资，美国建筑师开尔斯设计。整体布局形成以图书馆、理学院、工学院为主体的三个团组。

武汉大学早期建筑之美是一种壮美，仿布达拉宫的琉璃瓦建筑："老斋舍"依山而建的磅礴气势，珞珈山麓最高建筑"老图书馆"人必仰视的八角飞檐，"行政楼"坐落半山的雄伟体量，均有让人敬仰的巍峨气度。建筑既遵循了"轴线对称、主从有序、中央殿堂、四隅

武汉大学老斋舍

八七会议会址

樱花大道上的老图书馆

崇楼"的中国传统建筑原则，又引用西方罗马式、拜占庭式建筑式样，达到整体与单体建筑美的完美结合、建筑与自然环境的有机融合。其中，老斋舍紧邻樱花大道，早春时节推开窗户，就能看到满树花开，让这个听起来有些老气横秋的"老斋舍"有了另外一个浪漫的名字——"樱花城堡"。

武汉大学早期建筑的布局贯穿中国传统建筑"轴线对称、主从有序、中央殿堂、四隅崇楼"的思想，采用"远取其势，近取其质"的手法，因山就势，散点布局，变化有序，整个

武汉大学早期建筑群

校园格局自由，又有严整的片段，最大限度地扩大了环境空间层次，开风气之先，在中国建筑史上有里程碑的意义。

2. 湖北省立图书馆旧址

湖北省立图书馆旧址是1996年第四批湖北省文物保护单位；2013年第七批全国重点文物保护单位，2018年入选"第三批20世纪建筑遗产"名录。

湖北省立图书馆旧址由张之洞主持创办，1938年武汉会战期间改为国民政府军事委员会地址，1954年始定名"湖北省图书馆"。

图书馆为典型传统复兴建筑，内部钢筋混凝土，外形既有传统建筑风格，歇山琉璃瓦大屋顶，碧瓦飞檐，檐下设有石质的斗拱、梁枋造型构件；但在立面壁柱、檐口线脚等方面又反映出西方形式的融入。图书馆主楼为凸字形，正立面中间三层，对称两侧二层。外墙采用水刷石，木门钢窗，建筑一层使用井字形梁架并在井格中做彩绘，整体古朴壮观，是当时新材料、新技术与中国传统形式相结合的典范，与武大图书馆遥相呼应，同为中西合璧佳作。

湖北省立图书馆是国内仅存的早期图书馆专用建筑之一，也是国内最早成立的省级公共图书馆。建筑造型庄重考究、风格鲜明，堪称新旧交融，是中国近代文化教育建筑的典范作品，具有独特的艺术价值。

湖北省立图书馆

檐下书"东壁灵光"匾额

四、小结

20世纪是承前启后的重要阶段，也是思想文化发生转变的重要时期，它对于我们而言，不是"远山的呼唤"，而是几乎触手可及的。湖北入选的26处20世纪建筑遗产包含了湖北从20世纪初钢铁工业的艰难崛起，到改革开放铸就的工业辉煌；从"师夷长技以自强"的洋务运动，到开启新时代的红色革命；从实业教育的艰难起步，到高校数量位居全国第二……热血的钢铁工业、悲壮的武装斗争、完备的现代教育，与湖北独特的地理环境和历史背景相互交织，在近现代共同上演了一场年轻人的革命、勇敢者的游戏。

辛亥革命首义地、抗日战争大本营，这是热血沸腾的湖北；现代工业发源地、长江边上的"芝加哥"，这是敢打敢拼的湖北；"高山流水遇知音""唯见长江天际流"，这是诗情画意的湖北；"不讲究""不服周"，这是草根豪气的湖北。多样的湖北培养出"敢为人先、追求卓越"的英雄儿女，而迈进21世纪，湖北以"科技强省、开放平台、城市联动"，再一次站在了时代变革的潮头。这一次，抬头望，江海长，又一轮朝阳。

徐俊辉，武汉理工大学邮轮研究中心副教授，硕士生导师，建筑学博士。主要研究方向为：都市文化遗产保护与创新研究／邮轮游艇与海上建筑设计研究。主持国家级科研课题1项，省部级科研课题2项；出版专著1部，合著1部；发表相关专业论文10篇；主持相关实践工程项目20余项。

程丽媛，北方工程设计研究院有限公司武汉分公司助理工程师，建筑学硕士。主要研究方向为建筑策划与全过程咨询，主持工程咨询类实践项目6项，参与省部级科研课题2项，参与出版书籍1部；发表相关专业论文6篇。

刘延芳，武汉理工大学艺术设计专业硕士。主要研究方向为旧工业厂区的提质改造与更新研究，参与省级科研课题1项；发表相关专业论文2篇；参与相关实践课题10余项。

参考文献

1 武汉地方志数字馆 [OL].http://szfzg.wuhan.gov.cn/book/dfz/index.html.

2 武汉市优秀历史建筑 [OL].http://119.97.201.28:7500/.

3 朱爱琴.湖北省文化遗产时空格局研究 [D].武汉：华中师范大学，2015.

4 中国文物学会，中国建筑学会.中国20世纪建筑遗产名录 [M].天津：天津大学出版社，2016.

5 徐凯希.辛亥革命与中国工业的进步——以湖北省为例 [J].江汉论坛，2012，（04）.

第二十讲：
东北 20 世纪建筑遗产略谈

杨宇

　　历史上，东北地区为女真族原生之地，旧称满洲，因周边邻接蒙古、俄罗斯与朝鲜等国，自古以来民族荟萃，使东北历史文化的构成具有"多元复合共生性"。近代以后，伴随着沙俄与日本先后在东北进行的漫长的殖民侵略，客观上开启了东北近代都市化的先河。至今，其所遗留的建筑遗产也成为东北文化遗产的重要组成部分。哈尔滨，这个有"东方莫斯科"之称的城市，深受俄罗斯文化的影响，从日常饮食到随处可见的俄式风情建筑，带给人们"庄园画里听钟声，推窗忆情俄罗斯"的感受。长春的历史建筑风格极具浓厚的政治色彩。在长春作为伪满洲国首都的历史中，逐渐形成了以西方近代城市规划理论与东亚传统建筑式样相互融合的典型案例，至今仍是东亚地区规模最大的殖民建筑遗存地。沈阳是清王朝的奠基之地，是奉系军阀的发迹之地，也是各国列强的觊觎角逐之地。沈阳建筑风格上的多元化设计直观而鲜明地展现了这座城市所承载的丰富历史内涵。旅顺地区最早由沙俄开埠，后经日本开发，其建筑形式和风格大体上有俄式与日式两种，同时又吸收了欧洲古典主义元素。大连旅顺地区现存历史建筑是国内唯一同时具有俄日建筑风格的集中并存之地。

　　20世纪建筑遗产从2016年伊始截至第五批，东北已有41处获评（黑龙江19处，吉林6处，辽宁16处）。这41处建筑遗产主要分布于哈尔滨、长春、沈阳、大连四座城市，而这四大城市也成为20世纪建筑遗产在东北的集中体现，从侧面反映了20世纪东北建筑遗产在中国近代建筑史中具有的特殊角色和定位。

东北四市的建筑特点

一、哈尔滨篇

1898年，哈尔滨随着中东铁路的修建而建城，其地理位置优越，位于中东铁路主线、南部支线、呼海铁路、拉滨铁路等多条铁路的交汇处，又有呼兰河、松花江的航运之便，欧洲的货物既可通过亚欧大陆桥运来，又可直接从海路经松花江运至哈尔滨，使得哈尔滨成为重要的交通枢纽城市。建成伊始，哈尔滨商贾云集，吸引了大量的欧洲移民，有"东方莫斯科""东方巴黎"之称。哈尔滨教堂、寺庙并立，建筑的艺术风格交相辉映，在我国20世纪建筑遗产中独树一帜。

1. 圣索菲亚教堂（第一批）

哈尔滨圣索菲亚教堂位于道里透笼街59号，始建于1907年，现存建筑为1923第三次重建，1932年12月25日竣工，教堂建设耗时达10年之久，由俄国建筑师瓦·安·科夏科夫设计。教堂为拜占庭式风格，带有俄罗斯巴洛克装饰，平面为希腊式十字，檐口以及入口的透视门由斯拉夫（Kokoshnik）式券装饰，主轴线偏向西南，入口上方设有钟楼，上置大钟，覆以帐篷顶，十字部中心为一巨大洋葱丁穹顶，左右耳室和后殿上方也设有帐篷顶，围绕中央大穹形成穹顶群。

2. 马迭尔宾馆（第二批）

马迭尔宾馆位于道里中央大街89号，由俄国建筑师斯·阿·文森特设计，"马迭尔"是俄文"модерн"的音译，有现代、摩登之意，为新艺术建筑风格，1906年始建，1913年落成。

建筑的立面反映出较强的"新艺术"特征，其艺术手法主要通过窗、阳台、女儿墙及穹顶等元素体现出来。窗户造型丰富，既有半圆窗、弧型窗、圆形窗和方角窗等不同形式，又有单窗、双窗和三连窗之分，形成美妙的韵律感。

马迭尔宾馆接待过众多要人，包括李大钊、周恩来、溥仪、宋庆龄、埃得加·斯诺（Edgar Snow）、蒋介石、詹大佑、郭沫若、徐悲鸿、京剧艺术大师梅兰芳先生等。

3. 中东铁路附属建筑群（第二批）

中东铁路附属建筑群包括中东铁路局、中东铁路医院、中东铁路俱乐部、中东铁路工厂、中东铁路职工住宅等大批附属建筑，其中以中东铁路局最具代表性。中东铁路局始建于1902年，1904年第一次竣工，1905年遭遇兵灾，1906年修缮落成，由俄国建筑师伊·伊·奥布罗米耶夫斯基设计，为新艺术建筑风格。建筑由六栋独立的建筑群落以过街廊的形式连接在一起，主楼三层，立面横向七段式划分，中轴对称，外墙以石材拼砌。中段设主入口，入口设有封闭玄关，玄关大门为新艺术风格的窗连门。建筑两端和中段两侧共四个形制相同的突出部，突出部以外的墙体以双窗为一组，每组窗间以从二层起始，贯穿檐口的壁柱相隔，壁柱端部由带涡卷的托梁承接，以半圆形墩柱收尾，壁柱上有三条贯通的凹槽线，墩柱之间以铁艺栏杆项链，栏杆为新艺术造型。配楼建筑多为两层，建筑形式与风格与主楼一致。

4. 哈尔滨颐园街一号欧式建筑（第二批）

哈尔滨颐园街一号，原为波兰裔木材商葛瓦里斯基公馆，俄国建筑师阿·阿·伯纳德达奇设计，为法国古典主义建筑风格，局部带有巴洛克风格的建筑细节，1919年建成。建筑采用主体两层，四个立面均不对称，体块变化丰富。客厅部分凸出建筑主体，采用了两层通高的科林斯巨柱承托檐口折断的山花，屋顶采用孟莎式双折屋顶，带有椭圆形老虎窗，尽显古典端庄。建筑内部装修极为豪华，实木的回转楼梯，二层回廊设有螺旋形实木柱支撑的券廊。

5. 哈尔滨防洪纪念塔（第二批）

哈尔滨防洪胜利纪念塔为纪念哈尔滨市人民战胜1957年的特大洪水而修建，由哈尔滨市设计院设计，设计组成员包括巴吉赤、李德大、宋永春，1958年11月1日落成，位于中央大街近端的松花江岸边。塔身背临松花江南沿，面向并垂直于中央大街，形成景观通廊。纪念塔分塔基、塔座、塔身三部分，塔高22.5米。塔基由毛石砌筑，塔座为方形，由花岗岩

颐园街一号

哈尔滨防洪纪念塔

砌筑，上刻有哈尔滨市人民防洪胜利纪念塔字样，塔身采用圆形的混凝土空心柱，分为上下两部分，上部形似西方的多立克柱身，有着明显的上下收分，并环刻有凹槽。塔身下部是高2.2米，长10米的环形浮雕，雕刻着修筑防洪纪念塔时施工的场景。塔顶设置有3.5米的工农兵、知识分子青铜群像。

犹太新会堂

6. 哈尔滨犹太人活动旧址群（第二批）

哈尔滨犹太人活动旧址群包括犹太总会堂、犹太新会堂、犹太中学、犹太人国民银行、斯基德尔斯基欧式私邸、穆棱煤矿公司和索斯金故居等14座建筑，其中最具代表性的属犹太总会堂与犹太新会堂。

哈尔滨犹太总会堂位于道里区通江街82号，始建于1907年起工，1909年竣工，1931年教堂遭遇火灾，现存建筑为火灾后重建，建筑平面格局有所改变，但整体建筑风格遵循原貌。建筑主体平面呈十字形，中殿和半圆形后殿为失火前所保留部分，前殿所处的十字部和玄关为增减部分。教堂为三层，其中二层设有环廊，十字部两侧耳室设有楼梯连通二层。教堂一层的窗为马蹄形圆券窗，二层为带有窗套的方窗，玄关为尖券高窗，窗扇上镶有六芒星。

哈尔滨犹太新会堂位于道里经纬街162号，1918年9月起工，1921年竣工，建筑面积2673平方米，建筑主体平面呈矩形，矩形中央覆以巨大的穹顶，后部设有半圆形后殿。教堂两侧一层设尖券窗，二层设有小的连续尖券窗，窗间设双柱，窗扇上镶有六芒星。

7. 哈尔滨工业大学建筑群

哈尔滨工业大学建筑群包括哈尔滨工业大学博物馆现地址和哈尔滨工业大学文理学院。

哈尔滨工业大学博物馆现地址最早建成于1906年，原为沙俄总领事馆，最初仅一栋建筑，为新艺术建筑风格。1920年，中俄在此合办中俄工业学校，即后来的哈尔滨工业大学，并将附近的商校以及工厂划入校园，形成三栋建筑组成的建筑群。1926~1928年，哈尔滨工业大学扩建，由哈尔滨工业大学教授彼得·谢尔盖耶维奇·斯维里多夫设计，在原领事馆南侧增建塔楼和大礼堂，将三栋建筑连为一体，最终形成U字形平面的一栋建筑。建筑延续了新艺术建筑风格，正门位于公司街一侧，为流线形弧形窗连门，门两侧为曲线的扶壁，扶壁底端设置雕塑。最精彩的部分是斯维里多夫设计的塔楼。塔楼统领整个建筑群，一层为一戴克里先窗，窗楣设一女神头像，塔的上部装饰有正方形的陶土画像砖装饰带，并设有等宽的三连窗，三连窗两侧为女神半身像雕塑，雕塑承托贯穿檐口的曲线托梁，屋顶设有带半圆形穹隆的瞭望塔，是哈尔滨最美的新艺术作品。

哈尔滨工业大学文理学院原为哈尔滨工业大学宿舍，1929年竣工，由彼得·谢尔盖耶维奇·斯维里多夫设计，为巴洛克建筑风格。建筑呈一字形，主体建筑三层，入口设置于二层，设有四柱的汽车玄关。玄关上为可上人的露台，带有壁柱和铁艺栏杆，檐口上设一扇戴克里先窗。建筑两翼为宿舍，宿舍窗为平拱窗，窗上有窗楣装饰，样式统一，窗间通高的壁柱上设置有波浪形涡卷。这种设计在哈尔滨中东铁路俱乐部中也有采用，反映了设计上的一致性和连续性。檐口上设有椭圆形连续老虎窗。

秋林公司

8. 哈尔滨文庙（第三批）

哈尔滨文庙位于东大直街东南端路北，由中国建筑师陆士基、张象昺设计修建，1926年起工，1929年8月竣工，建成后规模仅次于山东曲阜孔庙和北京孔庙。

哈尔滨文庙是按照大型祭孔仪式的规模，仿照皇宫之制而设计建造的，院落布局严谨，尺度划分适宜，建筑序列层层展现。通过规格尺度、瓦顶色彩、彩绘规制把建筑等级表现得淋漓尽致。尽管在建筑样式上采用了清代官式做法，但在结构材料上则采用了钢筋混凝土材料。

哈尔滨文庙的修建恰逢苏俄势弱且民国政府逐渐接管哈尔滨主导权之时，有着民族复兴图强的精神意味。

9. 哈尔滨秋林商行（第四批）

哈尔滨秋林商行于1908年建成，主入口位于果戈里大街和东大直街交会的转角处，做斜向切角处理，上置穹顶。建筑原为两层，一层设有大开间的橱窗，窗台低矮，二层为矩形窗，建筑檐口下有带涡卷的托梁。1978年，建筑由两层扩建为四层，平面格局变化较大，但建筑风格保持原貌，转角的穹顶也被保留下来。

10. 黑龙江省博物馆（第五批）

黑龙江省博物馆最初名为莫斯科商场，由俄国建筑师康·卡·尧金斯（К.К.Иокиш）设计，始建于1906年，1923年改为东省文物研究会陈列所，开始了其作为博物馆的开端。因位于车站街（现红军街东段）与满洲里街的广场夹角，建筑的平面顺应场地呈现出弯月形，由15个平立面相同的独立单元组成，各自向街道和内院开门，并各有上下连通的楼梯。建筑采用流畅曲线的墙墩、窗洞，屋顶采用三个高大的具有法国文艺复兴特征的长方形底扁状穹顶和两个方形底扁状棕红色穹顶，较好地丰富了建筑造型。长穹顶与女儿墙饰有新艺术风格的铁饰件，墙立面用半圆形窗口和壁柱装饰。

11. 东北烈士纪念馆（第五批）

东北烈士纪念馆最初为东省特别区区立图书馆，1928年起工，1931年竣工，由俄国建筑师尤·彼·日丹诺夫设计，为古典复兴式建筑风格。主体建筑两层，正立面采用了希腊神庙的建筑样式，以伸出墙面的六颗科林斯巨柱廊承托希腊式三角山花作为建筑入口，入口下设台阶，山花两侧设有矩形平直拱窗。整体建筑极为端庄典雅。

12. 哈尔滨工人文化宫（第五批）

哈尔滨市工人文化宫建于1957年，由中国建筑师李光耀设计，建筑由四栋功能不同的建筑拼合而成，内部设有剧场、文化厅、音乐厅、讲演厅、舞厅、退休职工文化休息室、文化餐厅等。建筑外墙为米黄色，有希腊式立柱，拜占庭式屋顶，具有欧式折中主义的建筑风格，也是同时期国内工人文化宫建筑中代表之作，在1983年被中华全国总工会授予"工人的学校和乐园"的光荣称号。

13. 东北农学院主楼（第五批）

黑龙江中医药大学主楼原为东北农学院教学楼，建于1952年，为砖混结构。整栋建筑平面呈飞机前视图形，中央高耸的塔楼平面为圆形底层向前伸出较长的矩形门廊，塔身上叠有两层渐次收分的圆形平面小塔楼。塔楼顶部有旗杆徽标，建筑造型语言简练统一，方与圆对比强烈，个性鲜明。作为哈尔滨第一批建设的文教建筑，东北农学院主楼的建筑风格结合了折中主义和社会主义现代主义。

二、长春篇

2022年是长春建城220周年。回首长春二百余年的城市建设史，历经清末边疆集镇、民国铁路城市、殖民政治中心城市、新中国工业和文化城市等不同历史时期，虽然短暂却也丰富精彩，并在各个时期都留存有特点鲜明的建筑遗产，如吉长道尹公署旧址、天兴福火磨旧址、泰发合百货店旧址等长春旧城及商埠地建筑群；沙俄长春火车站、领事馆、将校兵营、火车站俱乐部旧址等中东铁路附属地建筑群；伪满皇宫及军政机关旧址建筑群；长春地质宫、长春光机所、长春电影制片厂、第一汽车制造厂等建筑群。这些建筑群是近现代长春城市历史变迁的重要见证，同样也是20世纪建筑遗产在吉林省的集中体现。

在城市规划上，长春保留了以国家首都为目标制定的城市规划，建造多以大体量政府公用及纪念性建筑为主，体现国家形象。现存历史街区及建筑遗存是20世纪初世界首都城市规划的早期实践和成功探索。

（一）共和国建设的足迹

1. 第一汽车制造厂早期建筑（第一批）

长春第一汽车制造厂是我国第一个五年计划期间156个项目中最早、最重大的项目之一，1953年破土兴建，毛泽东同志亲笔题词，体现出国家对重点项目的高度支持。据统计，仅在1954年、1955两年，长春把市政建设投资的94%和84%用于一汽厂区的建设，使第一汽车厂仅用三年时间就建成投产，同时也为长春这座新型工业城市奠定了初步基础。

第一汽车制造厂早期建筑厂房建筑为框架结构、轻钢屋架，立面简洁，开高窗，中式风格突出，并附有俄式建筑构件和符号。生活区内建筑以三层砖混结构为主、清水红砖墙、红砖绿檐灰瓦相映，建筑多开小窗，厨卫等房间多配以八角形窗，阳台、门口等细部统一装饰形式与构件，窗套上也有回纹装饰，整个居住区风格协调一致，建筑质量较高，体现了民族特色。

第一汽车制造厂是中国汽车工业发展的重要历史见证，是功能环境延续性良好的工业遗产聚集地。它的建立是新中国在努力实现工业化进程中的标志性历史事件，是新中国重大经济建设成就与社会主义时代精神风貌的集中体现，是具有鲜明中国特色的"单位大院"居住空间建设的典范，其集体生活记忆与丰富的空间延续至今。

2. 长春电影制片厂早期建筑（第二批）

长春电影制片厂早期建筑群于1939年竣工，为满洲映画株式会社时期由日本东京照相化学研究所仿照德国乌发（UFA）电影公司的布局设计，由日本清水组承建，占地面积16万平方米，现历史遗存包括办公楼、洗印车间、混录室、1~7号摄影棚及放映室。

长春电影制片厂厂址建筑体系布局合理，建筑功能特征明确，记录并展现了20世纪电影制片生产工艺的发展状况和技术特点，具有重要的科学价值。

3. 通化葡萄酒厂地下贮酒窖（第三批）

通化葡萄酒厂是中国历史最悠久的葡萄酒厂之一，现历史遗存有部分老厂房、地下贮酒窖等。地下贮酒窖始建于1937年，1952年~1963年陆续进行扩建，酒窖面积10340平方米，常年温度保持在15℃~16℃，距地面深度4.5米，共有11个酒室，现存大橡木桶772个。橡木桶采用长白山原始森林百年橡树制作，单体容量在3~8吨不等，总贮存山葡萄酒原酒6000余吨。通化葡萄酒厂地下贮酒窖现为亚洲最大的地下贮酒窖和世界最大的巨型大橡木桶集群。

4. 吉林大学教学楼（第三批）

建筑主体六层，局部九层，为钢筋混凝土结构（RC）。平面对称式布局，主入口大门突出、稳重、雄伟。建筑立面造型简洁，檐口下部和局部设有传统纹样图案浅浮雕装饰，具有古朴的民族传统建筑风格特色；但建筑高、宽体量比例，门窗洞口的划分比例又别于传统的民族建筑形式，尤其是中轴线顶层上，部分为双曲拱壳样式，反映出当时建筑技术的发展水平，集中体现了新中国成立初期的城市建设成就。

5. 中国人民银行吉林省分行（第五批）

中国人民银行吉林省分行（满洲中央银行旧址）建筑创造了多项纪录：建造时间最长，造价最高的建筑，唯一的古典复兴式建筑，首次采用型钢混凝土（SRC）构造方法建造的建筑，在20世纪中国金融建筑中占有重要位置。

整体建筑以型钢为骨架并在型钢周围配置钢筋和浇筑混凝土的埋入式组合结构体系，建筑主立面10根直径2米的多立克柱式。入口处大门采用水平推拉式，以增加其防冲撞性能。室内28根大理石贴面的塔司干巨柱式凌空支承屋顶，大厅中部有一个巨大的拱形钢结构玻璃天窗。1983~1987年，长春市重新组织相关部门，按照原设计方案施工并完成了该建筑西南侧楼体建设工程，接建部分与1938年楼体无缝结合，使得整座建筑终于完成了设计图中的"元宝型"式样。

第一汽车制造厂1号门

第一汽车制造厂

长春电影制片厂正门

长影旧址博物馆

原东北农学院主楼

中国人民银行吉林省分行

（二）殖民主义建筑思潮的体现

1. 殖民主义的代表——官厅与纪念性建筑

官厅建筑与纪念性建筑起于伪满洲国建立时期，包括军政办公建筑、宫廷建筑和国家纪念性建筑。"厅舍"一词源自日语，又可称"官舍""官厅"，相当于中国的衙署建筑。

官厅建筑与纪念性建筑均由政府出资，从设计施工到审定管理，一切均是在政府专门机构主导下运行的。这些建筑的设计创作追求"大东亚的民族性"，采用中国传统样式的建筑符号，企图引起东北人民心理共鸣，同时尽量避免欧洲古典样式的设计思想，旨在建筑和规划层面表达"非西方化"的现代化，显示与西方殖民主义不同。

2. 殖民催生新样式——"满洲式"建筑

"帝冠式"风格源于"日本民族风格的大屋顶"，但这种风格仍然不能代表满洲。为了完成"满洲气氛"的营造，在"新京"的官厅建设中，日本建筑师借鉴了当时南京国民政府提出的"中国固有之形式"设计思潮。可以说，在同时期的相似背景的政治诉求下（南京与"新京"），中国传统样式的"大屋顶"以及建筑构件、细部作法被充分运用到"满洲式"建筑之中。"满洲式"就是把东西方传统构件、细部作法杂糅成一体的近代建筑样式。当时著名的建筑行业杂志《满洲建筑杂志》首次刊登出"满洲式"建筑样式的说法，促成了"满洲式"建筑脱离"帝冠式"的基本框架，形成了自己独特的风格。

长春新民大街沿线的"一院四部一衙"，即伪满洲国国务院旧址、军事部旧址、司法部旧址、交通部旧址、经济部旧址、综合法衙旧

伪满洲国国务院旧址

伪满洲国司法部旧址塔楼

址，是国内完整的殖民主义建筑群——伪满皇宫旧址建筑群。

3. 近代化中国城市建设的典型代表

20世纪初期，在长春陆续出现了具有现代主义早期风格特征的建筑物，如关东宪兵司令部旧址、大兴公司旧址、满洲炭矿株式会社旧址、大陆科学院旧址以及中央银行俱乐部旧址等。现代主义建筑在外形和内部装饰上都采用当时的新材料、新技术，提高了建筑本身的功能性，内部设施完备更具人性化，施工方面更加专业化和科学化。

在伪满时期进行的"新京"规划，使得长春成为中国20世纪30年代城市化建设最快，甚至全亚洲现代化水平最高的都市。这种现代规划的思想基于理性分析和技术手段，其空间

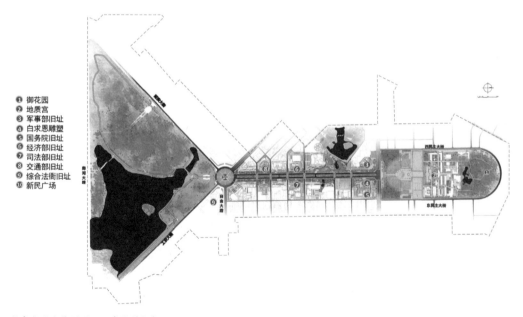

❶ 御花园
❷ 地质宫
❸ 军事部旧址
❹ 白求恩雕塑
❺ 国务院旧址
❻ 经济部旧址
❼ 司法部旧址
❽ 交通部旧址
❾ 综合法衙旧址
❿ 新民广场

长春新民大街伪满旧址建筑群分布

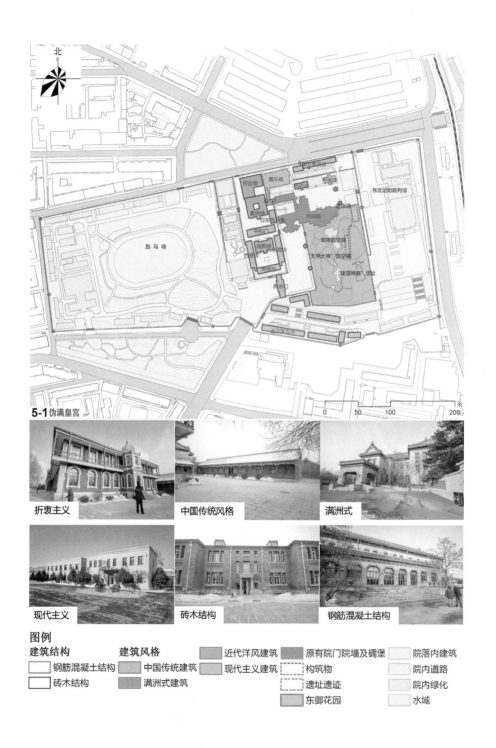

5-1伪满皇宫

折衷主义　　中国传统风格　　满洲式

现代主义　　砖木结构　　钢筋混凝土结构

图例
建筑结构
☐ 钢筋混凝土结构
☐ 砖木结构

建筑风格
☐ 中国传统建筑
☐ 满洲式建筑

☐ 近代洋风建筑
☐ 现代主义建筑
☐ 东御花园

☐ 原有院门院墙及碉堡
⬚ 构筑物
⬚ 遗址遗迹

☐ 院落内建筑
☐ 院内道路
☐ 院内绿化
☐ 水域

伪满皇宫文物建筑风格与构成分析

格局、街区肌理、路网结构、绿地系统、基础设施及城市景观轴线等，奠定了长春市中心城区的基本骨架。现存历史街区及建筑遗存是20世纪初世界"首都城市"规划的早期实践和成功探索。而"都市规划"加"满洲式"建筑的大规模实施，最终使现今长春形成了与上海、天津、青岛、哈尔滨等城市不同的城市景观。

三、沈阳篇

沈阳，东北政治、经济、文化的中心。这座由于位处古沈水（今浑河）之北而得名的城市，至今已有2300年的历史，留下了深深的历史印记：封建社会的遗存、殖民统治的烙印、社会主义新中国的足迹，都详尽地记载于沈阳的城市记忆之中。悠久的历史、复杂的社会背景造就了沈阳建筑遗产的特殊性和多样性。

1634年，沈阳改名盛京，成为清朝建立之初的都城，1907年又改名奉天。在20世纪初，沈阳就已经是东北政治、经济、文化的中心，并演绎着独具特色的近代历史，成为东北城市向近代化转变的代表。民国初年至九一八事变前，鉴于其在军事、政治、经济地位的重要性，沈阳不可避免地成为日、俄及其他列强长期觊觎的目标，近代中国很多重要的历史事件相继在这里发生。

20世纪20年代后，面对外来文化的不断侵入，奉系军阀表现出了毫不退避的抗争决心。此时在沈阳诞生的建筑风格当中，或为被动接受，或有主动融合，或是原状克隆，在显示出东西文化的矛盾与反差的同时，也展现了隔绝与参与的相互作用。

1931年九一八事变后，随着殖民地都市建设投入的不断加大，沈阳成了借明治维新之机留洋归来的日本建筑师们施展拳脚的广阔天地。这一时期，沈阳的城市建设、建筑营造项目都为日本人独家垄断。沈阳城市与建筑的形式随着社会功能的多样化趋势而更加丰富，随着近代技术的进步而展示出更加高深的技术含量。

在前五批中国20世纪建筑遗产中，沈阳获评八处，其中"张学良旧居"虽为张作霖及其长子张学良的官邸和私宅，却是近代多个重大历史事件的发生地；中山广场建筑群见证了沈阳城市发展的轨迹和人民生活的巨变；东北大学展现了民国时期东北教育发展的最高成就；京奉铁路沈阳总站则是建筑大师杨廷宝在东北为数不多的作品；奉天驿旧址建筑群全面揭示了近代日本对华渗透和侵略的历史。中建东北院老办公楼不仅是东北院的形象标志，也是几代东北院人的共同记忆。鞍山钢铁工业建筑群、本溪湖工业遗产群是我国民族工业发展过程的真实写照，见证了从屈辱抗争到迅速发展、从停滞衰落再到浴火重生的艰难历程，并形成了"长子情怀、忠诚担当、创新实干、奋斗自强"的新时代辽宁精神。这些建筑遗产不仅成为沈阳的标志，也是20世纪建筑遗产在辽沈地区真实而完整的阐释。

1. 张学良旧居及周围建筑群（第二批）

张学良旧居陈列馆建筑群，从1914年开始兴建到1933年截止，形成了由中院、东院、西院和院外四个部分组成的风格各异的建筑群。

西院红楼建筑群原址为"江浙会馆"，占地面积11017平方米，建筑面积13250平方米。1913年底，张作霖买下"江浙会馆"后将原建筑拆除。1929年，张学良请天津基泰公司著名建筑师杨廷宝先生主持设计。杨廷宝先生在此设计了六幢具有英国都铎王朝"哥特式"风格楼房，包括六幢楼房，其中两幢厢楼、四幢正楼，1 号楼相对独立，2 号楼、3 号楼和 4 号楼间的西端由廊房贯通并形成院落。

2. 沈阳中山广场建筑群（第二批）

沈阳中山广场建筑群包含辽宁宾馆（大和旅馆旧址）、沈阳市总工会办公楼（东洋拓殖株式会社奉天支店旧址）、华夏银行中山路支行（朝鲜银行旧址）、招商银行中山支行（三井物产会社旧址）、沈阳市公安局（大和警务署旧址）、工商银行沈阳市分行中山支行（横滨正金银行奉天支店旧址）。这些建筑虽历经百年岁月洗礼，但一砖一瓦、一凿一砌都保留着历史原貌。随着历史的变迁和光阴的流逝，中山广场建筑群见证了沈阳城市发展的轨迹和人民生活的巨变，越发变得沉稳厚重。

3. 京奉铁路沈阳总站（第三批）

京奉铁路沈阳总站由基泰工程司承接，杨廷宝主持设计，平面对称式布局，中间是候车大厅，两侧为候车辅助用房及办公室，建筑平面紧凑、流线合理；九一八事变后改为奉天总站；1945年改称沈阳北站；现为沈阳铁路分局机关办公楼。

4. 奉天驿建筑群（第五批）

奉天驿旧址采用辰野式的建筑风格，1908

年先由日本设计师太田毅设计，后由吉田宗太郎完成。其站舍为两层高的红砖建筑，洋红色楼体，灰绿色穹顶。一楼作候车室用，二楼作为旅店。后于1919年、1926年和1934年三次扩建，陆续建成四个候车室，建成后成为当时中国东北地区最为重要的客运中转车站。

5. 奉天肇新窑业公司旧址（第五批）

此楼坐北朝南，办公楼正面三层、两翼两层呈 V 字形，其建筑风格是典型的中西合璧式——"洋式门脸"加"中式后庭"。该楼又称"杜公馆"，著名爱国人士杜重远先生创建了当时最大的一家民营窑业公司。

6. 中国建筑东北设计研究院五十年代办公楼（第五批）

中建东北院办公楼于1954 年7月25日基奠，同年11月15日竣工，由东北院本院的建筑设计师创作完成，建筑面积为6003平方米，高四层、局部五层。办公楼采用坡屋顶的形式及主立面横向竖向的分段手法。总体比例完美，并且以一些中国木构架建筑的构件作为细部装饰，产生了宜人的尺度感。深灰色的水泥平瓦屋面，单一色调的外墙饰面，形成了统一、端庄、朴素的建筑外貌。东北院办公楼成为1950年全国大型国营建筑设计院办公楼外部形象首屈一指的建筑佳作。2009年，中建东北院办公楼获得了中国建筑学会"建国60年建筑创作大奖"。

7. 锦州市工人文化宫（第五批）

锦州市工人文化宫坐落于锦州市解放路四段8号，于1960年6月1日落成开放，占地面积10000平方米，建筑面积7400平方米。锦州

中山广场雕像局部

京奉铁路沈阳总站

中山广场及建筑群——中山广场雕像

张学良旧居及周围建筑群

西院红楼建筑群

市工人文化宫外形雄伟壮观，高雅庄重，1993年8月被锦州市人民政府评定为近现代优秀建筑。由于锦州市历届党代会、人代会都在这里举行，工人文化宫被人们亲切地称为锦州的"人民大会堂"。

奉天驿旧址

奉天肇新窑业公司办公楼旧址

8. 鞍山钢铁工业建筑遗产（第三批）

鞍山钢铁工业建筑遗产群是我国现存最早的、保存最为完整的活态保存的工业遗产群，同时也是类型最为丰富的工业遗产群，主要包括昭和制钢所本社事务所旧址、昭和制钢所迎宾馆旧址、井井寮旧址、满洲人公学堂旧址、烧结总厂二烧车间旧址等多处建筑，具有重要的历史价值、科技价值、社会价值和艺术价值。其中，本钢一铁厂区现存的炼铁、焦化、烧结、动力等工艺体系具有鲜明的早期工业化特征，是中国工业化进程和东北老工业基地转型的实物例证。

9. 本溪湖工业遗产群（第二批）

本溪湖工业遗产群位于辽宁省本溪市溪湖区，为当时孙中山先生《建国方略》中提到中国两大钢铁基地之一（南即汉冶萍，北即本溪湖）。现共包括本溪钢铁（本钢）一铁厂旧址、本钢第二发电厂冷却水塔及发电车间旧址、大仓喜八郎遗发冢、本溪湖煤铁有限公司旧址（小红楼）、本溪湖煤铁公司事务所旧址（大白楼）、本溪煤矿中央大斜井、东山张作霖别墅旧址、本溪湖火车站和彩屯煤矿竖井八处遗址。20余个单体及大量的20世纪初大型钢铁设施设备，产地分别为德国、日本、苏联和中国。

四、大连篇

从小渔村到繁华都市，历经120余载，大连城市形成了独具韵味的历史建筑。它们随着大连城市独树一帜的规划而诞生，代表着大连

井井寮旧址

本溪工业遗产一铁厂1号高炉

这座滨海城市的形象，在中国城市建筑史上也具有一定地位。

（一）旅顺与大连的俄造欧式公用建筑

作为沙俄精心规划的远东港口城市，大连开埠建市伊始，其建筑就被给予了更高的期望和标准："作为东清铁路的最终端，行政办公场所需要具有气派的外表，才能成为行将诞生的港口城市的范例。"[1]1902年之前，一批欧洲流行的公用建筑样态出现在大连和旅顺两座城市之中。这些标志性建筑历经百余年风雨，至今还散发着浓浓的异域气质，点缀在湛蓝的黄海之滨，并流淌在城市的肌理中，延续着城市的历史文脉。

1. 旅顺215医院（旅顺红十字医院）（第五批）

旅顺赤十字病院始建于1900年，初为官办综合性医院，1907年2月改称"关东州赤十字病院"。白色的墙体，连续的火焰窗造型，代

表着俄罗斯建筑的典型语言，也显示出与古老拜占庭艺术的深刻渊源。

2. 旅顺火车站（第二批）

1908年左右，日本人在沙俄遗留的设计图纸基础上续建了站舍，时称"旅顺停车场"，后改成"旅顺驿"。这座建筑由俄籍工程师吉尔什曼负责建筑施工，为一层砖木结构，占地面积450平方米，为典型俄罗斯风格的木质平房建筑。站舍平面呈一字形，由候车室、乘务员室、站台长廊等组成。建筑立面在入口处加设门斗，中间顶部为绿色穹顶塔楼，加强中央体量，塔楼上面挂着鱼鳞状铁皮瓦片。站台上为木结构风雨棚构架。

3. 旅顺博物馆（第三批）

旅顺博物馆是一幢融古希腊、古罗马、文艺复兴时期和东港建筑特色为一体的近代折中主义风格的建筑，地上三层，地下一层，砖混结构。正立面以顶部塔楼为中心对称分布，正门包括古希腊建筑样式的门廊，爱奥尼亚式柱及混合柱头，半圆形正门门廊上方点缀樱花图案并以橄榄枝组成的花环围绕。飞檐上方筑有

---

[1] 俄罗斯国家历史档案馆（323-1-1313）：《关于达里尼建设超支问题》，第78页。

旅顺赤十字医院旧址

旅顺博物馆

大和旅馆旧址

大连中国税关旧址

大连火车站

古罗马建筑中常见的三角形山花，山花内装饰有舒展的莨苕叶及花环簇拥着的宝珠。各立面装饰繁缛华美，集植物、动物图案于一体，精雕细琢。

建成后，该馆初名关东都督府满蒙物产馆，1918年改称关东都督府博物馆，1919年改称关东厅博物馆，1934年改称旅顺博物馆，现馆藏文物3万余件，其中包括西周青铜器吕鼎、西汉马蹄金、南北朝至唐木乃伊等珍贵文物。

（二）日据时期的建筑遗存

1. 大连中山广场近代建筑群（第二批）

大连因山海而美丽，也因建筑而独特。日据大连时期，承袭沙俄殖民时期的规划，其建筑沿袭欧化路线，以今天的中山广场为核心。

1920年之前，以民政署、银行、大和旅馆、市役所等八大欧式建筑为标志，其建筑风格呈现了罗马式、哥特式、文艺复兴、古典主义和巴洛克式等特点，但这些只是表象。在细心解读下，这些建筑更多的是展现为杂糅的折中混合式风格，正是这些大规模的融合借鉴，才是中山广场近代建筑群所独有的真实性。而

这种洋风在放射性广场的集中表现，成就了大连城市独有的欧化特征，在近代中国城市建设史上亦属罕见。

进入20世纪20年代中后期，受西方现代主义建筑思潮的影响，大连相继出现了讲究实用功能的近现代建筑，这种思潮集中体现在20世纪30年代后的公用建筑、集合住宅上，大连火车站、关东州厅等成为城市的新地标。

2. 大连火车站（第五批）

大连站于1937年投入使用，为钢筋混凝土结构，地上四层，地下一层，站舍天桥63米，地道85米，旅客站台19115平方米，站前广场14818平方米。

大连火车站在设计上考虑到人流集散和人流与货流分离，有宽敞的候车大厅和直达二楼的坡道。建筑立面简洁大方，采用虚实对比。正面坡道、平台和门前大广场的处理显示出设计者现代化的设计思路。其设计师太田宗太郎曾设计建造过日本上野火车站，大连站是上野站原型的放大版。大连火车站一直是铁路建设史上最受欢迎的建筑作品之一。

（参与编写人员：蒋耀辉、张书铭，于竞一，制图：杨梓丹）

杨宇，伪满皇宫博物院学术研究部研究员。东北20世纪建筑遗产保护修缮研究基地负责人，东北革命文物利用保护联盟与红色景区联盟秘书长。研究方向：东北近现代建筑遗产保护利用，历史建筑数字化信息研究，革命旧址与红色旅游保护研究。主要完成的科研项目有，国家社科基金"抗日战争研究专项工程"项目"侵华日军第513部队与日本细菌战档案资料和证言的调查与整理研究"。编修著作《20世纪建筑遗产在吉林——认知与研究》等。

参考文献

1 陈伯超. 沈阳都市中的历史建筑汇录 [M]. 南京：东南大学出版社，2010.

2 越泽明，欧硕译，长春市规划局编. 长春城市规划史图集 [M]. 长春：吉林出版集团，2017.

3 刘亦师. 中国近代建筑史概论 [M]. 北京：商务印书馆，2019.

4 蒋耀辉. 大连历史街区与建筑 [M]. 大连：大连出版社，2022.

5 伪满皇宫及日伪军政旧址保护规划 [R]. 北京国文琰文化遗产保护中心有限公司，2018.

6 长春市新民大街历史文化街区保护规划 [R]. 长春市城乡设计规划研究院，2016.

第二十一讲：
俄罗斯 20 世纪建筑遗产

韩林飞　　　肖潇

　　俄罗斯有着悠久的历史和灿烂的民族文化，特别是在文学、音乐、舞蹈、建筑、绘画、电影等艺术领域都达到了很高的成就，对全球文化产生了相当大的影响。从19世纪60年代的大改革到1917年的革命，俄国社会经历了激烈的，甚至是不平衡的变化，其中也包括技术、工程和建筑艺术方面的创新发展。此后的先锋艺术运动中诞生了闻名世界的俄罗斯构成主义，涌现了一批以金兹堡（Moisei Ginzburg）、梅尔尼科夫（Konstantin Melnikov）、拉多夫斯基（Nikolai Alexandrovich Ladovsky）等为代表的伟大的先锋派建筑师。他们在20世纪20年代将构成主义艺术融入社会实践，设计和建成了一系列的前卫先锋派建筑，对后来的现代建筑设计和建筑学发展产生了深远影响。

　　20世纪20年代和30年代的构成主义思潮及其实践，反映了俄罗斯民族的激进民族气质。由于当时正处于从农业经济国家到工业现代化国家的社会大变革中，经历了苏联的政治革命，因此设计活动在创新中体现出较深的躁动和跳跃感。20世纪30年代后，苏联对建筑设计严格控制，并将其转向了折中主义、复古主义的斯大林主义建筑风格。金兹堡和其他构成主义建筑学家的实践活动逐渐转变为"纸上的建筑"。50年代和60年代，赫鲁晓夫对现代建筑进行了工业化的改革。苏联建筑转向了工业化，理性主义和工艺主义，更加注重建筑的功能和技术。此后，建筑的全面工业化在此期间成为苏联建筑发展的基本路径。70 年代后，苏联建筑设计又转向了注重文化内涵、历史、民族特点、地方特色，此后的建筑呈现出多样化发展的局面。贯穿 20 世纪各个年代苏联现代主义建筑的探索和实践取得了一系列丰硕的成果，这些建筑精品在今天成为宝贵的建筑遗产。

一、20 世纪俄罗斯建筑遗产价值的再认识

1987 年的苏联国家建筑遗产保护中列出了第一批现代主义建筑，20 世纪二三十年代建成的先锋派前卫建筑都重新得到了关注和重视。1990 年，梅尔尼科夫所有在莫斯科设计的建筑物均获得了保护。

苏联解体后，俄罗斯国家文化遗产登记册（Russian Cultural Heritage Register）继承了 1947 年苏联最初的历史遗产登记册，并受 2002 年俄罗斯"关于文化遗产（文化和历史的遗迹）的法律"（第 73-FZ 号法律）的保护。莫斯科遗产委员会在构成主义和理性主义现代建筑的遗产价值上存在分歧，对俄罗斯国家文化遗产登记册中增加尚未列出的前卫建筑仍然存在争议。被列入俄罗斯文化遗产登记册的受保护的建筑超过 140000 处，但建于 20 世纪的建筑遗产仅有 6000 多处被列入保护。公众对于前卫建筑缺乏深刻的认识，对现代主义美学的品位仍趋于保守。不过，莫斯科遗产委员会在 2008 年列出了这一时期的 114 座"新确定的"建筑物，对 20 世纪先锋前卫的现代建筑遗产开展了更大范围修缮保护工作。其保护工作成就了一系列 20 世纪的建筑遗产在当下重新焕发活力，包括以下案例：

1. 纳科芬大厦（Narkomfin Building）

莫斯科的纳科芬大厦是由构成主义领袖金兹堡（Moisei Ginzburg）和米利尼斯（Ignatii Milinis）在 1928 年设计的，用于为人民财政委员会的雇员提供集体住房。纳科芬大厦于 1932 年完工，是一个打破了传统的建筑形式和空间构图的综合体形式的建筑，旨在实现构成主义的目标，即通过体现新的社会主义理想的类型学实验建筑重塑人们的日常生活。纳科芬于 1987 年被列为国家历史遗迹，2010 年被联合国教科文组织（UNESCO）列为"濒危建筑"之首，三度被世界文化遗产基金会（World Monuments Fund）列入濒危遗产名录。

建筑物概念背后的主要原则是将与集体功能相对应的所有区域集体化。阅读、做饭、抚养孩子、做运动等功能转移到一个立面为大片玻璃幕墙的开放明亮的集体空间中，容纳公共幼儿园、厨房、图书馆和体育馆。上层屋顶也可以用作公共娱乐空间。这两个六层高的大院，一个是针对个人活动的，另一个是针对集体活动的，由一个有屋盖的联桥和一个外部公共花园连接。

尽管新建筑师提倡公共生活方式，但也在设计中赋予了更多的个人空间自由，建筑物寄

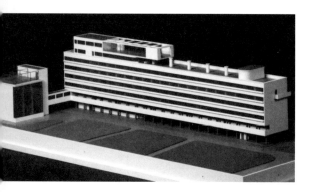

纳科芬大厦建筑模型

20世纪90年代的纳科芬大厦

更新整修后的纳科芬大厦

托了设计师试图改善居住者日常生活的设计理想。柯布西耶访问莫斯科时也曾赞扬纳科芬大厦的设计，他后来的马赛公寓的设计实践也是受其启发。当时，这栋建筑被国际评论家誉为新社会主义社会建设的建筑范式，该建筑也在一定意义上成为整个欧洲现代公寓楼和住宅区设计的原型。

作为构成主义建筑前卫住宅设计的著名案例，纳科芬大厦在俄罗斯文化遗产登记册上被列为"文化遗产纪念碑"，修复工程由建筑设计师金兹堡的孙子阿列克谢·金兹堡（Alexey Ginzburg）主持，始于2017年，并得到了莫斯科市政府的支持。翻新工程旨在保留开创性建筑的原始精神。历时三年多的更新重建工作于2020年夏季完成，更新修整后的公寓楼于同年7月9日正式开幕。纳科芬大厦已有90多年的历史，尽管它的创作年代与今天俄罗斯的政治、经济和社会环境存在种种分歧，但它继续以自己的方式体现着构成主义精神和建筑艺术的追求，以及通过设计使建筑适应和引领现代化生活的伟大尝试。

2. 莫斯科纺织学院学生宿舍（Communal House for students of the Textile Institute，Moscow）

莫斯科纺织学院学生宿舍位于莫斯科的顿斯科伊区（Donskoy District）。该建筑由伊万·尼古拉耶夫（Ivan Nikolaev）设计，可容纳2000名学生生活住宿，始建于1929~1931年，历经沧桑，尽管内部空间的某些原始观念被毁掉了，但几十年来它从未改变其功能，一直使用到1996年。作为构成主义代表建筑在

1987年被列入国家历史遗产，在俄罗斯文化遗产登记册上被列为"文化遗产纪念碑"。

莫斯科钢铁研究所的公共房屋成为OSA小组28岁的尼古拉耶夫的首个个人项目。当时这只是一个规划中的较大项目的一小部分，包括莫斯科偏远地区的三个学生校园。设计任务规定了与每位学生适合的最高建筑成本和建筑体积（50立方米）。任何公共设施，从楼梯到图书馆，都计入配额，并减少了实际居住空间。尽管所有建筑师都通过减少可用居住空间来应对这些限制，但尼古拉耶夫的公共空间是所有方案中最激进的。

尼古拉耶夫的主要设计原则是严格分隔公共学习空间、公共服务（包括自助餐厅、淋浴间和储藏室）和起居空间。建筑物呈H形：一个公共服务区将一个200米长的八层高的宿舍与一个三层的公共活动与学习区相连。由于全体学生的所有物品（从课本到日用服装）都必须存储在公共服务区的储物柜中，因此尼古拉耶夫将宿舍住宿功能减少到只有睡眠空间。最初，两个人的标准卧房面积很小，只有2米×2米，但高3.2米。它没有窗户，被门连接到沿着外墙延伸的长长的走廊上。尼古拉耶夫试图通过精心设计的通风系统来弥补空间的不足。即使对于苏联的前卫者来说，这个提议似乎也太激进了，后来的方案改为用适当的窗户将卧室增加到2.7米×2.3米。尼古拉耶夫认为，学生的生活本应以近乎军队中的共同方式来调节通过叫醒电话，将所有学生唤入普通的体育锻炼区（冬季是健身房，夏季是开放的室外区域）。住宅区则会被锁至深夜，

莫斯科纺织学院学生宿舍

公共服务大楼的连续坡道

不可进入。运动后，学生们在公共服务区的更衣室里洗澡并梳洗。在食堂吃完早餐后，他们按照大学的时间表进行活动，或在场外礼堂或在学习区的设施中活动。该建筑物内部有电梯，但仅用于货物运送。于是，学生们不得不使用三个宽敞的楼梯，两个在生活

区，一个在公共服务大楼。后者有一个不寻常的三角形形状，通过连续的坡道代替楼梯，与十多年后的勒·柯布西耶（Le Corbusier）和弗兰克·劳埃德·赖特（Frank Lloyd Wright）设计纽约古根海姆博物馆时运用的螺旋坡道在手法上有相通之处。

1941年，纺织学院的教职人员被撤离到后方深处，班级被解散。空旷的校园被军方使用。第二次世界大战后，校园由莫斯科钢铁合金学院接管。尽管当代建筑师认为该建筑的初始建筑质量在其使用周期内是相当不错的，但在20世纪60年代建筑还是被废弃了。1968年，雅科夫·贝洛波尔斯基（Yakov Belopolsky）在尼古拉耶夫的指导下对其进行了更新改造。该项目满足了学生当时生活的需求，但受到了当时结构和成本的限制。例如，位于200米长建筑物外部的普通卫生间增加了淋浴室，但每个楼层仍然只有两个这样的淋浴室，住在大楼中心的学生必须先走100米，然后再走100米才能洗浴。以牺牲走廊为代价使居住小隔间得到略微扩大，将通风系统降为规范要求的较低标准。在接下来的30年里，这座建筑再次失修了。20世纪80年代拆除了正门上方的雨篷，生活区于1996年被弃用，里面的所有木制天花板和隔板最终被拆除，钢结构被暴露在空旷的混凝土外壳中。

校园名义上仍属于钢铁协会，但以前的学习空间和公共服务区租给了无关的部门。建筑专业人士和一般公众都对该地标建筑的恶劣状态颇有微词，部分原因是它位于莫斯科建筑学院宿舍附近，因此成为建筑学术研究的常规课题。在莫斯科建筑学院库利什教授（Vsevolod Kulish）的指导下，一项新的修复计划于2007年获得批准，估计费用为6亿卢布（约合2500万美元）。根据该计划，房间将扩大到至少11平方米（单人宿舍）或17平方米（双人宿舍），并带有独立的淋浴间和卫生间。学习区被恢复为原始设计的功能。2008年3月，建筑修缮工作通过特别拨款，由联邦预算基金提供资金支持。到2017年，修复工作已经完成。截至2019年，公共服务楼内部改造完成，其中设有食堂、研究实验室、演讲厅和展览空间。目前，校园的拥有者和使用者为俄罗斯国立科技大学（National University of Science and Technology，MISIS）。历经90多年风雨的莫斯科纺织学院学生宿舍修缮改造之后焕然一新，作为现代化的校园得到重新利用。

3. 莫斯科工人俱乐部（Workers' Clubs，Moscow）

在20世纪二三十年代，苏联建筑师创建了一系列令人惊叹的先锋派的现代工人俱乐部，这些俱乐部被设计为公民的休闲和教育中心。莫斯科的鲁萨科夫俱乐部（Rusakov Club）、布里瓦斯尼克工厂俱乐部（Burevestnik Club）、考集克工厂俱乐部（Kauchuk Club）是前卫建筑大师梅尔尼科夫（K. Melnikov）建造的最具代表性和最著名的俱乐部建筑，它们在1987年苏联时期就被列入国家历史遗迹。梅尔尼科夫本人在世时明确表示："当我设计俱乐部建筑时，我不仅仅在设计一栋建筑，更是关于未来的幸福，通过建筑设计和建造带来一种新生活。"

鲁萨科夫工人俱乐部（Rusakov Club）是先锋派建筑的著名案例，由康斯坦丁·梅尔尼科夫设计，建于1927~1928年。这个俱乐部建立在一个扇形的平面之上，有三个悬臂式的混凝土座位区在基地之上。建筑内部配备了活动隔断，每一部分都可以作为一个单独的礼堂使用，根据举办的活动需要来划定较小或较大的空间，可分别转变为容纳350人、800人、1000人或1200人的礼堂。在大楼的后面是传统功能的办公室。建筑中唯一可见的材料是混凝土、砖块和玻璃。这栋建筑的功能在某种程度上是由外部造型所表达的，而梅尔尼科夫则将其描述为"绷紧的肌肉"。

在20世纪30年代后期，这栋建筑遭受了粗糙的翻修。从那时起，唯一的维修工作就是更换外部立面装修，俱乐部的名字也被拆除了。1998年，这座建筑被世界文化遗产基金会（World Monuments Fund）被列入《世界古迹观察》的名单，唤起了人们对其当时非常恶劣的状况的关注和重视：其屋顶和地基已被削弱，圆柱需要加固，砖墙开裂。2000年，该遗址再

次入选世界古迹名录，世界文化遗产基金会为建筑物提供了急需的屋顶替换的资金，并提供了额外的资金用于窗户的维修和更换。莫斯科古迹保护委员会对该项目进行了监督，并追加了资金用于接下来的建筑修复。2005年，俄罗斯中央银行发行了纪念币（面值为3卢布的银币），其中就包括鲁萨科夫工人俱乐部大楼形象的纪念币。2012年，建筑外部和内部的修缮工作全面开展，旨在将俱乐部恢复为功能齐全的剧院和社区中心。2015年秋，罗曼·维克秋克（Roman Viktyuk）和他的剧院公司作为租赁所有者，在改建过后的俱乐部中首次亮相。

鲁萨科夫工人俱乐部的修复项目尊重和延续了梅尔尼科夫的最初建筑设计方案，结合了某些历史特色的修复，如在室内设置了约100张具有20世纪20年代历史特色的木椅，在外墙的立体字体设计上使用了最初的粉刷字样，更好地还原了建筑原本的风格风貌。为了满足剧院和社区中心的功能需要，修复项目对建筑的原有结构进行了加固和改造，内部布局、空间划分和室内装饰也做了相应的改变，从而使建筑适应了当下的使用需要。

布里瓦斯尼克俱乐部（Burevestnik Club）是梅尔尼科夫受布里瓦斯尼克制鞋厂的合作社委托设计和建设的，于1930年建成。布里瓦斯尼克俱乐部的形状、结构和布局在很大程度上取决于规划和分配给它的用地形状。梅尔尼科夫描述说，建筑设计在一条"窄巷斜巷"的前面，在场地设计中与街对面的新艺术风格大厦（1903年，建筑师是A.M. Kalmykov）相呼应。俱乐部由一组不同尺寸的矩形体块构成，三个

鲁萨科夫工人俱乐部

布里瓦斯尼克俱乐部五面玻璃造型的塔楼

布里瓦斯尼克俱乐部

梅尔尼科夫站在正在建设中的考集克工厂俱乐部前

翻修后的考集克工厂俱乐部

主要体块沿一条横轴以一定角度延伸放置。建筑最有特色的是五面玻璃造型的塔楼，里面有阅览室和俱乐部活动室。其开放式玻璃幕墙十分前卫，大胆的圆柱形外表面和不屈不挠的形状几乎与其所反映的时代一样引人注目。

20世纪90年代对这栋建筑物进行了全面修复，简化了窗扇的线条，改变了建筑物内部空间分割。莫斯科政府于2002年授予布里瓦斯尼克俱乐部最佳修复项目奖，今天这座已建成90多年的建筑使用情况依然良好。

考集克工厂俱乐部（Kauchuk Club）是由康斯坦丁·梅尔尼科夫于1927年开始设计，并于1929年完成建造的前卫先锋派公共建筑，位于莫斯科的科莫夫尼区（Komovni District）。

俱乐部的形状像一个简单的圆柱体，拥有一个800个座位的剧院大厅，带有两个阳台。梅尔尼科夫在设计中不仅专注于一个固定的大厅，还经常依靠不同大厅的灵活系统，必要时可以将它们组合成一个大空间。俱乐部的另一个特点是：使用大尺度的外部楼梯，这源自20世纪20年代的建筑法规，要求宽阔的内部楼梯与之结合进行火灾疏散。考集克俱乐部提供了这一元素的最大胆示例：为了节省内部结构的空间，梅尔尼科夫将大厅与外部画廊连接起来，因而不受消防法规的约束。

与所有20世纪20年代的建筑物一样，该俱乐部也曾面临被拆除的威胁。1987年，俱乐部被列入国家历史遗产保护清单，2003年被列入联邦国家遗产保护清单。从2007年3月起，保护主义者成功地推迟了拆除工作。然而，其内部风格却因不加选择的翻新而丢失，原始窗户被尺寸不合适的现代框架所取代。据俄罗斯媒体报道，这座建筑现在由钢琴家尼古拉·彼得罗夫（Nikolai Petrov）建立的俄罗斯音乐艺术学院运营使用。

莫斯科的工人俱乐部作为建筑遗产，在保护过程中尊重了原真性，按照原本的设计方案，对建筑外观遵循修旧如旧的原则，保持了历史的真实性，体现了建筑原本的设计风格和历史特色。俱乐部的内部空间则根据新的功能进行了改造，使建筑适应当下的需要，更好地得到了利用。

以上建筑在今天均运营良好。莫斯科的工人俱乐部作为有重要意义的历史遗产，不仅具有文化价值，而且在保护和改造过程中也被重新赋予了建筑在当下的使用价值。

4. 梅尔尼科夫私宅（K.Melnikov's House，Moscow）

1927年，前卫先锋派建筑师康斯坦丁·梅尔尼科夫（Konstantin Melnikov）被邀为一小块土地建造私人住宅。梅尔尼科夫的私宅和工作室位于莫斯科市中心，是苏联时期唯一由居民私人建造的独户住宅，在形式、布局和建筑材料方面都具有实验性。这所房子的历史可以追溯到苏联前卫建筑高潮的实验性时期。这一时期，苏联对现代主义建筑的发展做出了最重要的贡献。1987年，这所房子被列为苏联国家历史遗迹，2006年被世界文化遗产基金会列入《世界古迹观察》的名单。

梅尔尼科夫私宅和工作室是俄罗斯构成主义建筑的标志，由两个互不相连的圆柱体组成，这些圆柱体高度不同，但直径相同。面向街道的立面由垂直的有色玻璃平面切割而成，后面的圆柱体由一系列六角形的窗户装饰。该建筑物没有内部承重墙，可提供无障碍的最大内部空间和最充分的采光空间。梅尔尼科夫利用传统的砖砌结构表达了某些特定部位的张力感。窗户的设置表达了他的美学理念，提供了良好的自然采光，也具有集中结构负荷的作用。六边形的开洞在砖结构上均匀地分布，其中一些填充了建筑垃圾等隔离材料，而另一些则作为了窗户采光使用。在这个建筑中，梅尔尼科夫还结合了现有的方法、当地的工艺建造技术，并且有节制地进行了传统材料的表达，整个项目非常经济、实用和美观。

2006年，在莫斯科举办的 ICOMOS "20

独具匠心的六角形窗户

梅尔尼科夫私宅正立面

世纪建筑遗产的保护"会议上提出了保护这座建筑作为博物馆的倡议，同时提供了修复的技术建议。彼得·艾森曼（Peter Eisenman）、史蒂文·霍尔（Steven Holl）和雷姆·库哈斯（Rem Koolhaas）等众多设计师曾联名写信，要求保护康斯坦丁·梅尔尼科夫最伟大的作品之一的梅尔尼科夫故居。受邻近建筑建设的影响，梅尔尼科夫故居历经83年时光，基础结构稳定性已经大大削弱，情况严重恶化。2010年，时任副总理亚历山大·朱可夫（Alexander Zhukov）正式指示文化部制订在私宅内建立梅尔尼科夫父子二人艺术成就公共博物馆的计划。修复后的博物馆于2014年12月向公众开放，不仅使建筑在当下得到了修缮保护，也进一步发挥了其历史文化价值，加深了人们对前卫建筑和先锋建筑师的了解，从而唤醒大众对20世纪俄罗

斯建筑遗产的保护意识。

通过案例分析可以得出，俄罗斯在保护20世纪建筑遗产过程中，在建筑的外观修缮保护上遵循修旧如旧的原则，还原建筑原本风貌和历史特色，保证历史遗产的原真性、真实性；同时，为了满足当下的功能需求，对内部的空间进行了改造，很好地兼顾了建筑遗产的文化价值和使用价值。

二、俄罗斯 20 世纪建筑遗产保护的问题与经验总结

俄罗斯20世纪遗产的保护与保存是建筑界面临的最复杂、最矛盾的问题之一。由于缺乏时间"沉淀"，"近来"的现代主义建筑遗产与传统观念之间的矛盾，关于修复或重建的观点难以统一，社会大众缺乏了解。自1987年起，

一批具有特殊意义的构成主义现代建筑被列入国家历史遗迹保护名单，苏联解体后，俄罗斯联邦也将其列入俄罗斯文化遗产登记册中。但遗憾的是，世界闻名的标志性先锋建筑成就——"俄罗斯构成主义"正在崩溃，正经历令人沮丧的结构退化，被遗忘、疏忽、粗暴维修。由于新建筑建设而带来的破坏等，正导致20世纪建筑遗产的加速消亡。

面对诸多困难和挑战，值得肯定的是俄罗斯在20世纪建筑遗产的保护方面将修缮保护与再利用相结合，注重建筑遗产在当下的使用价值，旨在在保护中使用，在使用中保护，形成良性循环，探索出适应时代发展的遗产保护做法和经验。在建筑外观方面，多采取还原原本的面貌和立面修复，而在内部的空间布局方面则根据当下的使用需要做出了改造和调整，适应现在的功能，从而使建筑得到了再利用。同时，俄罗斯坚持在20世纪建筑遗产的保护中发挥其意识形态和价值导向的作用，从而凝聚人民和民族的力量。例如，将具有历史文化价值的建筑梅尔尼科夫私宅建设成为博物馆，积极推行文化保护和建筑遗产主题的大众教育。不仅如此，每年的4月18日是莫斯科文化遗产日，当地300多家博物馆都会免费开放，举办1000余场市民活动。国家机构举办形式多样的文化活动有利于吸引市民踊跃参与，调动全民参加包括20世纪建筑遗产在内的文化遗产保护工作的积极性，增强社会各界的公众保护意识，将自下而上与自上而下的保护方式相结合，共同致力于建筑遗产保护与活化工程建设。

三、结语

建筑是凝固的音乐，也是时代所书写的史诗。对建筑学人而言，我们可以从这些吉光片羽中找寻历史的线索，从大师的设计中获取灵感。苏联20世纪早期的前卫建筑师和艺术家勇立潮头，用前卫的思想和创新的精神，探索着如何通过建筑和艺术更好地建立起人与人、人与城市之间的联系，通过建筑改造世界，为人们创造更美好的生活，留下了20世纪丰富的建筑和文化遗产。对于20世纪建筑遗产的保护和研究不仅要留存和修缮建筑在物质层面的结构、形式和空间表达，更要传承其中的设计思想和精神，从而更好地站在巨人的肩膀上不断进行创新和实践。

韩林飞，北京交通大学教授、博导，建筑学博士、城市经济学博士、自然地理学博士后。研究方向为建筑与城市规划设计、古建筑修复与保护。出版专译著20余部，法国总统奖学金获得者、教育部新世纪优秀人才支持计划获得者、中国城市化贡献力人物。曾获科技部精瑞住宅科学技术金奖和中意建筑奖等多项奖励。

肖潇，山东济南人，华中科技大学建筑学学士，北京交通大学建筑学硕士，研究方向为建筑设计及其理论，现就职于外交部行政司。

游乾，山西工程科技职业大学建筑设计学院讲师，研究方向为建筑设计与城市规划。2018年获山西省职业院校技能大赛二等奖。2019年参加山西省高校第三届建造竞赛获奖。2020年获山西省职业院校技能大赛三等奖。

参考文献

1 The Origins of Modernism in Russian Architecture. William Craft Brumfield[M].UNIVERSITY OF CALIFORNIA PRESS:Berkeley · Los Angeles · Oxford，1991:5.

2 Jörg Haspel，Michael Petzet，Anke Zalivako and John Ziesemer. The Soviet Heritage and European Modernism[M]. hendrik Bäßler verlag:berlin，2007:15.

3 Grant Prescott. Moscow's Constructivist Legacy under Threat[J].Journal of Architectural Conservation,2013,19(1):68-82.

4 Irina Seits. Architectures of Life-Building in the Twentieth Century Russia，Germany，Sweden[D]. Stockholm:Södertörn University，2018.

BUILDING

国内外 20 世纪建筑遗产
动态事件扫描

附录一：
20 世纪建筑遗产研究与传播动态（展览·图书）

一、展览

纽约市住房的展览
Housing Exhibition of the City of New York
1934年10月15日至11月7日
纽约现代艺术博物馆，纽约
https://www.moma.org/calendar/exhibitions/2071

阿尔瓦·阿尔托：建筑与家具
Alvar Aalto: Architecture and Furniture
1938年4月18日至3月15日·
纽约现代艺术博物馆，纽约
https://www.moma.org/calendar/exhibitions/1802

包豪斯：1919~1928
Bauhaus: 1919-1928
1938年12月7日至1939年1月30日
纽约现代艺术博物馆，纽约
https://www.moma.org/calendar/exhibitions/2735

战时住房
Wartime Housing
1942年4月22日至6月21日
纽约现代艺术博物馆，纽约
https://www.moma.org/calendar/exhibitions/3034?

路德维希·密斯·凡德罗
Mies van der Rohe
1947年9月16日至1948年1月25日
纽约现代艺术博物馆，纽约
https://www.moma.org/calendar/exhibitions/2734

美国制造：战后建筑
Built in USA: Post-War Architecture
1953年1月20日至3月15日
纽约现代艺术博物馆，纽约
https://www.moma.org/calendar/exhibitions/3305

现代建筑，美国
Modern Architecture，U.S.A.
1965年5月18日至9月6日
纽约现代艺术博物馆，纽约
https://www.moma.org/calendar/exhibitions/3464?

路德维希·密斯·凡德罗：藏品中的建筑图纸
Mies van der Rohe: Architectural Drawings from the Collection
1966年2月2日至3月23日
纽约现代艺术博物馆，纽约
https://www.moma.org/calendar/exhibitions/2570

更新城市：建筑与城市更新
The New City: Architecture and Urban Renewal
1967年1月24日至3月13日
纽约现代艺术博物馆，纽约
https://www.moma.org/calendar/exhibitions/2593

博物馆的建筑
Architecture of Museums
1968年9月25日至11月11日
纽约现代艺术博物馆，纽约
https://www.moma.org/calendar/exhibitions/2612

纽约世界博览会和会议中心
New York City Exposition and Convention Center
1980年2月21日至3月30日
纽约现代艺术博物馆，纽约
https://www.moma.org/calendar/exhibitions/2281

维也纳1900：艺术、建筑、设计
Vienna 1900: Art，Architecture and Design
1986年7月3日至10月26日
纽约现代艺术博物馆，纽约
https://www.moma.org/calendar/exhibitions/1729?

休·费里斯：大都市
Hugh Ferriss: Metropolis
1987年2月至5月
美国国家建筑博物馆，华盛顿

威尼斯复兴二十年，1966~1986
Twenty Years of Restoration in Venice，1966-1986
1987年10月至1988年1月
美国国家建筑博物馆，华盛顿

纽约解构七人展
Deconstructivist Architecture
1988年6月23日至8月30日
纽约现代艺术博物馆，纽约

建筑艺术：普利兹克建筑奖
The Art of Architecture: The Pritzker Architecture Prize
1993年3月至4月
National Building Museum，华盛顿

建筑师弗兰克·劳埃德·赖特
Frank Lloyd Wright: Architect
1994年2月20日至5月10日
纽约现代艺术博物馆，纽约
https://www.moma.org/calendar/exhibitions/418

设计百年，第四章：1975~2000
A Century of Design，Part IV: 1975-2000
2001年6月26日至8月11日
https://www.metmuseum.org/exhibitions/listings/2001/
century-of-design-part-iv
纽约大都会艺术博物馆，纽约

纽约现代艺术博物馆的建筑75年
75 Years of Architecture at MoMA
2007年11月16日至2008年3月31日
纽约现代艺术博物馆，纽约
https://www.moma.org/calendar/exhibitions/46?

埃罗·沙里宁：塑造未来
Eero Saarinen: Shaping the Future
2008年5月3日至8月24日
美国国家建筑博物馆，华盛顿

包豪斯1919~1933：现代性的工作坊
Bauhaus 1919-1933：Workshops for Modernity
2009年11月8日至2010年1月25日
纽约现代艺术博物馆，纽约
https://www.moma.org/calendar/exhibitions/303

具体乌托邦：南斯拉夫的建筑，1948~1980
Toward a Concrete Utopia Architecture in Yugoslavia，
1948–1980

2018年7月15日至2019年1月13日
纽约现代艺术博物馆，纽约
https://www.moma.org/calendar/exhibitions/3931

伯恩及希拉·贝歇夫妇
Bernd & Hilla Becher
2022年7月15日至11月6日
纽约大都会艺术博物馆，纽约
https://www.metmuseum.org/exhibitions/listings/2022/
becher

美国国家建筑博物馆，华盛顿   "致敬中国建筑经典"特展

"致敬中国建筑经典"特展
2017年9月15日
青岛威海

"致敬中国经典"第二批中国20世纪建筑遗产项目展
2018年5月17日至5月31日
威远楼，福建省泉州市鲤城区

都·城——我们与这座城市
中国国家博物馆，北京
2018年11月22日至12月8日

都·城——我们与这座城市

栋梁——梁思成诞生120周年文献展
清华大学艺术博物馆，北京
2021年8月10日至2022年1月9日

国匠：吴良镛学术成就展
清华大学艺术博物馆，北京
2021年3月31日至2021年5月9日

基石——毕业于宾夕法尼亚大学的中国第一代建筑师
江苏省美术馆老馆，南京
2017年11月21日至12月21日

致敬百年经典——中国第一代建筑师的北京实践（奠基·谱系·贡献·比较·接力）
北京市建筑设计研究院有限公司，北京
2021年9月26日

致敬百年经典——中国第一代建筑师的北京实践

（金维忻 辑）

二、图书

Programs and manifestoes on 20th~Century architecture
作者：Ulrich Conrads
翻译：Michael Bullock
出版社及出版时间：The MIT Press，1970

日本の近代建築 上：幕末·明治篇
作者：藤森照信
出版社及出版时间：岩波新書，1993

Charles Rennie Mackintosh
作者：Alan Crawford
出版社及出版时间：Thames and Hudson Ltd，1995

History of Modern Architecture The Modern Movement
作者：Leonardo Benevolo
出版社及出版时间：The MIT Press，1977

日本の近代建築 下：大正·昭和篇
作者：藤森照信
出版社及出版时间：岩波新書，1993

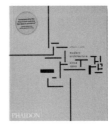

Modern Architecture Since 1900
作者：William J.R. Curtis
出版社及出版时间：Phaidon，1996

Modern Architecture in America: Visions and Revisions
作者：Richard Guy Wilson and Sidney K. Robinson
出版社及出版时间：Iowa State University Press，1991

The Oral History of Modern Architecture: Interviews With the Greatest Architects of the Twentieth Century
作者：John Peter
出版社及出版时间：H.N. Abrams，1994

Charles Rennie Mackintosh
作者：Wendy Kaplan
出版社及出版时间：Abbeville Press，1996

Peter Behrens and a New
Architecture for the Twentieth
Century
作者：Stanford Anderson
出版社及出版时间：The MIT
Press，2002

近代建築史研究
作者：稻垣荣三
出版社及出版时间：中央公論美術
出版，2007

Modern Architecture in Mexico City:
History，Representation，and the Shaping
of a Capital
作者：Kathryn E. O'Rourke
出版社及出版时间：University of Pittsburgh
Press，2016

Otto Wagner，Adolf Loos，and
the Road to Modern Architecture
作者：Werner Oechslin，
翻译：Lynnette Widder
出版社及出版时间：Cambridge
University Press，2002

日本の近代建築：その成立過程
作者：稻垣荣三
出版社及出版时间：中央公論美
術出版，2009

Landscapes of Modern Architecture:
Wright，Mies，Neutra，Aalto，
Barragán
作者：Marc Treib
出版社及出版时间：Yale Univ
Press，2016

Modern Architecture: A Critical
History
作者：Kenneth Frampton
出版社及出版时间：Thames &
Hudson，2007

Twentieth Century Building
Materials
作者：Thomas C. Jester
出版社及出版时间：Getty
Conservation Institute，2014

A New History of Modern Architecture
作者：Colin Davies
出版社及出版时间：Laurence King
Publishing Ltd，2017

The Other Modern Movement:
Architecture，1920–1970
作者：Kenneth Frampton
出版社及出版时间：Yale University
Press，2022

中国四代建筑师
作者：杨永生
出版社及出版时间：中国建筑
工业出版社，2002

建筑家林克明
作者：胡荣锦 著
出版社及出版时间：华南理
工大学出版社，2012

Revaluing Modern Architecture:
Changing Conservation Culture
作者：John Allan
出版社及出版时间：RIBA
Publishing，2022

北京十大建筑设计
主编单位：北京市规划委员
会 北京城市规划学会
编著单位：北京市建筑设计
研究院《建筑创作》杂志社
出版社及出版时间：天津大
学出版社，2002

上海外滩东风饭店保护与利用
主编：唐玉恩
出版社及出版时间：中国建筑
工业出版社，2013

国际建协《北京宪章》——建筑学的未来
作者：吴良镛
出版社及出版时间：清华大学出版社，
2002

建筑师林乐义
作者：崔愷
出版社及出版时间：清华大
学出版社，2003

重庆人民大会堂甲子纪
作者：陈荣华等
出版社及出版时间：重庆大
学出版社，2016

中国 20 世纪建筑遗产名录（第一卷）
丛书主编：中国文物学会 中国建筑学会
本卷编著：中国文物学会 20 世纪建筑遗
产委员会
出版社及出版时间：天津大学出版社，
2016

中国建筑历程 1978~2018
编者：建筑评论编辑部
出版社及出版时间：天津大学出
版社，2019

上海近代建筑风格（新版）
作者：郑时龄
出版社及出版时间：同济大学出
版社，2020

致敬中国建筑经典——中国 20 世纪
建筑遗产的事件·作品·人物·思想
主编：中国文物学会 20 世纪建筑遗
产委员会 《中国建筑文化遗产》编
辑部
出版社及出版时间：天津大学出版社，
2018

北京市建筑设计研究院有限公司
五十年代"八大总"
编者：北京市建筑设计研究院有
限公司
出版社及出版时间：天津大学出
版社，2019

中国 20 世纪建筑遗产名录（第二卷）
丛书主编：中国文物学会 中国建筑学会
本卷编著：北京市建筑设计研究院有限公司
　　　　　中国文物学会 20 世纪建筑遗产委员
　　　　　中国建筑学会建筑师分会
出版社及出版时间：天津大学出版社，2021

中国 20 世纪建筑遗产大典·北京卷
主编：北京市建筑设计研究院有限公司
　　　中国文物学会 20 世纪建筑遗产委员会
出版社及出版时间：天津大学出版社，2018

20 世纪世界建筑精品 1000 件（十
卷本）
作者：总主编【美】K.弗兰姆
普敦
副总主编 张钦楠
出版社及出版时间：生活·读书·新
知三联书店，2020

辛亥革命纪念建筑
作者：建筑文化考察组、《中国建筑文化遗
产》编辑部 编著
出版社及出版时间：天津大学出版社，2011

（金维忻 辑）

附录二：
国内外 20 世纪遗产大事要记

一、国际

★ 1981年，第五届世界遗产大会上审议澳大利亚悉尼歌剧院及悉尼港申报世界文化遗产的议案，引发了国际组织对战后建筑和晚近遗产（Recent Heritage）保护的关注。

★ 1985年，在巴黎召开 ICOMOS 专家会议，研究了有关现代遗产的保护问题。

★ 1988年，在荷兰埃因霍温（Eindhoven）成立国际性非营利组织——现代运动记录与保护国际组（International Workingparty for Documentation and Conservation of Buildings, Sites and Neigh Borhoods of the Modern Movement，DOCOMOMO）。

★ 1989年，欧洲委员会在维也纳召开"20世纪建筑遗产：保护与振兴战略"国际研讨会。

★ 1991年，欧洲委员会发表"保护20世纪遗产的建议"，呼吁以"遗产即历史记忆"的思想为指导，制定战略，以识别、研究、保护、保存、恢复 20 世纪建筑并加强公众意识，不限定其评定价值，尽可能多地将20世纪遗产列入保护名录。

★ 1995年，在美国芝加哥召开"保护晚近过去的历史"（Preserving the Recent Past）国际会议，主张对"晚近过去"（Recent Past）的历史进行保护。

★ 1995 年、1996 年，ICOMOS 分别在赫尔辛基和墨西哥城就20世纪遗产的保护课题召开大型国际会议。

★ 1999年，在墨西哥召开的 ICOMOS 大会收到不少有关保护现代遗产的提案（主要来自东欧和以色列），在"濒危遗产 2000年度报告"中，许多国家的报告都提到了对各种类型的 19 世纪和 20 世纪遗产保存状况的担忧。这些遗产包括住宅建筑、城市建筑、工业复合体、景观作品，以及新型建筑，如体育馆、机场、给水设施和大型城市公园等。

★ 2001 年 9 月，ICOMOS 在加拿大蒙特利尔召开工作会议，制订了以保护 20 世纪遗产为核心的"蒙特利尔行动计划"，并将2002 年 4 月 18 日国际古迹遗址日的主题确定为"20世纪遗产"。

★ 20世纪初，联合国教科文组织世界遗产中心与ICOMOS、Docomomo联合推出一项计划识别、文档和促进建筑遗产的19世纪和20世纪现代传统出版识别和文档（世界遗产的文件第五号）；相关的区域会议于2002年在蒙特雷（墨西哥）、2003年在昌迪加尔（印度）、2004年在阿斯马拉（厄立特里亚）和在迈阿密海滩和科勒尔盖布尔斯（美国）、2005年，在埃及举行。

★ 2002年，欧洲委员会的ICOMOS及Docomomo联合签署《伊斯坦布尔宣言》，确认区域合作。

★ 2005年，ICOMOS报告《世界遗产名录：填补空白》强调现代遗产在《世界遗产名录》中的缺失，"名录"中700多个遗产中仅有十几项被确定为现代遗产。

★ 2007年6月，在新西兰基督城召开的第31届世界遗产大会上，1973年落成的悉尼歌剧院作为20世纪的建筑杰作列入《世界遗产名录》。

★ 2008年7月，在加拿大魁北克召开的第32届世界遗产大会上，德国柏林现代住宅区（Berlin Modernism Housing Estates）成为19处新增世界文化遗产地之一。

★ 2009年，在澳大利亚悉尼召开主题为"失落的现代遗产"的ICOMOS会议。

★ 2011年，盖蒂保护研究所举办国际座谈会，制定了历史主题框架，以评估20世纪文化遗产的重要性。与此同时，ICOMOS和TICCIH采用了"都柏林原则"，旨在使工业遗产遗址、结构、地区和景观保护联合原则得到推广和利用，以协助记录、保护、保存和欣赏工业遗产。

★ 2011年6月，在马德里召开"20世纪建筑遗产处理办法的国际会议"，发布了《关于20世纪建筑遗产保护办法的马德里文件2011》，共有300多位国际代表讨论并修正了该文件的第一版。

ICOMOS
International Scientific Committee on Twentieth Century Heritage
ICOMOS 20世纪遗产国际科学委员会

APPROACHES FOR THE CONSERVATION OF TWENTIETH-CENTURY ARCHITECTURAL HERITAGE, MADRID DOCUMENT 2011
Madrid, June 2011
关于20世纪建筑遗产保护办法的马德里文件2011
马德里，2011年6月

FOREWORD
前言

The International Council on Monuments and Sites (ICOMOS) works through its International Scientific Committee on Twentieth-Century Heritage (ISC20C) to promote the identification, conservation and presentation of Twentieth-century heritage places.
国际古迹遗址理事会（以下简称ICOMOS）通过它下属的20世纪遗产国际科学委员会（以下简称ISC20C）来推动20世纪遗产地的事定、保护及展示。

ICOMOS is an international non-government organisation of conservation professionals which acts as UNESCO's adviser on cultural heritage and the World Heritage Convention.
作为联合国教科文组织在文化遗产和世界遗产宪章方面的咨询机构，ICOMOS是一个保护专家组成的国际非政府组织。

The Madrid Document makes an important contribution to one of the ISC20C's current major projects, that of developing guidelines to support the conservation and management of change to Twentieth century heritage places.
马德里文件是为了推动ISC20C当前的主要项目之一——为20世纪遗产地的改预建立支持其保护与管理的准则。

The Madrid Document was developed by members of the ISC20C during 2011 and it was first publicly presented at the "International Conference Intervention Approaches for the Twentieth Century Architectural Heritage", held in Madrid in June 2011. The conference was organized by ISC20C Vice President Fernando Espinosa de los Monteros in association with the Campus Internacional de Excelencia Moncloa – Cluster de Patrimonio, and with the collaboration of the Escuela Técnica Superior de Arquitectura de Madrid (ETSAM). Over 300 international delegates debated and amended the initial draft of the document, which was unanimously adopted by the conference delegates on June 16th, 2011 at the Palacio de Cibeles, before the City of Madrid and Ministry authorities.
马德里文件是2011年间由ISC20C的成员编写的。它第一次公开发表于2011年6月在与德里举办的"20世纪建筑遗产处理办法的国际会议"上。会议由ISC20C副主席Fernando Espinosa de los Monteros同the Campus Internacional de Excelencia Moncloa – Cluster de Patrimonio以及the Escuela Técnica Superior de Arquitectura de Madrid (ETSAM)等机构共同举办。共有超过300名国际代表讨论并修正了该文件的第一版草案。2011年6月11日

Secretariat: 78 George Street Redfern, NSW AUSTRALIA 2016   isc20c@icomos-isc20c.org

关于20世纪建筑遗产保护办法的马德里文件2011

★ 2012 年，盖蒂保护研究所的"保护现代建筑倡议"（CMAI）计划旨在通过研究和调查，开发实用的保护解决方案，以及通过培训计划和出版物创建和分发信息，进而推进保护 20 世纪遗产的实践，其保护重点是现代建筑。

★ 2013 年，盖蒂基金会发起了"保持现代"计划。这是一项国际资助计划，用于 20 世纪重要建筑的保护。同年，盖蒂保护研究所专家在洛杉矶举行会议，研究现代遗产的情况，这也是一次推进现代遗产保护实践的座谈会。

★ 2017 年，ISC20C 完成"马德里文件"的修订并公布其替代文件——《20 世纪文化遗产保护方法马德里——新德里文件 2017》。在新德里举行的第 19 届 ICOMOS 大会上，决定"批准并促进 ICOMOS 国家和国际科学委员会使用和分发 2017 年保护 20 世纪遗产的方法，作为指导保护所有 20 世纪遗产地和地方的基本国际文件"。

★ 2018 年，ICOMOS 德国会议"现代性的再思考"。

★ 2021 年，盖蒂保护研究所与 ISC20C 一起出版了《20 世纪历史主题框架：评估遗产地的工具》一书。

★ 2022 年 6 月 8~10 日，ICOMOS 在波兰和克拉科夫市举行《世界遗产公约》50 周年研讨会，主题为"欧洲的成就与挑战"。研讨会回顾了欧洲遗产保护的成功经验，评估保护现状，并思考未来的工作。

★ 2022 年 7 月，欧盟项目 ROCK（创意与知识城市中文化遗产的再生与优化项目）发布《文化遗产引领城市未来》报告。这一计划将城市历史中心视为将文化遗产作为城市再生、可持续发展和经济增长引擎的实验室，让面临本体退化、社会冲突和生活质量下降等问题的城市历史中心成为充满创意、可持续的城区。

（苗淼 辑）

二、中国

★ 1910年，在上海开业的外国建筑师或合伙事务所已达14家。此后，英国建筑师威尔逊于1912年在上海建立公和洋行，美国建筑师哈沙德经管哈沙德洋行。此外，南京国民政府聘请美国建筑师墨菲和匈牙利建筑师邬达克为城市建设顾问专家。

★ 1920年，美国建筑师墨菲开始规划设计北京燕京大学；关颂声在天津创办基泰工程司。

★ 1922年，金陵女子学院建成，由美国建筑师墨菲设计，吕彦直任助理设计。

★ 1925年，巴黎万国博览会，刘既漂设计了博览会中国馆。

★ 1927年，国立第四中山大学成立，其中建筑科由苏州工业专门学校建筑科并入，并经过重新组建。至此，中国第一个大学建筑系正式成立。

★ 1928年，东北大学设建筑系，梁思成任系主任。

★ 1929年，朱启钤自筹资金在北平成立营造学社，自任社长。1930年，学社更名为中国营造学社，梁思成、刘敦桢分别为法式部、文献部主任，所创办的《中国营造学社汇刊》刊载了调查报告等研究成果，共出版七卷23期。

★ 1932年，中国建筑师学会主办的月刊《中国建筑》刊行；上海建筑师协会主办的《建筑月刊》创刊；赵深、陈植、童寯在上海创办华盖建筑师事务所。

★ 1936年，广州《新建筑》创刊，其中介绍了1926年德国集合住宅、勒·柯布西耶的作品等现代建筑，堪称建筑界的"新文化运动"。

★ 1938年，长沙岳麓山忠烈祠动工兴建。

★ 1939年，南京国民政府教育部以"确定标准，提高程度"为目标，为全国大学制定并颁布建筑专业课程统一教程，由梁思成、刘福泰、关颂声共同制定。

★ 1941年，故宫及北平城市中轴线建筑测绘工作开始，由朱启钤策划，张镈主持。

★ 1942年，林克明在《新建筑》杂志发表《国际新建筑会议十周年的纪念感言》，积极倡导现代建筑运动，批判"固有之形式"的官方倡导者和过度迎合业主的建筑师；上海圣约翰大学工学院建筑系成立。

★ 1946年，《中国营造学社汇刊》第7卷第2期刊载林徽因专稿《现代住宅设计的参考》，系统介绍住宅社会学并反映时代潮流下的建筑思想；清华大学建筑系成立。

★ 1949 年，华北人民政府文物处刊发梁思成编写的《全国建筑文物简目》；人民英雄纪念碑奠基典礼举行。

★ 1951 年，梁思成、刘开渠、莫宗江等设计北京人民英雄纪念碑。

★ 1953 年，中国建筑学会第一次代表大会在北京文津街中国科学院院部正式开幕，周荣鑫在报告中提出"以适用、经济、美观为原则"。（1955 年 2 月，建工部将建筑设计方针修订为"适用、经济，在可能的条件下注意美观"。2016 年 2 月 6 日，中共中央、国务院在《关于进一步加强城市规划建设管理工作的若干意见》中再次提及并确定"适用、经济、绿色、美观"的新八字建筑方针。）

★ 1954 年，在《建筑学报》创刊号上，梁思成发表题为《中国建筑的特征》的论文。

★ 1957 年，中国建筑学会召开"中国建筑座谈会"，周荣鑫、梁思成、刘敦桢、龙庆忠、刘致平、陈明达、莫宗江、徐中、卢绳、汪之力等及苏联专家穆欣参加，筹划编写《中国建筑通史》。

★ 1959 年，北京建成国庆十周年十大建筑：人民大会堂、中国历史博物馆、中国人民革命军事博物馆、全国农业展览馆、北京钓鱼台国宾馆、北京火车站、工人体育场、民族文化宫、民族饭店 、华侨饭店。

★ 1961 年，国务院公布《第一批全国重点文物保护单位》，共180处。

★ 1968 年，南京长江大桥建成通车，桥头堡建筑设计者为钟训正；刘敦桢先生（1897~1968 年）逝世。

★ 1969 年，天安门城楼重建工程开工（北京市建筑设计研究院等完成复建设计）。

★ 1972 年，梁思成先生（1901~1972 年）逝世。

★ 1982 年，国务院颁布《中华人民共和国文物保护法》。

★ 1986 年，深圳国际贸易中心大厦建成。

★ 1989 年，全国第一本由设计院创办的建筑设计类杂志《建筑创作》创刊。

★ 1990 年，首批全国工程勘察设计大师名单公布（120 人）。建筑界 20 位设计大师是：齐康、孙芳垂、孙国城、严星华、杨先健、佘浚南、陈植、陈浩荣、陈登鳌、陈民三、张镈、张开济、张锦秋、赵冬日、徐尚志、容柏生、黄耀莘、龚德顺、熊明、戴念慈。

★ 1991 年，陕西历史博物馆建成，设计者为张锦秋。

★ 1999 年，第20届世界建筑师大会在北京举行，两院院士吴良镛代表国际建协发表《北京宪章》。

★ 2000 年，首届梁思成建筑奖揭晓，齐康、莫伯治、赵冬日、关肇邺、魏敦山、张开济、张锦秋、何镜堂、吴良镛九位建筑师获奖。

★2001年，北京市召开20世纪90年代北京十大建筑评选颁奖大会。入选的十大建筑包括：中央广播电视塔、国家奥林匹克体育中心及亚运村、北京新世界中心、北京植物园展览温室、清华大学图书馆新馆、首都图书馆新馆、外研社办公楼、北京恒基中心、新东安市场、北京国际金融大厦。

★2003年，10月8日，建设部、国家文物局公布第一批中国历史文化名镇名村。

★2004年，8月，马国馨院士主持中国建筑学会建筑师分会，向国际建协等学术机构提交"20世纪中国建筑遗产的清单"。

★2006年，国务院确定2006年起每年六月的第二个星期六为"中国文化遗产日"；3月，由国家文物局、四川省文物局主办"重走梁思成古建之路四川行"活动。

★2008年，4月10日中国文化遗产保护无锡论坛——二十世纪遗产保护在江苏无锡召开，通过了《20世纪遗产保护无锡宣言》；4月23日，第一届中国建筑图书奖在国家图书馆举行颁奖典礼，《刘敦桢全集》等十部建筑图书获奖，同日举办历届奥运会主办城市文化图片展；《历史文化名城名镇名街保护条例》开始实行；国家文物局印发《关于加强20世纪建筑遗产保护工作的通知》。

★2009年，新中国成立60周年之际，由中国建筑学会建筑师分会、《建筑创作》杂志社联合推出《建筑中国60年》(七卷本)，于9月12日在天津大学举办首发式。

★2011年，7月，中国第一部研究建筑文化遗产的学刊《中国建筑文化遗产》创办；8月8日，国家文物局、天津市人民政府联合主办"《中国建筑文化遗产》首发暨《20世纪中国建筑遗产大典

2012年7月7日，"首届中国20世纪建筑遗产保护与利用研讨会"在天津召开

中国文物学会 20 世纪建筑遗产委员会成立大会与会人员合影（2014 年 4 月 29 日）

（天津卷）》启动仪式"；12 月 2~3 日，《辛亥革命纪念建筑》首发式暨近现代建筑保护发展论坛在江苏南京总统府开幕；12 月 8 日，纪念梁思成先生诞生 110 周年学术论坛暨中国文物学会传统建筑园林委员会第十七届年会召开，出版《建筑文化遗产的传承与保护论文集》。

★2012 年，7 月 7 日，中国文物学会、天津大学、天津市国土资源和房屋管理局主办"首届中国 20 世纪建筑遗产保护与利用研讨会"，会议通过了《中国 20 世纪建筑遗产保护·天津共识》。

★2013 年，3 月，中国文物学会、中国建筑学会举行"跨界对话：文化城市 + 设计遗产"新春论坛，推出首部《中国建筑文化遗产年度报告（2002~2012）》。

★2014 年，4 月 29 日，中国文物学会 20 世纪建筑遗产委员会于故宫博物院正式成立；9 月 17 日，中国建筑学会建筑师分会、中国文物学会 20 世纪建筑遗产委员会联合主办，"反思与品评：新中国 65 周年建筑的人和事"大型建筑师茶座在北京举行；12 月 9 日，"陕西建筑大厦建成六十年暨洪青（1913~1979）百年纪念会"在西安召开。

★2015 年，3 月 12 日，"纪念徐尚志大师百年诞辰座谈会——作品·思想·文化"建筑师研讨会于四川举行；9 月 15 日，由中国文物学会和天津市滨海新区人民政府联合主办的"第六届中国（天津滨海）国际生态城市论坛"之"20 世纪建筑遗产保护与城市创新发展论坛"在天津滨海举行，会议发布了《中国 20 世纪建筑遗产保护与发展建议书（征求意见稿）》。

★2016 年：
同济大学创办《建筑遗产》杂志。

第一批中国 20 世纪建筑遗产项目公布活动，2016 年 9 月 29 日，故宫博物院宝蕴楼

5 月 14 日，清华大学建筑学院举办"西方建筑理论与中国近代建筑史研讨会暨汪坦先生诞生 100 周年纪念会"，回顾汪坦先生为中国近代建筑史研究所做出的贡献。

6 月 18~21 日，"敬畏自然 守护遗产 大家眼中的西溪南——重走刘敦桢古建之路徽州行暨第三届建筑师与文学艺术家交流会"在黄山市徽州区的西溪南镇启动。本次活动由中国文物学会、黄山市人民政府主办，中国文物学会 20 世纪建筑遗产委员会、北京大学建筑与景观设计学院、东南大学建筑学院、《中国建筑文化遗产》《建筑评论》编辑部等联合承办。

9 月 7 日，因国际著名建筑师勒·柯布西耶（Le Corbusier，1887-1965 年）跨越七个国家的 17 座建筑入选《世界遗产名录》这一重大事件，《中国建筑文化遗产》《建筑评论》编辑部与中国建筑技术集团有限公司联合主办"审视与思考：柯布西耶设计思想的当代意义"建筑师茶座。

9 月 29 日，"致敬百年建筑经典：首届中国 20 世纪建筑遗产项目发布暨中国 20 世纪建筑思想学术研讨会"在故宫博物院宝蕴楼（建于 1914 年）隆重召开。来自全国文博界、文化界、城市建筑界、传媒界的专家学者、20 世纪建筑遗产入选单位代表、高等院校师生等共计 200 余人出席。会议公布了 98 项"首批中国 20 世纪建筑遗产名录"，推出《中国 20 世纪建筑遗产名录（第一卷）》图书，宣读了《中国 20 世纪建筑遗产保护与发展建议书（征求意见稿）》。中国 20 世纪建筑思想学术研讨会同期举行。

12 月 17~19 日，由中国文物学会 20 世纪建筑遗产委员会、中国"三线"建设研究会等单位联合主办的"致敬中国'三线'建设的'符号'816 暨 20 世纪工业建筑遗产传承与发展研讨会"于重庆市涪陵区举行。

第二批中国 20 世纪建筑遗产项目公布活动，2017 年 12 月 2 日，安徽池州

★2017年：

4月7日，中国建筑学会城乡建成遗产学术委员会在同济大学正式成立，这是我国建成遗产保护与再生领域的第一个学术组织，中国科学院院士、同济大学教授常青任理事长。

4月21~23日，《中国建筑文化遗产》编辑部与陕西省土木建筑学会建筑师分会联合举办了"重走洪青之路婺源行"活动。23日晚，在陶溪川陶瓷创意园区举行座谈会。

9月15日，由中国文物学会20世纪建筑遗产委员会策划的"致敬中国建筑经典——中国20世纪建筑遗产的事件·作品·人物·思想展览"亮相威海国际人居节并受到业内外赞誉。

10月，天津大学建筑学院迎来80华诞，由《中国建筑文化遗产》《建筑评论》编辑部策划编撰的《建筑师的大学》、布正伟著《建筑美学思维与创作智谋》等图书及其系列活动助兴80华诞。

11月21日~12月21日，东南大学建筑学院90周年纪念展览：基石——毕业于宾夕法尼亚大学的中国第一代建筑师，在江苏省美术馆老馆举行。

12月2日，"第二批中国20世纪建筑遗产"项目于安徽省池州市发布。共计100项"第二批中国20世纪建筑遗产"向社会公布。

★2018年：

1月，中国文物学会20世纪建筑遗产委员会在《建筑》杂志开办"建筑评论"栏目，首期刊登了《中国需要建筑评论和建筑评论家》专文。

1月27日，"天津大学北京校友会建筑与艺术分会2018年新春联谊会暨大国工匠——校友成果

"文化池州——工业遗产创意设计项目专家研讨会"嘉宾合影（2018年3月15日故宫博物院宝蕴楼）

第三批中国20世纪建筑遗产项目公布活动在东南大学礼堂（2018年11月24日）

展 / 北京站、布正伟新著出版座谈会"在中国建筑设计研究院举行。展览及联谊活动由中国工程院院士崔愷主持，布正伟著《建筑美学思维与创作智谋》(《中国建筑文化遗产》编辑部承编，天津大学出版社，2017 年) 北京首发式由金磊总编辑主持。马国馨院士、布正伟总建筑师、李兴钢大师等 30 余位嘉宾出席。

3 月 15 日，"文化池州——工业遗产创意设计项目专家研讨会"在故宫博物院宝蕴楼举行。

3 月 29 日，"笃实践履 改革图新 以建筑与文博的名义省思改革：我们与城市建设的四十年北京论坛"举行，标志着"改革开放四十年城市系列论坛"正式启动。

5 月 17 日，中国建筑学会 2018 年学术年会召开前夕，在泉州文化地标威远楼古城广场，由中国文物学会 20 世纪建筑遗产委员会策划推出了第一批、第二批中国 20 世纪建筑遗产名录展。

5 月 20 日，中国建筑学会学术年会分论坛之九"新中国 20 世纪建筑遗产的人和事学术研讨会"在泉州海外交通史博物馆隆重召开。

8 月 18 日，"觉醒的现代性——毕业于宾大的中国第一代建筑师"展在上海当代艺术博物馆展出。

10 月，中国文物学会 20 世纪建筑遗产委员会与中国建筑设计研究院有限公司所辖的亚太建设科技信息研究院有限公司正式合作，就"新中国七十年城市住宅发展的典型命题"联合开展研究，成果刊载于《城市住宅》杂志专版。12 月 推出首次专版，主题为"新中国城市住宅的 70 年（ 1949~2019)：北京"。

10 月 14 日，《人民日报》第七版刊发中国文物学会 20 世纪建筑遗产委员会副会长、秘书长金磊专文《认同与保护 20 世纪建筑遗产》。

11 月 1 日，"深圳体育馆的保护"专题研讨会在建筑设计博览会期间举行，在崔愷院士的主持下，来自建筑设计界、遗产保护界多位专家学者就深圳体育馆拆除引发的近现代建筑保护话题展开交流。

11 月 22 日，"都·城——我们与这座城市"专题展览及学术研讨活动在中国国家博物馆隆重开幕。

11 月 24~25 日，"第三批中国 20 世纪建筑遗产"项目曾荣获"首批中国 20 世纪建筑遗产"的中央大学旧址——东南大学四牌楼校区大礼堂隆重举行，推介公布 100 项"第三批中国 20 世纪建筑遗产"。

12 月 18 日，作为"都·城 我们与这座城市"展览系列活动之一，"《中国 20 世纪建筑遗产大典（北京卷)》首发暨学术报告研讨会"在故宫博物院报告厅举行。

★2019 年：

2 月 19 日，北京冬奥组委会发布《2022 年北京冬奥会和冬残奥会遗产战略计划》，共涉及七个方面，35 个重点领域。

4 月 3 日，"感悟润思祁红·体验文化池州——《悠远的祁红—文化池州的"茶"故事》首发式"在故宫博物院建福宫花园举行。

2019年4月3日，《悠远的祁红—文化池州的"茶"故事》首发式学术研讨会在故宫博物院举行

"中国20世纪建筑遗产考察团"考察新西兰建筑遗产（2019年5月1日）

"中国 20 世纪建筑遗产考察团"同澳大利亚专家在悉尼歌剧院前合影（2019 年 5 月 7 日）

第四批中国 20 世纪建筑遗产项目公布活动，2019 年 12 月 3 日，北京

5月16日，华裔建筑大师贝聿铭先生（1917~2019年）于美国逝世，享年102岁。法国卢浮宫博物馆发表公告称"贝聿铭为一位富有远见的建筑师，拥有绵长而灿烂的职业生涯"。

5月，受国际古迹遗址理事会20世纪遗产科学委员会、澳大利亚20世纪建筑保护委员会、南澳大学西校区艺术建筑和设计学院、阿德莱德大学等组织邀请，由中国文物学会20世纪建筑遗产委员会秘书处策划并组织"中国20世纪建筑遗产考察团"赴新西兰、澳大利亚考察20世纪建筑遗产经典项目并在悉尼举办"20世纪建筑遗产在中国"学术研讨。

8月15日，在中国建筑学会支持下，中国建筑学会建筑师分会、中国文物学会20世纪建筑遗产委员会、北京市建筑设计研究院有限公司、《建筑评论》编辑部共同组织编写《中国建筑历程1978~2018》书（《建筑评论》编，天津大学出版社，2019年6月第一版）。

9月9日，作为北京国际设计周设计之旅的特别活动，"新中国大工匠智慧——人民大会堂"特展在北京市规划展览馆开幕。

9月16日，《人民日报》（海外版）第11版刊发了对中国文物学会20世纪建筑遗产委员会题为《20世纪能留下多少建筑遗产》的采访文章。

9月19日，在中国文物学会、中国建筑学会的大力支持下，"第四批中国20世纪建筑遗产项目终评"活动在北京市建筑设计研究院有限公司A座举行。

10月26~28日，中国文物学会工业遗产委员会与20世纪建筑遗产委员会共同举办第十届中国工业遗产学术研讨会。

12月3日，由中国文物学会、中国建筑学会等单位联合主办的"致敬百年建筑经典——第四批中国20世纪建筑遗产项目公布暨新中国70年建筑遗产传承创新研讨会"在与新中国同龄的"中国第一院"——北京市建筑设计研究院有限公司举行，共计98项"第四批中国20世纪建筑遗产"问世。会议发出《聚共识·续文脉·谋新篇 中国20世纪建筑遗产传承创新发展倡言》。

12月12日，第十五届（2019）光华龙腾奖颁奖典礼在人民大会堂小礼堂隆重举行。2019年特别设立"第十五届（2019）光华龙腾奖特别奖·中国设计贡献奖金质奖章 新中国成立70周年中国设计70人"，他们中有中国现代建筑开拓者和奠基者梁思成、天安门观礼台总设计师张开济等。

12月13~14日，以"谱写人居环境新篇章"为主题的第三届全国建筑评论研讨会在海南省海口市召开。会议由第三届组委会与《建筑评论》编辑部、海南省土木建筑学会主办。

★2020年：

4月，中国出版协会公布了第七届中华优秀出版物奖获奖名单。由中国文物学会、中国建筑学会主编、中国文物学会20世纪建筑遗产委员会承编，天津大学出版社出版的《中国20世纪建筑遗产名录（第一卷）》继2019年荣获天津市委宣传部等单位颁发的"天津市优秀图书奖"后，获得第七届中华优秀出版物奖提名奖。

5月20日，由《中国建筑文化遗产》《建筑评论》编辑部策划承编、北京市建筑设计研究院有限公司主编的《北京市建筑设计研究院有限公司五十年代"八大总"》正式出版。

6月6日，中国文物学会 20 世纪建筑遗产委员会作为主组稿方，同《当代建筑》杂志社联合推出《20 世纪建筑遗产传承与创新》专刊。中国文物学会 20 世纪建筑遗产委员会副会长、秘书长金磊为该专刊撰写了《卷首语："中国 20 世纪建筑经典"乃遗产新类型》。

6月8日，我国著名建筑学家、建筑教育家，同济大学建筑与城市规划学院教授、博士生导师，上海市建筑学会名誉理事长罗小未先生（1925~2020 年）因病在上海逝世，享年 95 岁。

8月10日，河北雄安新区勘察设计协会成立大会在雄安设计活动中心举行，中国文物学会会长、故宫博物院原院长单霁翔在"雄安设计讲坛"中做了题为《从建筑、城市规划、文遗保护和博物馆多维视角看建筑师的文化传承与发展》的主旨演讲。

9月21日，中国文物学会 20 世纪建筑遗产委员会与北京建院合办的"致敬中国百年建筑经典——北京 20 世纪建筑遗产"特展推出。展览涵盖了 88 项"中国 20 世纪建筑遗产"的北京项目，充分反映了新中国建筑师对北京城市建设发展的贡献。

9月24日，《人民日报》刊登由中国文物学会 20 世纪建筑遗产委员会署名文章《珍视二十世纪建筑遗产》。

10月3日，"守望千年奉国寺·辽代建筑遗产保护研讨暨第五批中国 20 世纪建筑遗产项目公布推介学术活动"于辽宁省锦州市义县奉国寺隆重举行，推介了 101 项"第五批中国 20 世纪建筑遗产"

第五批中国 20 世纪建筑遗产项目公布活动，2020 年 10 月 3 日，辽宁义县奉国寺

项目。会议通过了《中国建筑文化遗产传承发展·奉国寺倡议》，同时举办"纪念中国营造学社成立九十周年 千年奉国寺·辽代建筑遗产研究与保护传承"学术研讨会，并对锦州义县文化遗产做了深度考察。

11月9日，在中国文物学会单霁翔会长的委派下，中国文物学会20世纪建筑遗产委员会与《中国建筑文化遗产》编辑部组成专家组，赴东四八条111号朱启钤旧居调研。《中国建筑文化遗产》第27辑推出"纪念中国营造学社成立90周年"专辑。

"深圳改革开放建筑遗产与文化城市建设研讨会"与会嘉宾合影（2021年5月21日）

"致敬百年经典 中国第一代建筑师的北京实践"学术活动（2021年9月26日）

★2021年：

4月9日，在中国文物学会20世纪建筑遗产委员会指导下，天津大学出版社建筑邦平台联合推出"致敬中国20世纪红色建筑经典"栏目，入选国家新闻出版署"百佳数字出版精品项目献礼建党百年专栏"之一。

4月22日，值联合国教科文组织发起的第26个世界读书日前夕，"世界读书日纪念活动暨《中国建筑图书评介（第二卷）》座谈会"在北京市建筑设计研究院有限公司刘晓钟工作室举行。

4月26~28日，"新时代文物保护研究与实践学术研讨会"在四川成都及宜宾李庄举行。学术活动由中国文物学会传统建筑园林委员会、中国文物学会20世纪建筑遗产委员会、中国文物学会工匠技艺专业委员会联合主办。

5月15日，第六届"建筑遗产保护与可持续发展·天津"学术会议举行，金磊总编辑率团队出席并向大会做了"梁思成建筑学术思想再认识——纪念建筑学家梁思成诞生120周年"专题演讲。

5月21日，"深圳改革开放建筑遗产与文化城市建设研讨会"在被誉为深圳改革开放纪念碑的标志性建筑——深圳国贸大厦召开。

9月，作为2021北京国际设计周"北京城市建筑双年展"的重要板块，由中国建筑学会、中国文物学会学术指导，中国建筑学会建筑文化学术委员会、中国文物学会20世纪建筑遗产委员会主办，北京市建筑设计研究院有限公司、《中国建筑文化遗产》《建筑评论》"两刊"编辑部承办的"致敬百年经典——中国第一代建筑师的北京实践"系列学术活动启动。

"20世纪与当代遗产：事件＋建筑＋人"建筑师茶座嘉宾合影（2022年7月18日）

★2022年：

1月,《华南圭选集——一位土木工程师跨越百年的热忱》(华新民编 同济大学出版社）出版。

2月25日,"朱启钤与北京城市建设——北京中轴线建筑文化传播研究与历史贡献者回望"学术沙龙，共同缅怀朱启钤先生诞生150周年。

4月15日,《中国建筑文化遗产》《建筑评论》"两刊"编辑部与北京市建筑设计研究院有限公司刘晓钟工作室联合主办"走近中国20世纪遗产的建筑巨匠"读书沙龙活动。

7月18日,"20世纪与当代遗产：事件+建筑+人"建筑师茶座由中国文物学会20世纪建筑遗产委员会、北京市建筑设计研究院有限公司叶依谦工作室、《中国建筑文化遗产》《建筑评论》"两刊"编辑部联合主办和承办。

8月26日,"第六批中国20世纪建筑遗产项目推介公布暨建筑遗产传承与创新研讨会"在"第四批中国20世纪建筑遗产"项目地武汉洪山宾馆隆重举行。在全国建筑、文博专家的共同见证下，向行业与社会推介了100个"第六批中国20世纪建筑遗产"项目。会议发布了《中国20世纪建筑遗产传承与发展·武汉倡议》，并举办了"建筑遗产传承与创新研讨会"。

（苗淼 辑）

后记：
20世纪建筑与当代遗产传播的"指南范本"

金磊

1972年，《世界遗产公约》即《保护世界文化和自然遗产的公约》，由联合国教科文组织成员国通过，1977年首次制定《世界遗产委员会操作指南》，同年修订为《实施世界遗产公约》的操作指南。如今，它已经有了多个版本，整体结构调整，不仅使板块更清晰，还更易于理解并方便操作。2022年是《世界遗产公约》发布50周年，针对遗产保护的特殊类型与全球策略，遗产已经不再仅仅是过去贡献给未来的丰厚礼物，它越来越体现出联合国教科文组织

对世界遗产的使命。让国人懂得自己身边20世纪遗产的弥足珍贵性，中国文物学会20世纪建筑遗产委员会及《中国建筑文化遗产》编委会历时五载，组织国内20余位中青年建筑学人，完成了这部《20世纪建筑遗产导读》。

中国自1985年签署《世界遗产公约》，1987年有六个项目入选《世界遗产名录》，截至2021年，已成为世界遗产最多的国家。细数入选项目类型与品种，中国虽是世界遗产数量大国，但尚不是世界遗产文化强国。仅以近20年来受

纪念2017世界读书日建筑师茶座暨《20世纪建筑遗产导读》编撰启动会（2017年4月13日北京）

到世界遗产界关注的20世纪建筑遗产为例，在全球近百项入选《世界遗产名录》的20世纪遗产中，并没有中国建筑以及建筑师的身影。从世界遗产亘古的历史看，亚洲的中国和印度对诸国均有影响，这源自喜马拉雅山到太平洋海沟的地理环境的多样性。因此，关注遗产保护新趋势，是中国建筑文博急需补上的课。回眸《20世纪建筑遗产导读》策划、编撰到组稿付印，确历经一系列研讨与提升的过程：

2017年4月13日召开"纪念2017世界读书日建筑师茶座暨《20世纪建筑遗产导读》编撰启动会"，邀请了国内在20世纪遗产研究上学有所长的专家，研讨如何做到遗产分析以城市建筑中心、密切20世纪事件与人；如何坚持国际视野且借鉴世界遗产的先进经验；如何在20世纪遗产的历史文化乃至科技进步的价值上更提升一步等问题。

2021年1月21日，借《中国建筑文化遗产》在京召开部分编委会期间，再次发出《20世纪建筑遗产导读》编撰的函"，它是对2017年4月13日启动会议的深化，给出了编写大纲及编写时间表，强调该书要达到六方面内容：一是何为中国20世纪建筑遗产的国际化标准；二是要展示建筑与文博乃至艺术界在百年城市历程中的时代特征；三是何为体现20世纪经典建筑与事件的杰出人物与创作观；四是何为体现推进建筑发展的跨界设计与艺术表现方式；五是反映20世纪建筑的新技术、新材料、新设备（电梯、玻璃、钢筋混凝土乃至智能技术）；六是要挖掘国内外有价值的20世纪建筑思想史、建筑文化史等著述及展览的"新篇"等。

2022年5月6日发出的第三稿撰文邀请函，进一步强调2022年的特殊年份，这一年是国家《文物保护法》实施40周年，也是中国首批项目入选"世遗"35周年，所以《20世纪建筑遗产导读》的使命至少又增加三项内容：一是面向业界与社会介绍《世界遗产名录》下的20世

"2021新春建筑学人聚会暨20世纪建筑遗产传播交流会"嘉宾合影（2021年1月21日）

纪遗产项目；二是展示与世界同框的中国20世纪项目设计特色与背景时，也要介绍中国建筑师与工程师的人生风采；三是该书的价值不仅是要为中国补全遗产类型而努力，重在要在国内外建筑遗产平台上赢得话语权。

作为《20世纪建筑遗产导读》策划及主编者，令我感慨、激励我要完成此项工作的动力有以下几个：

其一，年过九旬的张钦楠老局长身体力行的著述之力量。记得2019年9月在探望张局长时，他讲到正编撰整理的《20世纪世界建筑精品1000件》（十卷本）。这是一套打开全球20世纪建筑经典之"窗"且展示世界20世纪建筑遗产的瑰宝之作。它的精妙处在于各个作品"自带魅力"，自由创作的设计技巧比比皆是，乃20世纪世界建筑的断代史诗。2022年6月，张钦楠的《山花烂漫——20世纪现代建筑学习体会》问世。正如作者所言，"这里有太多的美，使人流连忘返，这里有太多的文化，令人向往不已。"

其二，有感于对中国第一代建筑师以及四代建筑师贡献的认知。很遗憾，至今《世界遗产名录》的20世纪经典建筑与中国无缘，但张钦楠的《20世纪世界建筑精品1000件》（十卷本）中的东亚卷有中国建筑师的作品与名字，还展示了中国作品与建筑师在世界建筑舞台上的"地位"。本书第9卷（东亚地区）涵盖了中国建筑（含港、澳、台地区）及日本、朝鲜、韩国、蒙古建筑。

对于中国20世纪建筑遗产的评价，从邹德侬教授的观点可总结六大启示。一是中国传统

建筑的主流接受了西方思潮的挑战。1927年国民政府定都南京后，制订了"首都计划"等，官方倡导公共建筑要采用"中国固有之形式"建筑，南京中山陵（1925~1929年）、上海市政府大厦（1931年）、美国建筑师墨菲的金陵大学北大楼等模仿中国传统建筑形式等。二是现代建筑的出现使图变创新的中国建筑师新品迭出。例如，大连火车站（1936年）、上海的中国银行（1934年）、南京原国民政府外交部（1937年）。尔后，北京和平宾馆（1951年）、北京儿童医院（1952年）等均是现代建筑的成熟表达。三是民族形式大胆的设计探索。如以传统木结构"大屋顶"为代表的古典复兴潮流，代表作有北京友谊宾馆（1954年）、重庆人民大会堂（1954年）、北京"四部一会"办公楼（1953年）等。四是体现艺术风格的新技术与新材料。例如，1959"国庆十大工程"之一的北京火车站就采用35米×35米钢筋混凝土扁壳，1960年北京工人体育馆的94米圆形悬索屋盖等都是赋结构以艺术造型、用结构杆件组成韵律图案的尝试。同样，北京第十一届亚运会场馆也呈现出建筑的多样化。五是地域性建筑手法的充分表达。例如广州的岭南建筑，广州宾馆、白云宾馆等都拥有地域特色，以及节制豪华、不事张扬的朴实之美；六是多元共存的开放创作理念的态势形成。从改革开放开始，至20世纪90年代末，中国建筑师着力践行现代建筑与传统建筑的"形似"与"神似"，不断有新气象呈现，如戴念慈院士设计的位于孔子故乡、历史文化名城曲阜的阙里宾舍；张锦秋院士的陕西历史博物馆，将唐代建

《中国建筑文化遗产》第28辑封面

《中国建筑文化遗产》29辑封面

筑意向与现当代公共文博建筑功能相结合，重塑了建筑的当代形象。

其三，2021年5月21日，"深圳改革开放建筑遗产与文化城市建设研讨会"在深圳国贸大厦召开。我在主持词中说，"深圳作为创新型城市，既要历史文化名城的'名'，也要有建筑载体的'史'；它既敬畏历史，更要放眼当代"。会后我写下《深圳当代建筑遗产工作需要接纳创新的理念》（《中国文物报》2021年8月13日），文章共论及五个问题：一是深圳应成为全国"文化城市"创建的新型范例；二是深圳应在践行"城市更新行动"中步入国家历史文化名城行列；三是深圳设计之都要为20世纪遗产添彩；四是深圳当代遗产新类型要以立法为先；五是深圳应借"阅读之城"，大力普惠公众建筑文化等。仅有40岁的深圳拟进入20世纪遗产与国家历史文化名城系列，足以说明在当代社会有必要用创新理念审视堪称遗产的当代建筑价值。

本书的文风是独具特色的。它不采用论文式的写作，以生动的语言普及知识。为帮助业内外读者及高校师生阅读，该书也体现了内容的系统性与知识的完整性。从"教材"角度出发，该书在知识讲述上有连贯性及可追踪性，从逻辑上看也有源头、可追溯、有知识点，并不乏科学文化建言。每位专家撰写一讲，既相对独立，也彼此关联。基于本书重在传授"知识"，而非仅仅介绍事件与动态，所以该书在成稿时努力做到尽可能用"美颜"的图片与建筑"线图"，以体现风格迥异的城市、建筑、艺术之特色。本书既汇聚众多中青年建筑文博人的研究心血，也是体现国际视野文质兼美的国际性图书。本书是一部献给全社会的集城市与建筑、20世纪建筑史、设计与艺术相融合的科技文化读物，其较高的趣味性使它既是文献，也是科普教科书。本书的可阅读、可讲授、可延伸性，使它成为有价值的20世纪遗产建筑知识"启蒙书"。

在《20世纪建筑遗产导读》问世之际，我由衷感谢为此书出版付出心血的各位学者、编辑，以及百忙中为本书写推荐语的中国文物学会单霁翔会长、中国建筑学会修龙理事长、中国工程院院士马国馨。正是大家的倾力奉献，才使得中国建筑遗产"百花园"读物中又有了新成员。由衷致敬全球疫情三载，诸同仁各自坚守重拾遗产保护的坚韧信念，更感恩同道从未停歇的中国20世纪遗产推介的步伐。

2022年8月

金磊

中国文物学会20世纪建筑遗产委员会副会长、秘书长
中国建筑学会建筑评论学术委员会副理事长
《中国建筑文化遗产》《建筑评论》"两刊"总编辑

"以建筑设计的名义庆祝新中国成立70周年暨《中国建筑历程：1978~2018》发布座谈会"会议合影（2019年8月15日）

"第六批中国20世纪建筑遗产项目推介公布暨建筑遗产传承与创新研讨会"专家领导见证《武汉倡议》（2022年8月26日）

图书在版编目（ＣＩＰ）数据

20世纪建筑遗产导读 / 中国文物学会20世纪建筑遗
产委员会主编. -- 北京：五洲传播出版社，2023.4
ISBN 978-7-5085-5037-4

Ⅰ.①2… Ⅱ.①中… Ⅲ.①建筑—文化遗产—研究
—中国 Ⅳ.①TU-87

中国国家版本馆CIP数据核字(2023)第059990号

20世纪建筑遗产导读

主　　编：中国文物学会20世纪建筑遗产委员会

出 版 人：关　宏

责任编辑：梁　媛

装帧设计：山谷有鱼

出版发行：五洲传播出版社

地　　址：北京市海淀区北三环中路 31 号生产力大楼 B 座 6 层

邮　　编：100088

发行电话：010-82005927，010-82007837

网　　址：http://www.cicc.org.cn，http://www.thatsbooks.com

印　　刷：北京市房山腾龙印刷厂

版　　次：2023 年 4 月第 1 版第 1 次印刷

开　　本：787mm×1092mm　1/16

印　　张：22.25

字　　数：360 千字

定　　价：108.00 元